线性代数

XIANXING DAISHU

主　编 ○ 闫德明　董李娜　赵自强

副主编 ○ 曹玉秀　郑群珍　赵艳会

配套资源：教学大纲　学习任务　微课视频　ppt课件

西南财经大学出版社
Southwestern University of Finance & Economics Press

中国·成都

图书在版编目（CIP）数据

线性代数/闫德明,董李娜,赵自强主编;曹玉秀,郑群珍,赵艳会副主编.—成都:西南财经大学出版社,2022.8
ISBN 978-7-5504-5354-8

Ⅰ.①线… Ⅱ.①闫…②董…③赵…④曹…⑤郑…⑥赵… Ⅲ.①线性代数—高等学校—教材 Ⅳ.①O151.2

中国版本图书馆 CIP 数据核字（2022）第 081262 号

线性代数

主　编　闫德明　董李娜　赵自强
副主编　曹玉秀　郑群珍　赵艳会

策划编辑:王琳　王甜甜
责任编辑:王琳
责任校对:冯雪
封面设计:张姗姗
责任印制:朱曼丽

出版发行	西南财经大学出版社(四川省成都市光华村街 55 号)
网　　址	http://cbs.swufe.edu.cn
电子邮件	bookcj@swufe.edu.cn
邮政编码	610074
电　　话	028-87353785
照　　排	四川胜翔数码印务设计有限公司
印　　刷	郫县犀浦印刷厂
成品尺寸	185mm×260mm
印　　张	12
字　　数	286 千字
版　　次	2022 年 8 月第 1 版
印　　次	2022 年 8 月第 1 次印刷
印　　数	1—2000 册
书　　号	ISBN 978-7-5504-5354-8
定　　价	35.00 元

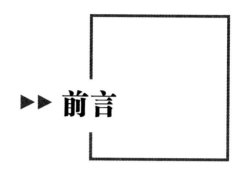

▶▶ 前言

本书以河南省本科高等学校精品在线开放课程"线性代数"为建设基础,同时也是河南财政金融学院"校级线上线下一流课程""校级课程思政示范课程"的建设研究成果,汇集了线性代数教学团队多名教师多年的实践教学心得和教改试点的改革经验.

本书是为适应新时代本科教育高质量发展要求,适应新文科创新人才培养而编写的数字化线性代数教材,是纸质教材与数字资源一体化设计的新形态教材.数字资源包括前沿视角、概念解析、典型例题精讲、习题参考答案及导学设计等.配套的在线开放课程及数字课程为教师开展在线教学、混合式教学提供便利.

本书分为六章,主要内容包括行列式、矩阵、线性方程组、矩阵的特征值与特征向量、二次型和矩阵在数学模型中的应用.为激发经管类专业学生对数学课程的学习兴趣,我们在每一章的后面添加了"人文数学"栏目,突出了数学教学中的人文性.前五章内容自成体系,完全满足教育部高等学校大学数学课程教学指导委员会制定的经管类本科线性代数课程教学的基本要求;第六章为矩阵在数学模型中的应用,强调数学的应用性,可以提高学生的学习兴趣,供学生自学使用.

本书讲述的数学方法的难度适中,可作为高等院校经管类专业和其他非数学类专业线性代数课程的教材或工具书,也可作为学生进行能力拓展的自学用书.与本书配套的精品在线课程"线性代数"于 2022 年 3 月 1 日在雨课堂和中国大学 MOOC 同步上线.本书由河南财政金融学院的闫德明教授、董李娜副教授、赵自强讲师、郑群珍讲师、赵艳会讲师和郑州外国语学校曹玉秀编写.全书由闫德明统稿设计,每一章的"人文数学"栏目由曹玉秀老师编写,第一章、第二章第一节至第五节由郑群珍编写,第二章第六节和第七节由闫德明编写,第三章、第四章由赵艳会编写,第五章由董李娜编写,第六章由赵自强编写.本书在编写过程中得到了河南财政金融学院领导和同事的帮助和支持,西南财经大学出版社为本书做了大量富有成效的工作,在此一并表示由衷的感谢!

在编写过程中,本书参考了一些专家学者的研究成果和文献资料,在此表示诚挚的谢意.由于编者水平有限,书中不足之处在所难免,恳请读者批评指正.

编者

2022 年 8 月于郑州

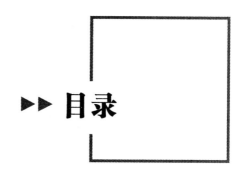

►► 目录

第一章

行列式

第一节 二阶、三阶行列式

一、二阶行列式与二元一次线性方程组

行列式的概念源于线性方程组解的研究,它是从二元与三元线性方程组的解的公式引出来的.因此我们首先讨论解线性方程组.

设二元一次线性方程组

$$\begin{cases} a_{11}x_1 + a_{12}x_2 = b_1 \\ a_{21}x_1 + a_{22}x_2 = b_2 \end{cases} \quad (1.1)$$

用加减消元法容易求出未知量 x_1, x_2 的值,当 $a_{11}a_{22} - a_{12}a_{21} \neq 0$ 时,有

$$\begin{cases} x_1 = \dfrac{b_1 a_{22} - a_{12} b_2}{a_{11} a_{22} - a_{12} a_{21}} \\ x_2 = \dfrac{a_{11} b_2 - b_1 a_{21}}{a_{11} a_{22} - a_{12} a_{21}} \end{cases} \quad (1.2)$$

二阶、三阶行列式

这就是一般二元线性方程组的公式解.但这个公式很不好记忆,应用时不方便,因此,根据方程组解的特点,我们引进新的符号来表示(1.2)这个结果,这就是行列式的起源.

定义 1.1 我们用 $\begin{vmatrix} a_{11} & a_{12} \\ a_{21} & a_{22} \end{vmatrix}$ 表示 $a_{11}a_{22} - a_{12}a_{21}$,称其为二阶行列式,即

$$\begin{vmatrix} a_{11} & a_{12} \\ a_{21} & a_{22} \end{vmatrix} = a_{11}a_{22} - a_{12}a_{21}$$

它含有两行、两列,横的叫行,纵的叫列.行列式中的数 $a_{11}, a_{22}, a_{12}, a_{21}$ 叫作行列式的元素.

从上式可知,二阶行列式的定义可以用对角线法则记忆. 如图 1-1 所示,即实线连接的两个元素(主对角线)乘积减去虚线连接的两个元素(次对角线)的乘积.

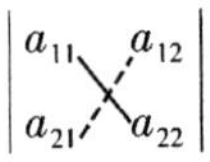

图 1-1

根据行列式定义,容易得知(1.2)中的两个分子可分别写成

$$b_1 a_{22} - a_{12} b_2 = \begin{vmatrix} b_1 & a_{12} \\ b_2 & a_{22} \end{vmatrix}, \quad a_{11} b_2 - b_1 a_{21} = \begin{vmatrix} a_{11} & b_1 \\ a_{21} & b_2 \end{vmatrix}.$$

如果记 $D = \begin{vmatrix} a_{11} & a_{12} \\ a_{21} & a_{22} \end{vmatrix}$, $D_1 = \begin{vmatrix} b_1 & a_{12} \\ b_2 & a_{22} \end{vmatrix}$, $D_2 = \begin{vmatrix} a_{11} & b_1 \\ a_{21} & b_2 \end{vmatrix}$.

则当 $D \neq 0$ 时,方程组(1.1)的解可以表示为:

$$x_1 = \frac{D_1}{D} = \frac{\begin{vmatrix} b_1 & a_{12} \\ b_2 & a_{22} \end{vmatrix}}{\begin{vmatrix} a_{11} & a_{12} \\ a_{21} & a_{22} \end{vmatrix}}, \quad x_2 = \frac{D_2}{D} = \frac{\begin{vmatrix} a_{11} & b_1 \\ a_{21} & b_2 \end{vmatrix}}{\begin{vmatrix} a_{11} & a_{12} \\ a_{21} & a_{22} \end{vmatrix}}. \tag{1.3}$$

用行列式来表示解,简便整齐,便于记忆.

【例1】 $\begin{vmatrix} 2 & 3 \\ -1 & 4 \end{vmatrix} = 2 \times 4 - 3 \times (-1) = 11$

【例2】 用二阶行列式解线性方程组

$$\begin{cases} 3x_1 + x_2 = 1 \\ 2x_1 + x_2 = 2 \end{cases}$$

解 因为系数行列式 $D = \begin{vmatrix} 3 & 1 \\ 2 & 1 \end{vmatrix} = 3 \times 1 - 1 \times 2 = 1 \neq 0$,

$$D_1 = \begin{vmatrix} 1 & 1 \\ 2 & 1 \end{vmatrix} = 1 \times 1 - 1 \times 2 = -1, \quad D_2 = \begin{vmatrix} 3 & 1 \\ 2 & 2 \end{vmatrix} = 3 \times 2 - 1 \times 2 = 4,$$

因此,方程组的解

$$x_1 = \frac{D_1}{D} = -1, \quad x_2 = \frac{D_2}{D} = 4.$$

二、三阶行列式与三元一次线性方程组

定义 1.2 $\begin{vmatrix} a_{11} & a_{12} & a_{13} \\ a_{21} & a_{22} & a_{23} \\ a_{31} & a_{32} & a_{33} \end{vmatrix}$ 表示代数和

$$a_{11} a_{22} a_{33} + a_{12} a_{23} a_{31} + a_{13} a_{21} a_{32} - a_{13} a_{22} a_{31} - a_{11} a_{23} a_{32} - a_{12} a_{21} a_{33},$$

称其为三阶行列式,即

$$\begin{vmatrix} a_{11} & a_{12} & a_{13} \\ a_{21} & a_{22} & a_{23} \\ a_{31} & a_{32} & a_{33} \end{vmatrix} = a_{11} a_{22} a_{33} + a_{12} a_{23} a_{31} + a_{13} a_{21} a_{32} - a_{13} a_{22} a_{31} - a_{11} a_{23} a_{32} - a_{12} a_{21} a_{33}$$

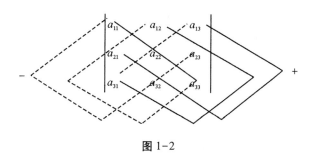

图 1-2

它有三行三列,是六项的代数和.这六项的和也可用对角线法则来记忆(如图 1-2 所示):从左上角到右下角三个元素的乘积取正号,从右上角到左下角三个元素的乘积取负号.

【例3】 计算行列式 $D = \begin{vmatrix} 1 & -1 & 2 \\ -4 & 3 & 1 \\ 2 & 0 & 5 \end{vmatrix}$

解 由对角线法则

$D = 1 \times 3 \times 5 + (-1) \times 1 \times 2 + (-4) \times 0 \times 2 - 2 \times 3 \times 2 - (-1) \times (-4) \times 5 -$
$1 \times 0 \times 1 = 15 - 2 - 12 - 20 = -19$

对于三元一次线性方程组

$$\begin{cases} a_{11}x_1 + a_{12}x_2 + a_{13}x_3 = b_1 \\ a_{21}x_1 + a_{22}x_2 + a_{23}x_3 = b_2 \\ a_{31}x_1 + a_{32}x_2 + a_{33}x_3 = b_3 \end{cases} \quad (1.4)$$

做类似的讨论,令

$$D = \begin{vmatrix} a_{11} & a_{12} & a_{13} \\ a_{21} & a_{22} & a_{23} \\ a_{31} & a_{32} & a_{33} \end{vmatrix}, \quad D_1 = \begin{vmatrix} b_1 & a_{12} & a_{13} \\ b_2 & a_{22} & a_{23} \\ b_3 & a_{32} & a_{33} \end{vmatrix}$$

$$D_2 = \begin{vmatrix} a_{11} & b_1 & a_{13} \\ a_{21} & b_2 & a_{23} \\ a_{31} & b_3 & a_{33} \end{vmatrix}, \quad D_3 = \begin{vmatrix} a_{11} & a_{12} & b_1 \\ a_{21} & a_{22} & b_2 \\ a_{31} & a_{32} & b_3 \end{vmatrix}.$$

当 $D \neq 0$ 时,方程组(1.4)的解可简单地表示成

$$x_1 = \frac{D_1}{D}, \quad x_2 = \frac{D_2}{D}, \quad x_3 = \frac{D_3}{D} \quad (1.5)$$

它的结构与前面二元一次方程组的解类似.

【例4】 求解线性方程组 $\begin{cases} x_1 - x_2 + x_3 = 0 \\ 3x_1 + x_2 - 5x_3 = 1 . \\ x_1 + 3x_2 - 2x_3 = 4 \end{cases}$

解 $D = \begin{vmatrix} 1 & -1 & 1 \\ 3 & 1 & -5 \\ 1 & 3 & -2 \end{vmatrix} = 20, D_1 = \begin{vmatrix} 0 & -1 & 1 \\ 1 & 1 & -5 \\ 4 & 3 & -2 \end{vmatrix} = 17,$

$$D_2 = \begin{vmatrix} 1 & 0 & 1 \\ 3 & 1 & -5 \\ 1 & 4 & -2 \end{vmatrix} = 29, \quad D_3 = \begin{vmatrix} 1 & -1 & 0 \\ 3 & 1 & 1 \\ 1 & 3 & 4 \end{vmatrix} = 12.$$

所以，$x_1 = \dfrac{D_1}{D} = \dfrac{17}{20}$，$x_2 = \dfrac{D_2}{D} = \dfrac{29}{20}$，$x_3 = \dfrac{D_3}{D} = \dfrac{12}{20} = \dfrac{3}{5}$.

【例5】 已知 $\begin{vmatrix} a & 1 & 0 \\ 1 & a & 0 \\ 1 & 0 & 1 \end{vmatrix} = 0$，问 a 应满足什么条件(其中 a 均为实数)？

解 $\begin{vmatrix} a & 1 & 0 \\ 1 & a & 0 \\ 1 & 0 & 1 \end{vmatrix} = a^2 - 1 = 0$，因此，当 $a = \pm 1$ 时,行列式等于零.

习题 1-1

1. 计算下列二阶行列式.

(1) $\begin{vmatrix} 4 & 1 \\ 3 & -1 \end{vmatrix}$

(2) $\begin{vmatrix} x & y \\ x^2 & y^2 \end{vmatrix}$

(3) $\begin{vmatrix} x-1 & 1 \\ x^3 & x^2+x+1 \end{vmatrix}$

(4) $\begin{vmatrix} 1 & \log_b a \\ \log_a b & 1 \end{vmatrix}$

2. 计算下列三阶行列式.

(1) $\begin{vmatrix} 1 & 1 & 1 \\ 3 & 1 & 4 \\ 8 & 9 & 5 \end{vmatrix}$

(2) $\begin{vmatrix} 1 & 0 & -1 \\ 3 & 5 & 0 \\ 0 & 4 & 1 \end{vmatrix}$

(3) $\begin{vmatrix} a & b & c \\ b & c & a \\ c & a & b \end{vmatrix}$

(4) $\begin{vmatrix} 1 & 1 & 1 \\ x & y & z \\ x^2 & y^2 & z^2 \end{vmatrix}$

3. 解方程 $\begin{vmatrix} 1 & 1 & 1 \\ 2 & 3 & x \\ 4 & 9 & x^2 \end{vmatrix} = 0.$

4. 当 k 为何值时? $\begin{vmatrix} k & 3 & 4 \\ -1 & k & 0 \\ 0 & k & 1 \end{vmatrix} = 0.$

5. 用行列式解下列方程组.

(1) $\begin{cases} 3x + y = 2 \\ 2x + y = 1 \end{cases}$

(2) $\begin{cases} x + 2y - z = 2 \\ x + 2y - 2z = -1 \\ x + y - 2z = -3 \end{cases}$

第二节　n 阶行列式

为了得到更一般的线性方程组的求解公式,我们需要引入 n 阶行列式的概念,为此,先介绍排列的一些基本知识.

一、排列与逆序

n 阶行列式

定义 1.3 由数码 $1,2,3,\cdots,n$ 组成的一个有序数组称为一个 n 级排列.

例如,1234 是一个 4 级排列,4312 也是一个 4 级排列,而 52341 是一个 5 级排列. 由数码 1,2,3 组成的所有 3 级排列为:123,132,213,231,312,321,共有 3! ＝ 6 个.

数字由小到大的 n 级排列 $1234\cdots n$ 称为自然序排列.

定义 1.4 在一个 n 级排列 $i_1 i_2 \cdots i_n$ 中,如果有较大的数 i_t 排在较小的数 i_s 的前面($i_t > i_s$),则称 i_t 与 i_s 构成一个逆序,一个 n 级排列中逆序的总数,称为这个排列的逆序数,记作 $N(i_1 i_2 \cdots i_n)$.

例如,在 4 级排列 3142 中,31,32,42 各构成一个逆序数,所以,排列 3142 的逆序数为 $N(3142) = 3$. 同样可计算排列 53241 的逆序数为 $N(53241) = 8$.

容易看出,自然序排列的逆序数为 0.

定义 1.5 如果排列 $i_1 i_2 \cdots i_n$ 的逆序数 $N(i_1 i_2 \cdots i_n)$ 是奇数,则称此排列为奇排列,逆序数是偶数的排列则称为偶排列.

例如,排列 3142 是奇排列,排列 53241 是偶排列,自然序排列 $123\cdots n$ 是偶排列.

定义 1.6 在一个 n 级排列 $i_1 i_2 \cdots i_s \cdots i_t \cdots i_n$ 中,如果其中某两个数 i_s 与 i_t 对调位置,其余各数位置不变,就得到一个新的 n 级排列 $i_1 i_2 \cdots i_t \cdots i_s \cdots i_n$,这样的变换称为一个对换,记作 (i_s, i_t).

例如,在排列 3142 中,将 4 与 2 对换,得到新的排列 3124. 奇排列 3142 经过 4 与 2 对换后,变成了偶排列 3124;反之,也可以说偶排列 3124 经过 2 与 4 的对换后,变成了奇排列 3142.

定理 1.1 任一排列经过一次对换后,其奇偶性改变.

证明 (1)首先讨论对换相邻两个数的特殊情形,该排列为:$AijB$.

其中 A,B 表示除了 i,j 两个数码以外的其余数码,将相邻两个数 i 与 j 做一次对换,则排列变为:$AjiB$.

比较上面两个排列中的逆序,A,B 中数码的次序没有改变,i,j 与 A,B 中数码的次序也没有改变,仅仅改变了 i,j 的次序,因此新排列比原排列增加了一个逆序($i < j$)或减少了一个逆序($i > j$),所以两个排列的奇偶性相反.

(2)再讨论一般情况,设排列为:$Ait_1 t_2 \cdots t_s jB$,将 i 与 j 做一次对换,则排列变为:$Ajt_1 t_2 \cdots t_s iB$,在原排列中将数码 i 依次与 $t_1 t_2 \cdots t_s j$ 作 $s+1$ 次相邻对换,变为 $At_1 t_2 \cdots t_s jiB$,再将 j 与 $t_s, \cdots, t_2, t_1$ 作 s 次相邻对换,得到新排列 $Ajt_1 t_2 \cdots t_s iB$,即新排列是由原排列经过 $2s+1$ 次相邻对换得到的,有(1)的结论可知,它改变了奇数次奇偶性,所以它与原排列的

奇偶性相反.

定理 1.2 n 个数码 $(n \geqslant 2)$ 共有 $n!$ 个 n 级排列,其中奇偶各占一半.

证明 设在 $n!$ 个 n 级排列中,奇排列共有 p 个,偶排列共有 q 个.对这 p 个奇排列施以同一对换,如都对换 $(1,2)$,则由定理 1.1 知,p 个奇排列全部变为偶排列,由于偶排列一共只有 q 个,所以 $p \leqslant q$;同理,将全部偶排列施以同一对换 $(1,2)$,则 q 个偶排列全部变为奇排列,于是又有 $q \leqslant p$,所以 $q = p$,即奇排列与偶排列的个数相等.又由于 n 级排列共有 $n!$ 个,所以 $q + p = n!$,$q = p = \dfrac{n!}{2}$.

二、n 阶行列式

观察二阶、三阶行列式

$$\begin{vmatrix} a_{11} & a_{12} \\ a_{21} & a_{22} \end{vmatrix} = a_{11}a_{22} - a_{12}a_{21}$$

$$\begin{vmatrix} a_{11} & a_{12} & a_{13} \\ a_{21} & a_{22} & a_{23} \\ a_{31} & a_{32} & a_{33} \end{vmatrix} = a_{11}a_{22}a_{33} + a_{12}a_{23}a_{31} + a_{13}a_{21}a_{32} - a_{11}a_{23}a_{32} - a_{12}a_{21}a_{33} - a_{13}a_{22}a_{31}$$

我们可以从中发现以下规律:

(1) 二阶行列式是 $2! = 2$ 项的代数和,三阶行列式是 $3! = 6$ 项的代数和;

(2) 二阶行列式中每一项是两个元素的乘积,它们分别取自不同行、不同列两个元素的乘积,三阶行列式中的每一项是三个元素的乘积,它们也是取自不同行、不同列 3 个元素的乘积;

(3) 每一项的符号是:当这一项中元素的行标按自然序排列时,如果对应的列标构成的排列为偶排列,则取正号,是奇排列则取负号,且行列式的项中取正取负各占一半.

作为二阶、三阶行列式的推广,我们给出 n 阶行列式的定义.

定义 1.7 由 n^2 个元素 $a_{ij}(i,j = 1,2,\cdots,n)$ 按 n 行 n 列组成的符号

$$\begin{vmatrix} a_{11} & a_{12} & \cdots & a_{1n} \\ a_{21} & a_{22} & \cdots & a_{2n} \\ \cdots & \cdots & \cdots & \cdots \\ a_{n1} & a_{n2} & \cdots & a_{nn} \end{vmatrix}$$

称为 n 阶行列式.它是 $n!$ 项的代数和,每一项是取自不同行、不同列的 n 个元素的乘积,各项的符号是:每一项中各元素的行标按自然顺序排列时,如果对应的列标构成的排列为偶排列,则取正号,为奇排列则取负号.于是我们得出

$$\begin{vmatrix} a_{11} & a_{12} & \cdots & a_{1n} \\ a_{21} & a_{22} & \cdots & a_{2n} \\ \cdots & \cdots & \cdots & \cdots \\ a_{n1} & a_{n2} & \cdots & a_{nn} \end{vmatrix} = \sum_{j_1 j_2 \cdots j_n} (-1)^{N(j_1 j_2 \cdots j_n)} a_{1j_1} a_{2j_2} \cdots a_{nj_n} \tag{1.6}$$

其中 $\sum\limits_{j_1 j_2 \cdots j_n}$ 表示对所有的 n 级排列 $j_1 j_2 \cdots j_n$ 求和.(1.6)式称为 n 阶行列式行标按自然顺序

排列的展开式.
$$(-1)^{N(j_1 j_2 \cdots j_n)} a_{1j_1} a_{2j_2} \cdots a_{nj_n}$$ 为行列式的一般项.

注意:当 $n=1$ 时,一阶行列为 $|a| = a$.

例如:当 $n=4$ 时,4 阶行列式
$$\begin{vmatrix} a_{11} & a_{12} & a_{13} & a_{14} \\ a_{21} & a_{22} & a_{23} & a_{24} \\ a_{31} & a_{32} & a_{33} & a_{34} \\ a_{41} & a_{42} & a_{43} & a_{44} \end{vmatrix}$$

表示 $4! = 24$ 项的代数和,因为取自不同行、不同列 4 个元素的乘积恰为 4! 项.根据 n 阶行列式的定义,4 阶行列式可表示为

$$\begin{vmatrix} a_{11} & a_{12} & a_{13} & a_{14} \\ a_{21} & a_{22} & a_{23} & a_{24} \\ a_{31} & a_{32} & a_{33} & a_{34} \\ a_{41} & a_{42} & a_{43} & a_{44} \end{vmatrix} = \sum_{j_1 j_2 \cdots j_4} (-1)^{N(j_1 j_2 j_3 j_4)} a_{1j_1} a_{2j_2} a_{3j_3} a_{4j_4}$$

例如,$a_{14} a_{22} a_{33} a_{41}$ 行标排列为 1234,元素取自不同的行;列标排列为 4231,元素取自不同的列,因为 $N(4231) = 5$,所以该项取负号,即 $-a_{14} a_{22} a_{33} a_{41}$ 是 4 阶行列式的一项.

为了熟悉 n 阶行列式的定义,我们来看下面几个问题.

【例1】 在 5 阶行列式中,$a_{14} a_{22} a_{35} a_{41} a_{53}$ 这一项应取什么符号?

解 这一项各元素的行标是按自然顺序排列的,而列标构成的排列为 42513,因为 $N(42513) = 6$,故这一项应取正号.

【例2】 写出 4 阶行列式中带负号且包含因子 $a_{14} a_{23}$ 的项.

解 包含因子 $a_{14} a_{23}$ 项的一般形式为
$$(-1)^{N(13 j_3 j_4)} a_{14} a_{23} a_{3j_3} a_{4j_4}$$

按定义,j_3 可取 1 或 2,j_4 可取 2 或 1,因此包含因子 $a_{14} a_{23}$ 的项只能是 $a_{14} a_{23} a_{32} a_{41}$ 或 $a_{14} a_{23} a_{31} a_{42}$,但因 $N(4321) = 6$ 为偶数,$N(4312) = 5$ 为奇数,所以此项只能是 $-a_{14} a_{23} a_{31} a_{42}$.

【例3】 计算上三角形行列式.
$$D = \begin{vmatrix} a_{11} & a_{12} & \cdots & a_{1n} \\ 0 & a_{22} & \cdots & a_{2n} \\ \cdots & \cdots & \cdots & \cdots \\ 0 & 0 & \cdots & a_{nn} \end{vmatrix}$$

其中 $a_{ii} \neq 0 (i = 1, 2, \cdots, n)$.

解 由定义,n 阶行列式应有 $n!$ 项,其一般项为
$$(-1)^{N(j_1 j_2 \cdots j_n)} a_{1j_1} a_{2j_2} \cdots a_{nj_n}$$

但由于 D 中有许多元素为零,只需求出行列式所有项中不为零的项即可.在 D 中,第 n 行元素除 a_{nn} 外,其余均为 0,所以 $j_n = n$;在第 $n-1$ 行中,除 a_{n-1n-1} 和 a_{n-1n} 外,其余元素均为 0,故应在 a_{n-1n-1} 和 a_{n-1n} 中取一个,但由于 a_{n-1n} 和 a_{nn} 位于同一列,而 $j_n = n$,所以只能取 a_{n-1n-1},且 $j_{n-1} = n-1$.这样逐步往上推,不难看出,在展开式中只有 $a_{11} a_{22} a_{33} \cdots a_{nn}$ 这一项不等于零.而这项的列标所组成的排列的逆序数是 $N(123 \cdots n) = 0$,故取正号.因此,

由行有

$$D = \begin{vmatrix} a_{11} & a_{12} & \cdots & a_{1n} \\ 0 & a_{22} & \cdots & a_{2n} \\ \cdots & \cdots & \cdots & \cdots \\ 0 & 0 & \cdots & a_{nn} \end{vmatrix} = a_{11}a_{22}a_{33}\cdots a_{nn}$$

即上三角形行列式的值等于主对角线上元素的乘积.

同理可得下三角形行列式

$$\begin{vmatrix} a_{11} & 0 & \cdots & 0 \\ a_{21} & a_{22} & \cdots & 0 \\ \cdots & \cdots & \cdots & \cdots \\ a_{n1} & a_{n2} & \cdots & a_{nn} \end{vmatrix} = a_{11}a_{22}a_{33}\cdots a_{nn}$$

特别地,对角形行列式

$$\begin{vmatrix} a_{11} & 0 & \cdots & 0 \\ 0 & a_{22} & \cdots & 0 \\ \cdots & \cdots & \cdots & \cdots \\ 0 & 0 & \cdots & a_{nn} \end{vmatrix} = a_{11}a_{22}a_{33}\cdots a_{nn}$$

即上(下)三角形行列式及对角形行列式的值,均等于主对角线上元素的乘积.

【例4】 计算行列式

$$D = \begin{vmatrix} 0 & 0 & \cdots & 0 & a_{1n} \\ 0 & 0 & \cdots & a_{2n-1} & 0 \\ \cdots & \cdots & \cdots & \cdots & \cdots \\ a_{n1} & 0 & \cdots & 0 & 0 \end{vmatrix}$$

解 这个行列式除了 $a_{1n}a_{2n-1}a_{3n-2}\cdots a_{n1}$ 这一项外,其余项均为零,所以由行列式定义

$$\begin{vmatrix} 0 & 0 & \cdots & 0 & a_{1n} \\ 0 & 0 & \cdots & a_{2n-1} & 0 \\ \cdots & \cdots & \cdots & \cdots & \cdots \\ a_{n1} & 0 & \cdots & 0 & 0 \end{vmatrix} = (-1)^{N(n(n-1)\cdots 1)} a_{1n}a_{2,n-1}\cdots a_{n1}$$

可计算出 $N(n(n-1)(n-2)\cdots 1) = (n-1) + (n-2) + \cdots + 1 = \dfrac{n(n-1)}{2}$

所以

$$D = \begin{vmatrix} 0 & 0 & \cdots & 0 & a_{1n} \\ 0 & 0 & \cdots & a_{2n-1} & 0 \\ \cdots & \cdots & \cdots & \cdots & \cdots \\ a_{n1} & 0 & \cdots & 0 & 0 \end{vmatrix} = (-1)^{\frac{n(n-1)}{2}} a_{1n}a_{2n-1}\cdots a_{n1}$$

由 n 阶行列式的定义,行列式中的每一项都是取自不同行、不同列的 n 个元素的乘积,可得出:**如果行列式某一行(列)的元素全为 0,则该行列式等于 0.**

在 n 阶行列式中,为了决定每一项的正负号,我们把 n 个元素的行标排成自然顺序,

即 $a_{1j_1}a_{2j_2}\cdots a_{nj_n}$. 事实上,这 n 个元素的次序是可以任意写的,一般地, n 阶行列式的项可以写成

$$a_{i_1j_1}a_{i_2j_2}\cdots a_{i_nj_n} \tag{1.7}$$

其中 $i_1i_2\cdots i_n$, $j_1j_2\cdots j_n$ 是两个 n 阶排列,它的符号由定理 1.3 来决定.

定理 1.3 n 阶行列式的一般项可以写成

$$(-1)^{N(i_1i_2\cdots i_n)+N(j_1j_2\cdots j_n)}a_{i_1j_1}a_{i_2j_2}\cdots a_{i_nj_n} \tag{1.8}$$

其中 $i_1i_2\cdots i_n$, $j_1j_2\cdots j_n$ 是 n 级排列.

证明 若根据 n 阶行列式的定义来决定 $a_{i_1j_1}a_{i_2j_2}\cdots a_{i_nj_n}$ 的符号,就要把这 n 个元素重新排列一下,使得它们的行标成自然顺序,也就是排成

$$a_{1j_1'}a_{2j_2'}\cdots a_{nj_n'} \tag{1.9}$$

于是它的符号是 $(-1)^{N(j_1'j_2'\cdots j_n')}$.

现在来证明(1.6)与(1.8)是一致的. 我们知道从(1.7)变到(1.9)可经过一系列元素的对换来实现. 每做一次对换,元素的行标与列标所组成的排列 $i_1i_2\cdots i_n$ 和 $j_1j_2\cdots j_n$ 就同时做一次对换,也就是 $N(i_1i_2\cdots i_n)$ 与 $N(j_1j_2\cdots j_n)$ 同时改变奇偶性,因而它的和 $N(i_1i_2\cdots i_n)+N(j_1j_2\cdots j_n)$ 的奇偶性不改变. 这就是说,对(1.7)做一次元素的对换不改变(1.9)排列的奇偶性,因此在一系列对换之后有

$$(-1)^{N(i_1i_2\cdots i_n)+N(j_1j_2\cdots j_n)} = (-1)^{N(12\cdots n)+N(j_1'j_2'\cdots j_n')} = (-1)^{N(j_1'j_2'\cdots j_n')}$$

这就证明了(1.6)与(1.8)是一致的.

例如, $a_{32}a_{14}a_{21}a_{43}$ 是 4 阶行列式中一项,它的符号应为 $(-1)^{N(3124)+N(2413)} = (-1)^5 = -1$. 如按行标排成自然顺序,就是 $a_{14}a_{21}a_{32}a_{43}$,因而它的符号是 $(-1)^{N(4123)} = (-1)^3 = -1$.

习题 1-2

1. 求下列排列的逆序数.
   (1) 41253   (2) 3712456   (3) 36715284   (4) $n(n-1)\cdots 1$
2. 写出四阶行列式中含有 $a_{11}a_{23}$ 的项.
3. 在六阶行列式 $|a_{ij}|$ 中,下列各元素连乘积前面应该冠以什么符号?
   (1) $a_{11}a_{26}a_{32}a_{44}a_{53}a_{65}$ (2) $a_{51}a_{32}a_{13}a_{44}a_{65}a_{26}$ (3) $a_{61}a_{52}a_{43}a_{34}a_{25}a_{16}$
4. 如果 n 阶行列式所有元素变号,问行列式的值如何变化?
5. 由行列式的定义计算

$$f(x) = \begin{vmatrix} x & x & 1 & 0 \\ 1 & x & 2 & 3 \\ 2 & 3 & x & 2 \\ 1 & 1 & 2 & x \end{vmatrix}$$

中 x^4 与 x^3 的系数.

第三节　行列式的性质

当行列式的阶数较高时,直接根据定义计算 n 阶行列式的值是比较困难的,本节将介绍行列式的性质,使用这些性质把复杂的行列式转化为较简单的行列式(如上三角形行列式等)来计算.

将行列式 D 的行与列互换后得到的行列式称为行列式 D 的转置行列式,记作 D^T 或 $D^{'}$,即

行列式性质

$$若\ D = \begin{vmatrix} a_{11} & a_{12} & \cdots & a_{1n} \\ a_{21} & a_{22} & \cdots & a_{2n} \\ \cdots & \cdots & & \cdots \\ a_{n1} & a_{n2} & \cdots & a_{nn} \end{vmatrix}, \quad 则\ D^T = \begin{vmatrix} a_{11} & a_{21} & \cdots & a_{n1} \\ a_{12} & a_{22} & \cdots & a_{n2} \\ \cdots & \cdots & & \cdots \\ a_{1n} & a_{2n} & \cdots & a_{nn} \end{vmatrix}.$$

反之,行列式 D 也是行列式 D^T 的转置行列式,即行列式 D 与行列式 D^T 互为转置行列式.

性质 1　行列式 D 与它的转置行列式 D^T 的值相等.

证明　记行列式 D 的一般项为

$$(-1)^{N(j_1 j_2 \cdots j_n)} a_{1j_1} a_{2j_2} \cdots a_{nj_n}$$

它的元素在 D 中位于不同行、不同列,因而在 D^T 中也位于不同列、不同行.所以这 n 个元素的乘积在 D^T 中应为

$$a_{j_1 1} a_{j_2 2} \cdots a_{j_n n}$$

由定理 1.3 可知,其符号也是 $(-1)^{N(j_1 j_2 \cdots j_n)}$.

因此,行列式 D 与 D^T 是具有相同项的行列式,所以 $D = D^T$.

这一性质表明,行列式中的行与列的地位是相同的,即对行的性质,对列也同样成立.

性质 2　交换行列式的两行(列),行列式的值变号.

证明　设行列式

$$D = \begin{vmatrix} a_{11} & a_{12} & \cdots & a_{1n} \\ \cdots & \cdots & & \cdots \\ a_{i1} & a_{i2} & \cdots & a_{in} \\ \cdots & \cdots & & \cdots \\ a_{s1} & a_{s2} & \cdots & a_{sn} \\ \cdots & \cdots & & \cdots \\ a_{n1} & a_{n2} & \cdots & a_{nn} \end{vmatrix} \begin{matrix} \\ \\ (i\ 行) \\ \\ (s\ 行) \\ \\ \end{matrix}$$

将第 i 行与第 s 行 $(1 \leqslant i \leqslant s \leqslant n)$ 互换后,得到行列式

$$D_1 = \begin{vmatrix} a_{11} & a_{12} & \cdots & a_{1n} \\ \cdots & \cdots & \cdots & \cdots \\ a_{s1} & a_{s2} & \cdots & a_{sn} \\ \cdots & \cdots & \cdots & \cdots \\ a_{i1} & a_{i2} & \cdots & a_{in} \\ \cdots & \cdots & \cdots & \cdots \\ a_{n1} & a_{n2} & \cdots & a_{nn} \end{vmatrix} \begin{matrix} \\ \\ (i\ 行) \\ \\ (s\ 行) \\ \\ \\ \end{matrix}$$

显然,乘积 $a_{1j_1}\cdots a_{ij_i}\cdots a_{sj_s}\cdots a_{nj_n}$ 在行列式 D 和 D_1 中,都是取自不同行、不同列的 n 个元素的乘积,根据定理 1.3,对于行列式 D,这一项的符号由 $(-1)^{N(1\cdots i\cdots s\cdots n)+N(j_1\cdots j_i\cdots j_s\cdots j_n)}$ 决定;而对行列式 D_1,这一项的符号由 $(-1)^{N(1\cdots s\cdots i\cdots n)+N(j_1\cdots j_i\cdots j_s\cdots j_n)}$ 决定. 而排列 $1\cdots i\cdots s\cdots n$ 与排列 $1\cdots s\cdots i\cdots n$ 的奇偶性相反,所以 $(-1)^{N(1\cdots i\cdots s\cdots n)+N(j_1\cdots j_i\cdots j_s\cdots j_n)} = -(-1)^{N(1\cdots s\cdots i\cdots n)+N(j_1\cdots j_i\cdots j_s\cdots j_n)}$,即 D_1 中的每一项都是 D 中的对应项的相反数,所以 $D = D_1$.

推论 如果行列式有两行(列)的对应元素相同,则此行列式的值等于零.

证明 将行列式 D 中对应元素相同的两行互换,结果仍是 D,但由性质 2 有 $D = -D$,所以 $D = 0$.

性质 3 行列式某一行(列)所有元素的公因子可以提到行列式符号的外面.即

$$\begin{vmatrix} a_{11} & a_{12} & \cdots & a_{1n} \\ \cdots & \cdots & \cdots & \cdots \\ ka_{i1} & ka_{i1} & \cdots & ka_{in} \\ \cdots & \cdots & \cdots & \cdots \\ a_{n1} & a_{n2} & \cdots & a_{nn} \end{vmatrix} = k \begin{vmatrix} a_{11} & a_{12} & \cdots & a_{1n} \\ \cdots & \cdots & \cdots & \cdots \\ a_{i1} & a_{i1} & \cdots & a_{in} \\ \cdots & \cdots & \cdots & \cdots \\ a_{n1} & a_{n2} & \cdots & a_{nn} \end{vmatrix}$$

证明 由行列式的定义有

$$\text{左端} = \sum_{j_1 j_2 \cdots j_n} (-1)^{N(j_1 j_2 \cdots j_n)} a_{1j_1} \cdots (ka_{ij_i}) \cdots a_{nj_n}$$

$$= k \sum_{j_1 j_2 \cdots j_n} (-1)^{N(j_1 j_2 \cdots j_n)} a_{1j_1} \cdots a_{ij_i} \cdots a_{nj_n}$$

$$= \text{右端}.$$

此性质也可表述为:用数 k 乘以行列式的某一行(列)的所有元素,等于用数 k 乘以此行列式.

推论 如果行列式中有两行(列)的对应元素成比例,则此行列式的值等于零.

证明 由性质 3 和性质 2 的推论即可得到上述推论.

性质 4 如果行列式的某一行(列)的各元素都是两个数的和,则此行列式等于两个相应的行列式的和,即

$$\begin{vmatrix} a_{11} & a_{12} & \cdots & a_{1n} \\ \cdots & \cdots & \cdots & \cdots \\ b_{i1}+c_{i1} & b_{i2}+c_{i2} & \cdots & b_{in}+c_{in} \\ \cdots & \cdots & \cdots & \cdots \\ a_{n1} & a_{n2} & \cdots & a_{nn} \end{vmatrix} = \begin{vmatrix} a_{11} & a_{12} & \cdots & a_{1n} \\ \cdots & \cdots & \cdots & \cdots \\ b_{i1} & b_{i2} & \cdots & b_{in} \\ \cdots & \cdots & \cdots & \cdots \\ a_{n1} & a_{n2} & \cdots & a_{nn} \end{vmatrix} + \begin{vmatrix} a_{11} & a_{12} & \cdots & a_{1n} \\ \cdots & \cdots & \cdots & \cdots \\ c_{i1} & c_{i2} & \cdots & c_{in} \\ \cdots & \cdots & \cdots & \cdots \\ a_{n1} & a_{n2} & \cdots & a_{nn} \end{vmatrix}$$

证明　左端 $= \sum\limits_{j_1 j_2 \cdots j_n} (-1)^{N(j_1 j_2 \cdots j_n)} a_{1j_1} a_{2j_2} \cdots (b_{ij_i} + c_{ij_i}) \cdots a_{nj_n}$

$= \sum\limits_{j_1 j_2 \cdots j_n} (-1)^{N(j_1 j_2 \cdots j_n)} a_{1j_1} a_{2j_2} \cdots b_{ij_i} \cdots a_{nj_n} + \sum\limits_{j_1 j_2 \cdots j_n} (-1)^{N(j_1 j_2 \cdots j_n)} a_{1j_1} a_{2j_2} \cdots c_{ij_i} \cdots a_{nj_n}$

$$= \begin{vmatrix} a_{11} & a_{12} & \cdots & a_{1n} \\ \cdots & \cdots & \cdots & \cdots \\ b_{i1} & b_{i2} & \cdots & b_{in} \\ \cdots & \cdots & \cdots & \cdots \\ a_{n1} & a_{n2} & \cdots & a_{nn} \end{vmatrix} + \begin{vmatrix} a_{11} & a_{12} & \cdots & a_{1n} \\ \cdots & \cdots & \cdots & \cdots \\ c_{i1} & c_{i2} & \cdots & c_{in} \\ \cdots & \cdots & \cdots & \cdots \\ a_{n1} & a_{n2} & \cdots & a_{nn} \end{vmatrix}$$

= 右端.

性质 5　把行列式的某一行（列）的所有元素乘以数 k 加到另一行（列）的相应元素上，行列式的值不变. 即

$$D = \begin{vmatrix} a_{11} & a_{12} & \cdots & a_{1n} \\ \cdots & \cdots & \cdots & \cdots \\ a_{i1} & a_{i2} & \cdots & a_{in} \\ \cdots & \cdots & \cdots & \cdots \\ a_{s1} & a_{s2} & \cdots & a_{sn} \\ \cdots & \cdots & \cdots & \cdots \\ a_{n1} & a_{n2} & \cdots & a_{nn} \end{vmatrix} = \begin{vmatrix} a_{11} & a_{12} & \cdots & a_{1n} \\ \cdots & \cdots & \cdots & \cdots \\ a_{i1} & a_{i2} & \cdots & a_{in} \\ \cdots & \cdots & \cdots & \cdots \\ ka_{i1} + a_{s1} & ka_{i2} + a_{s2} & \cdots & ka_{in} + a_{sn} \\ \cdots & \cdots & \cdots & \cdots \\ a_{n1} & a_{n2} & \cdots & a_{nn} \end{vmatrix}$$

证明　由性质 4 可得：

$$右端 = \begin{vmatrix} a_{11} & a_{12} & \cdots & a_{1n} \\ \cdots & \cdots & \cdots & \cdots \\ a_{i1} & a_{i2} & \cdots & a_{in} \\ \cdots & \cdots & \cdots & \cdots \\ ka_{i1} & ka_{i2} & \cdots & ka_{in} \\ \cdots & \cdots & \cdots & \cdots \\ a_{n1} & a_{n2} & \cdots & a_{nn} \end{vmatrix} + \begin{vmatrix} a_{11} & a_{12} & \cdots & a_{1n} \\ \cdots & \cdots & \cdots & \cdots \\ a_{i1} & a_{i2} & \cdots & a_{in} \\ \cdots & \cdots & \cdots & \cdots \\ a_{s1} & a_{s2} & \cdots & a_{sn} \\ \cdots & \cdots & \cdots & \cdots \\ a_{n1} & a_{n2} & \cdots & a_{nn} \end{vmatrix}$$

$$= k \cdot 0 + \begin{vmatrix} a_{11} & a_{12} & \cdots & a_{1n} \\ \cdots & \cdots & \cdots & \cdots \\ a_{i1} & a_{i2} & \cdots & a_{in} \\ \cdots & \cdots & \cdots & \cdots \\ a_{s1} & a_{s2} & \cdots & a_{sn} \\ \cdots & \cdots & \cdots & \cdots \\ a_{n1} & a_{n2} & \cdots & a_{nn} \end{vmatrix}$$

= 左端.

使用行列式的性质计算行列式，可以使计算简化. 为了方便起见，以 r_i 表示第 i 行，以 c_i 表示第 i 列，交换 i, j 两行（列）记为 $r_i \leftrightarrow r_j (c_i \leftrightarrow c_j)$，第 i 行（列）乘以 k 倍记为 $kr_i (kc_i)$，第 i 行（列）元素的 k 倍加至第 j 行（列）记为 $r_j + kr_i (c_j + kc_i)$.

【例1】 计算行列式

$$D = \begin{vmatrix} 2 & 1 & 0 & 3 \\ 3 & 4 & 1 & 5 \\ 0 & 3 & 0 & 2 \\ 0 & 0 & 0 & 8 \end{vmatrix}$$

解

$$D = \begin{vmatrix} 2 & 1 & 0 & 3 \\ 3 & 4 & 1 & 5 \\ 0 & 3 & 0 & 2 \\ 0 & 0 & 0 & 8 \end{vmatrix} \xlongequal{r_1 \leftrightarrow r_2} - \begin{vmatrix} 3 & 4 & 1 & 5 \\ 2 & 1 & 0 & 3 \\ 0 & 3 & 0 & 2 \\ 0 & 0 & 0 & 8 \end{vmatrix}$$

$$\xlongequal{C_1 \leftrightarrow C_3} \begin{vmatrix} 1 & 4 & 3 & 5 \\ 0 & 1 & 2 & 3 \\ 0 & 3 & 0 & 2 \\ 0 & 0 & 0 & 8 \end{vmatrix} \xlongequal{C_2 \leftrightarrow C_3} - \begin{vmatrix} 1 & 3 & 4 & 5 \\ 0 & 2 & 1 & 3 \\ 0 & 0 & 3 & 2 \\ 0 & 0 & 0 & 8 \end{vmatrix}$$

$$= - (1 \times 2 \times 3 \times 8) = - 48$$

【例2】 计算行列式

$$D = \begin{vmatrix} 0 & -1 & -1 & 2 \\ 1 & -1 & 0 & 2 \\ -1 & 2 & -1 & 0 \\ 2 & 1 & 1 & 0 \end{vmatrix}$$

解

$$D = \begin{vmatrix} 0 & -1 & -1 & 2 \\ 1 & -1 & 0 & 2 \\ -1 & 2 & -1 & 0 \\ 2 & 1 & 1 & 0 \end{vmatrix} \xlongequal{r_1 \leftrightarrow r_2} - \begin{vmatrix} 1 & -1 & 0 & 2 \\ 0 & -1 & -1 & 2 \\ -1 & 2 & -1 & 0 \\ 2 & 1 & 1 & 0 \end{vmatrix}$$

$$\xlongequal[r_3 + r_1]{r_4 - 2r_1} - \begin{vmatrix} 1 & -1 & 0 & 2 \\ 0 & -1 & -1 & 2 \\ 0 & 1 & -1 & 2 \\ 0 & 3 & 1 & -4 \end{vmatrix} \xlongequal{r_3 + r_2} - \begin{vmatrix} 1 & -1 & 0 & 2 \\ 0 & -1 & -1 & 2 \\ 0 & 0 & -2 & 4 \\ 0 & 0 & -2 & 2 \end{vmatrix}$$

$$\xlongequal{r_4 - r_3} - \begin{vmatrix} 1 & -1 & 0 & 2 \\ 0 & -1 & -1 & 2 \\ 0 & 0 & -2 & 4 \\ 0 & 0 & 0 & -2 \end{vmatrix} = -1 \times (-1) \times (-2) \times (-2) = 4$$

【例3】 试证明:$D = \begin{vmatrix} 1 & a & b & c+d \\ 1 & b & c & a+d \\ 1 & c & d & a+b \\ 1 & d & a & b+c \end{vmatrix} = 0$

证明

$$D = \begin{vmatrix} 1 & a & b & c+d \\ 1 & b & c & a+d \\ 1 & c & d & a+b \\ 1 & d & a & b+c \end{vmatrix} \xlongequal{c_4+c_3+c_2} \begin{vmatrix} 1 & a & b & a+b+c+d \\ 1 & b & c & a+b+c+d \\ 1 & c & d & a+b+c+b \\ 1 & d & a & a+b+c+d \end{vmatrix}$$

$$= (a+b+c+d) \begin{vmatrix} 1 & a & b & 1 \\ 1 & b & c & 1 \\ 1 & c & d & 1 \\ 1 & d & a & 1 \end{vmatrix} = 0$$

【例4】 计算 n 阶行列式

$$D = \begin{vmatrix} a & b & b & \cdots & b \\ b & a & b & \cdots & b \\ b & b & a & \cdots & b \\ \vdots & \vdots & \vdots & \vdots & \vdots \\ b & b & b & \cdots & a \end{vmatrix}$$

解　$D \xlongequal{c_1+c_2+c_3+\cdots+c_n} \begin{vmatrix} a+(n-1)b & b & b & \cdots & b \\ a+(n-1)b & a & b & \cdots & b \\ a+(n-1)b & b & a & \cdots & b \\ \vdots & \vdots & \vdots & \vdots & \vdots \\ a+(n-1)b & b & b & \cdots & a \end{vmatrix}$

$$= [a+(n-1)b] \begin{vmatrix} 1 & b & b & \cdots & b \\ 1 & a & b & \cdots & b \\ 1 & b & a & \cdots & b \\ \vdots & \vdots & \vdots & \vdots & \vdots \\ 1 & b & b & \cdots & a \end{vmatrix} \begin{matrix} r_2-r_1 \\ r_3-r_1 \\ \vdots \\ r_n-r_1 \end{matrix}$$

$$= [a+(n-1)b] \begin{vmatrix} 1 & b & b & \cdots & b \\ 0 & a-b & 0 & \cdots & 0 \\ 0 & 0 & a-b & \cdots & 0 \\ \vdots & \vdots & \vdots & \vdots & \vdots \\ 0 & 0 & 0 & \cdots & a-b \end{vmatrix}$$

$$= [a+(n-1)b] \cdot (a-b)^{n-1}$$

【例5】 解方程

$$D = \begin{vmatrix} 1 & 1 & 1 & \cdots & 1 & 1 \\ 1 & 1-x & 1 & \cdots & 1 & 1 \\ 1 & 1 & 2-x & \cdots & 1 & 1 \\ \cdots & \cdots & \cdots & \cdots & \cdots & \cdots \\ 1 & 1 & 1 & \cdots & (n-2)-x & 1 \\ 1 & 1 & 1 & \cdots & 1 & (n-1)-x \end{vmatrix} = 0$$

解

$$D \xxlongequal{\substack{r_2 - r_1 \\ r_3 - r_1 \\ \vdots \\ r_n - r_1}} \begin{vmatrix} 1 & 1 & 1 & \cdots & 1 & 1 \\ 0 & -x & 0 & \cdots & 0 & 0 \\ 0 & 0 & 1-x & \cdots & 0 & 0 \\ \cdots & \cdots & \cdots & & \cdots & \cdots \\ 0 & 0 & 0 & \cdots & (n-3)-x & 0 \\ 0 & 0 & 0 & \cdots & 0 & (n-2)-x \end{vmatrix}$$

$$= (-x)(1-x)\cdots[(n-3)-x][(n-2)-x]$$

所以方程的解为 $x_1 = 0, x_2 = 1, \cdots, x_{n-2} = n-3, x_{n-1} = n-2$.

【例6】 计算 n 阶行列式

$$D = \begin{vmatrix} x & a_2 & a_3 & \cdots & a_n \\ a_1 & x & a_3 & \cdots & a_n \\ a_1 & a_2 & x & \cdots & a_n \\ \cdots & \cdots & \cdots & & \cdots \\ a_1 & a_2 & a_3 & \cdots & x \end{vmatrix} \quad x \neq a_i \quad (i = 1, 2, \cdots n)$$

解 将第 1 行乘以 (-1) 分别加到第 $2, 3, \cdots, n$ 行上得

$$D \xxlongequal{\substack{r_2 - r_1 \\ r_3 - r_1 \\ \vdots \\ r_n - r_1}} \begin{vmatrix} x & a_2 & a_3 & \cdots & a_n \\ a_1 - x & x - a_2 & 0 & \cdots & 0 \\ a_1 - x & 0 & x - a_3 & \cdots & 0 \\ \cdots & \cdots & \cdots & \cdots & \cdots \\ a_1 - x & 0 & 0 & \cdots & x - a_n \end{vmatrix}$$

从第一列提出 $x - a_1$，从第二列提出 $x - a_2, \cdots$，从第 n 列提出 $x - a_n$ 得

$$D = (x-a_1)(x-a_2)\cdots(x-a_n) \begin{vmatrix} \dfrac{x}{x-a_1} & \dfrac{a_2}{x-a_2} & \dfrac{a_3}{x-a_3} & \cdots & \dfrac{a_n}{x-a_n} \\ -1 & 1 & 0 & \cdots & 0 \\ -1 & 0 & 1 & \cdots & 0 \\ \cdots & \cdots & \cdots & \cdots & \cdots \\ -1 & 0 & 0 & \cdots & 1 \end{vmatrix}$$

由 $\dfrac{x}{x-a_1} = 1 + \dfrac{a_1}{x-a_1}$，并把第 2，第 $3, \cdots$，第 n 列都加到第 1 列上得

$$D = (x-a_1)(x-a_2)\cdots(x-a_n) \begin{vmatrix} 1 + \sum_{i=1}^{n} \dfrac{a_i}{x-a_i} & \dfrac{a_2}{x-a_2} & \dfrac{a_3}{x-a_3} & \cdots & \dfrac{a_n}{x-a_n} \\ 0 & 1 & 0 & \cdots & 0 \\ 0 & 0 & 1 & \cdots & 0 \\ \cdots & \cdots & \cdots & \cdots & \cdots \\ 0 & 0 & 0 & \cdots & 1 \end{vmatrix}$$

$$= (x-a_1)(x-a_2)\cdots(x-a_n)\left(1 + \sum_{i=1}^{n} \dfrac{a_i}{x-a_i}\right)$$

【例7】 试证明奇数阶反对称行列式

$$D = \begin{vmatrix} 0 & a_{12} & \cdots & a_{1n} \\ -a_{12} & 0 & \cdots & a_{2n} \\ \cdots & \cdots & \cdots & \cdots \\ -a_{1n} & -a_{2n} & \cdots & 0 \end{vmatrix} = 0$$

证明　D 的转置行列式为 $D^T = \begin{vmatrix} 0 & -a_{12} & \cdots & -a_{1n} \\ a_{12} & 0 & \cdots & -a_{2n} \\ \cdots & \cdots & \cdots & \cdots \\ a_{1n} & a_{2n} & \cdots & 0 \end{vmatrix}$

从 D^T 中每一行提出一个公因子（-1），于是有

$$D^T = (-1)^n \begin{vmatrix} 0 & a_{12} & \cdots & a_{1n} \\ -a_{12} & 0 & \cdots & a_{2n} \\ \cdots & \cdots & \cdots & \cdots \\ -a_{1n} & -a_{2n} & \cdots & 0 \end{vmatrix} = (-1)^n D，由性质 1 知道 D^T = D，所以$$

$D = (-1)^n D$，又由 n 为奇数，所以有 $D = -D$，因此 $D = 0$.

习题 1-3

1. 计算下列行列式.

(1) $\begin{vmatrix} 0 & 1 & 1 & 1 \\ 1 & 0 & 1 & 1 \\ 1 & 1 & 0 & 1 \\ 1 & 1 & 1 & 0 \end{vmatrix}$
　　(2) $\begin{vmatrix} 4 & 1 & 2 & 4 \\ 1 & 2 & 0 & 2 \\ 10 & 5 & 2 & 0 \\ 0 & 1 & 1 & 7 \end{vmatrix}$

2. 用行列式性质证明下列等式.

(1) $\begin{vmatrix} a_1 + kb_1 & b_1 + c_1 & c_1 \\ a_2 + kb_2 & b_2 + c_2 & c_2 \\ a_3 + kb_3 & b_3 + c_3 & c_3 \end{vmatrix} = \begin{vmatrix} a_1 & b_1 & c_1 \\ a_2 & b_2 & c_2 \\ a_3 & b_3 & c_3 \end{vmatrix}$

(2) $\begin{vmatrix} a^2 & ab & b^2 \\ 2a & a+b & 2b \\ 1 & 1 & 1 \end{vmatrix} = (a-b)^2$

3. 计算下列 n 阶行列式.

(1) $\begin{vmatrix} -a_1 & a_1 & 0 & \cdots & 0 & 0 \\ 0 & -a_2 & a_2 & \cdots & 0 & 0 \\ \cdots & \cdots & \cdots & \cdots & \cdots & \cdots \\ 0 & 0 & 0 & \cdots & -a_n & a_n \\ 1 & 1 & 1 & \cdots & 1 & 1 \end{vmatrix}$
　　(2) $\begin{vmatrix} 1 & 2 & 2 & \cdots & 2 \\ 2 & 2 & 2 & \cdots & 2 \\ 2 & 2 & 3 & \cdots & 2 \\ \vdots & \vdots & \vdots & & \vdots \\ 2 & 2 & 2 & \cdots & n \end{vmatrix}$

4. 解方程 $\begin{vmatrix} 1 & 1 & 2 & 3 \\ 1 & 2-x^2 & 2 & 3 \\ 2 & 3 & 1 & 5 \\ 2 & 3 & 1 & 9-x^2 \end{vmatrix} = 0$

第四节　行列式按行(列)展开

为了解决用低阶行列式表示高阶行列式,使行列式计算更简单的问题,我们先介绍余子式和代数余子式的概念.

定义 1.8　在 n 阶行列式中划去元素 a_{ij} 所在的第 i 行和第 j 列后,余下的元素按原来的排法构成一个 $n-1$ 阶行列式,称其为元素 a_{ij} 的余子式,记作 M_{ij}.余子式前面冠以符号 $(-1)^{i+j}$ 称为元素 a_{ij} 的代数余子式,记作 A_{ij}.即 $A_{ij} = (-1)^{i+j}M_{ij}$.

行列式按行(列)展开

例如:在四阶行列式

$$D = \begin{vmatrix} a_{11} & a_{12} & a_{13} & a_{14} \\ a_{21} & a_{22} & a_{23} & a_{24} \\ a_{31} & a_{32} & a_{33} & a_{34} \\ a_{41} & a_{42} & a_{43} & a_{44} \end{vmatrix} 中,a_{23} 的余子式是 M_{23} = \begin{vmatrix} a_{11} & a_{12} & a_{14} \\ a_{31} & a_{32} & a_{34} \\ a_{41} & a_{42} & a_{44} \end{vmatrix}$$

而 $A_{23} = (-1)^{2+3}M_{23} = -\begin{vmatrix} a_{11} & a_{12} & a_{14} \\ a_{31} & a_{32} & a_{34} \\ a_{41} & a_{42} & a_{44} \end{vmatrix}$ 是 a_{23} 的代数余子式.

定理 1.4　n 阶行列式 D 等于它的任一行(列)的各元素与其对应的代数余子式的乘积之和,即

$$D = a_{i1}A_{i1} + a_{i2}A_{i2} + \cdots + a_{in}A_{in}(i = 1,2,\cdots,n)$$

或

$$D = a_{1j}A_{1j} + a_{2j}A_{2j} + \cdots + a_{nj}A_{nj}(j = 1,2,\cdots,n).$$

证明　只需证明按行展开的情形,按列展开的情形同理可证.

1° 先证明按第一行展开的情形.

根据性质 4 有

$$D = \begin{vmatrix} a_{11} & a_{12} & \cdots & a_{1n} \\ a_{21} & a_{22} & \cdots & a_{2n} \\ \cdots & \cdots & \cdots & \cdots \\ a_{n1} & a_{n2} & \cdots & a_{nn} \end{vmatrix}$$

$$= \begin{vmatrix} a_{11}+0+\cdots+0 & 0+a_{12}+0+\cdots+0 & \cdots & 0+\cdots+0+a_{1n} \\ a_{21} & a_{22} & \cdots & a_{2n} \\ \cdots & \cdots & \cdots & \cdots \\ a_{n1} & a_{n2} & \cdots & a_{nn} \end{vmatrix}$$

$$= \begin{vmatrix} a_{11} & 0 & \cdots & 0 \\ a_{21} & a_{22} & \cdots & a_{2n} \\ \cdots & \cdots & \cdots & \cdots \\ a_{n1} & a_{n2} & \cdots & a_{nn} \end{vmatrix} + \begin{vmatrix} 0 & a_{12} & \cdots & 0 \\ a_{21} & a_{22} & \cdots & a_{2n} \\ \cdots & \cdots & \cdots & \cdots \\ a_{n1} & a_{n2} & \cdots & a_{nn} \end{vmatrix} + \cdots + \begin{vmatrix} 0 & 0 & \cdots & a_{1n} \\ a_{21} & a_{22} & \cdots & a_{2n} \\ \cdots & \cdots & \cdots & \cdots \\ a_{n1} & a_{n2} & \cdots & a_{nn} \end{vmatrix}$$

按行列式的定义

$$\begin{vmatrix} a_{11} & 0 & \cdots & 0 \\ a_{21} & a_{22} & \cdots & a_{2n} \\ \cdots & \cdots & \cdots & \cdots \\ a_{n1} & a_{n2} & \cdots & a_{nn} \end{vmatrix} = \sum_{j_2 \cdots j_n} (-1)^{N(j_1 j_2 \cdots j_n)} a_{1j_1} a_{2j_2} \cdots a_{nj_n}$$

$$= a_{11} \sum_{j_2 \cdots j_n} (-1)^{N(j_1 j_2 \cdots j_n)} a_{2j_2} \cdots a_{nj_n} = a_{11} M_{11} = a_{11} A_{11}$$

同理

$$\begin{vmatrix} 0 & a_{12} & \cdots & 0 \\ a_{21} & a_{22} & \cdots & a_{2n} \\ \cdots & \cdots & \cdots & \cdots \\ a_{n1} & a_{n2} & \cdots & a_{nn} \end{vmatrix} = (-1) \begin{vmatrix} a_{12} & 0 & \cdots & 0 \\ a_{22} & a_{21} & \cdots & a_{2n} \\ \cdots & \cdots & \cdots & \cdots \\ a_{n2} & a_{n1} & \cdots & a_{nn} \end{vmatrix} = (-1) a_{12} M_{12} = a_{12} A_{12}$$

$$\cdots$$

$$\begin{vmatrix} 0 & 0 & \cdots & a_{1n} \\ a_{21} & a_{22} & \cdots & a_{2n} \\ \cdots & \cdots & \cdots & \cdots \\ a_{n1} & a_{n2} & \cdots & a_{nn} \end{vmatrix} = (-1)^{n-1} \begin{vmatrix} a_{1n} & 0 & \cdots & 0 \\ a_{2n} & a_{21} & \cdots & a_{2n-1} \\ \cdots & \cdots & \cdots & \cdots \\ a_{nn} & a_{n1} & \cdots & a_{nn-1} \end{vmatrix} = (-1)^{n-1} a_{1n} M_{1n} = a_{1n} A_{1n}$$

所以 $D = a_{i1} A_{i1} + a_{i2} A_{i2} + \cdots + a_{in} A_{in}$.

2° 再证明按第 i 行展开的情形.

将第 i 行分别与第 $i-1$ 行、第 $i-2$ 行、$\cdots$ 第 1 行进行交换,把第 i 行换到第 1 行,然后再按第一种情形,即有

$$D = (-1)^{i-1} \begin{vmatrix} a_{i1} & a_{i2} & \cdots & a_{in} \\ a_{11} & a_{12} & \cdots & a_{1n} \\ \cdots & \cdots & \cdots & \cdots \\ a_{n1} & a_{n2} & \cdots & a_{nn} \end{vmatrix}$$

$$= (-1)^{i-1} [a_{i1} (-1)^{1+1} M_{i1} + a_{i2} (-1)^{1+2} M_{i2} + \cdots + a_{in} (-1)^{1+n} M_{in}]$$

$$= a_{i1} (-1)^{i+1} M_{i1} + a_{i2} (-1)^{i+2} M_{i2} + \cdots + a_{in} (-1)^{i+n} M_{in}$$

引理 一个 n 阶行列式 D,如果第 i 行元素除了 a_{ij} 以外全为零,则行列式

$$D = a_{ij} A_{ij}$$

定理 1.5 n 阶行列式 D 中某一行(列)的各元素与另一行(列)对应元素的代数余子式的乘积之和等于零,即

$$a_{i1} A_{s1} + a_{i2} A_{s2} + \cdots + a_{in} A_{sn} = 0 \quad (i \neq s)$$

或

$$a_{1j} A_{1t} + a_{2j} A_{2t} + \cdots + a_{nj} A_{nt} = 0 \quad (j \neq t).$$

证明 只证明行的情形,列的情形同理可证.考虑辅助行列式

$$D_1 = \begin{vmatrix} a_{11} & a_{12} & \cdots & a_{1n} \\ \cdots & \cdots & \cdots & \cdots \\ a_{i1} & a_{i2} & \cdots & a_{in} \\ \cdots & \cdots & \cdots & \cdots \\ a_{i1} & a_{i2} & \cdots & a_{in} \\ \cdots & \cdots & \cdots & \cdots \\ a_{n1} & a_{n2} & \cdots & a_{nn} \end{vmatrix} \begin{matrix} \\ \\ (i\ 行) \\ \\ (s\ 行) \\ \\ \\ \end{matrix}$$

这个行列式的第 i 行与第 s 行的对应元素相同,行列式的值应等于零.由定理 1.4 将 D_1 按第 s 行展开,有 $a_{i1}A_{s1} + a_{i2}A_{s2} + \cdots + a_{in}A_{sn} = 0$ （$i \neq s$）.

同理可证 $a_{1j}A_{1t} + a_{2j}A_{2t} + \cdots + a_{nj}A_{nt} = 0$ （$j \neq t$）

定理 1.4 和定理 1.5 综合起来得:

$$a_{i1}A_{s1} + a_{i2}A_{s2} + \cdots + a_{in}A_{sn} = \begin{cases} D(i = s) \\ 0(i \neq s) \end{cases}$$

或 $$a_{1j}A_{1t} + a_{2j}A_{2t} + \cdots + a_{nj}A_{nt} = \begin{cases} D(j = t) \\ 0(j \neq t) \end{cases}$$

定理 1.4 表明, n 阶行列式可以用 $n - 1$ 阶行列式来表示,因此该定理又称行列式的降阶展开定理.利用它并结合行列式的性质,可以大大简化行列式的计算.

【例 1】 计算行列式 $D = \begin{vmatrix} 2 & 1 & -3 & -1 \\ 3 & 1 & 0 & 7 \\ -1 & 2 & 4 & -2 \\ 1 & 0 & -1 & 5 \end{vmatrix}$

解 D 的第四行已有一个元素是 0,先利用性质 5 将行列式化简,再将行列式降阶,则

$$D = \begin{vmatrix} 2 & 1 & -3 & -1 \\ 3 & 1 & 0 & 7 \\ -1 & 2 & 4 & -2 \\ 1 & 0 & -1 & 5 \end{vmatrix} \xrightarrow[\substack{c_4 - 5c_1 \\ c_3 + c_1}]{} \begin{vmatrix} 2 & 1 & -1 & -11 \\ 3 & 1 & 3 & -8 \\ -1 & 2 & 3 & 3 \\ 1 & 0 & 0 & 0 \end{vmatrix}$$

$$\xrightarrow[\text{按第 4 行展开}]{} (-1)^{4+1} \begin{vmatrix} 1 & -1 & -11 \\ 1 & 3 & -8 \\ 2 & 3 & 3 \end{vmatrix} \xrightarrow[\substack{r_3 - 2r_1 \\ r_2 - r_1}]{} - \begin{vmatrix} 1 & -1 & -11 \\ 0 & 4 & 3 \\ 0 & 5 & 25 \end{vmatrix}$$

$$\xrightarrow[\text{按第 1 列展开}]{} - (-1)^{1+1} \begin{vmatrix} 4 & 3 \\ 5 & 25 \end{vmatrix} = -85$$

【例 2】 计算 n 阶行列式 $D = \begin{vmatrix} a & b & 0 & \cdots & 0 & 0 \\ 0 & a & b & \cdots & 0 & 0 \\ 0 & 0 & a & \cdots & 0 & 0 \\ \cdots & \cdots & \cdots & & \cdots & \cdots \\ 0 & 0 & 0 & \cdots & a & b \\ b & 0 & 0 & \cdots & 0 & a \end{vmatrix}$

解　按第 1 列展开得

$$D = (-1)^{1+1} a \begin{vmatrix} a & b & \cdots & 0 & 0 \\ 0 & a & \cdots & 0 & 0 \\ \cdots & \cdots & \cdots & \cdots & \cdots \\ 0 & 0 & \cdots & a & b \\ 0 & 0 & \cdots & 0 & a \end{vmatrix} + (-1)^{n+1} b \begin{vmatrix} b & 0 & \cdots & 0 & 0 \\ a & b & \cdots & 0 & 0 \\ \cdots & \cdots & \cdots & \cdots & \cdots \\ 0 & 0 & \cdots & b & 0 \\ 0 & 0 & \cdots & a & b \end{vmatrix}$$

$$= a a^{n-1} + (-1)^{n+1} b b^{n-1} = a^n + (-1)^{n+1} b^n$$

【例 3】　计算 $D = \begin{vmatrix} 1+x & 1 & 1 & 1 \\ 1 & 1-x & 1 & 1 \\ 1 & 1 & 1+y & 1 \\ 1 & 1 & 1 & 1-y \end{vmatrix}$，其中 $xy \neq 0$.

解　根据定理 1.4，把行列式适当地加一行一列，然后利用性质 5，得

$$D = \begin{vmatrix} 1 & 1 & 1 & 1 & 1 \\ 0 & 1+x & 1 & 1 & 1 \\ 0 & 1 & 1-x & 1 & 1 \\ 0 & 1 & 1 & 1+y & 1 \\ 0 & 1 & 1 & 1 & 1-y \end{vmatrix} \xlongequal[\substack{r_3-r_1 \\ r_2-r_1}]{\substack{r_5-r_1 \\ r_4-r_1}} \begin{vmatrix} 1 & 1 & 1 & 1 & 1 \\ -1 & x & 0 & 0 & 0 \\ -1 & 0 & -x & 0 & 0 \\ -1 & 0 & 0 & y & 0 \\ -1 & 0 & 0 & 0 & -y \end{vmatrix}$$

第 2 列提出因子 x，第 3 列提出 $-x$，第 4 列提出 y，第 5 列提出 $-y$，得

$$D = x(-x)y(-y) \begin{vmatrix} 1 & \dfrac{1}{x} & -\dfrac{1}{x} & \dfrac{1}{y} & -\dfrac{1}{y} \\ -1 & 1 & 0 & 0 & 0 \\ -1 & 0 & 1 & 0 & 0 \\ -1 & 0 & 0 & 1 & 0 \\ -1 & 0 & 0 & 0 & 1 \end{vmatrix}$$

$$\xlongequal[\substack{c_1+c_3 \\ c_1+c_2}]{\substack{c_1+c_4 \\ }} x^2 y^2 \begin{vmatrix} 1 & \dfrac{1}{x} & -\dfrac{1}{x} & \dfrac{1}{y} & -\dfrac{1}{y} \\ 0 & 1 & 0 & 0 & 0 \\ 0 & 0 & 1 & 0 & 0 \\ 0 & 0 & 0 & 1 & 0 \\ 0 & 0 & 0 & 0 & 1 \end{vmatrix} = x^2 y^2$$

【例 4】　试证范德蒙行列式

$$D_n = \begin{vmatrix} 1 & 1 & 1 & \cdots & 1 \\ a_1 & a_2 & a_3 & \cdots & a_n \\ a_1^2 & a_2^2 & a_3^2 & \cdots & a_n^2 \\ \cdots & \cdots & \cdots & \cdots & \cdots \\ a_1^{n-1} & a_2^{n-1} & a_3^{n-1} & \cdots & a_n^{n-1} \end{vmatrix} = \prod_{1 \leqslant j < i \leqslant n} (a_i - a_j)$$

其中记号"$\prod$"表示全体同类因子的乘积.

证明　用数学归纳法

1° 当 $n = 2$ 时,
$$\begin{vmatrix} 1 & 1 \\ a_1 & a_2 \end{vmatrix} = a_2 - a_1$$

等式成立.

2° 假设对于 $n-1$ 阶范德蒙行列式结论成立,现在来证等式对于 n 阶范德蒙行列式也成立.为了计算简便,我们将 D_n 降阶:从第 n 行开始,后一行减去前一行的 a_1 倍,则

$$D_n = \begin{vmatrix} 1 & 1 & 1 & \cdots & 1 \\ a_1 & a_2 & a_3 & \cdots & a_n \\ a_1^2 & a_2^2 & a_3^2 & \cdots & a_n^2 \\ \cdots & \cdots & \cdots & \cdots & \cdots \\ a_1^{n-2} & a_2^{n-2} & a_3^{n-2} & \cdots & a_n^{n-2} \\ a_1^{n-1} & a_2^{n-1} & a_3^{n-1} & \cdots & a_n^{n-1} \end{vmatrix}$$

$$\xlongequal[i=n,n-1,\cdots]{r_i - a_1 r_{i-1}} \begin{vmatrix} 1 & 1 & 1 & \cdots & 1 \\ 0 & a_2 - a_1 & a_3 - a_1 & \cdots & a_n - a_1 \\ 0 & a_2^2 - a_1 a_2 & a_3^2 - a_1 a_3 & \cdots & a_n^2 - a_1 a_n \\ \cdots & \cdots & \cdots & \cdots & \cdots \\ 0 & a_2^{n-1} - a_1 a_2^{n-2} & a_3^{n-1} - a_1 a_3^{n-2} & \cdots & a_n^{n-1} - a_1 a_n^{n-2} \end{vmatrix}$$

$$\xlongequal{\text{按第 1 列展开}} \begin{vmatrix} a_2 - a_1 & a_3 - a_1 & \cdots & a_n - a_1 \\ a_2(a_2 - a_1) & a_3(a_3 - a_1) & \cdots & a_n(a_n - a_1) \\ \cdots & \cdots & \cdots & \cdots \\ a_2^{n-2}(a_2 - a_1) & a_3^{n-2}(a_3 - a_1) & \cdots & a_n^{n-2}(a_n - a_1) \end{vmatrix}$$

把每一列的公因子 $(a_i - a_1)$ 提出来,就得到

$$D_n = (a_2 - a_1)(a_3 - a_1)\cdots(a_n - a_1) \begin{vmatrix} 1 & 1 & \cdots & 1 \\ a_2 & a_3 & \cdots & a_n \\ \cdots & \cdots & \cdots & \cdots \\ a_2^{n-2} & a_3^{n-2} & \cdots & a_n^{n-2} \end{vmatrix}$$

上式右端行列式是 $n-1$ 阶范德蒙行列式,由归纳假设得

$$\begin{vmatrix} 1 & 1 & \cdots & 1 \\ a_2 & a_3 & \cdots & a_n \\ \cdots & \cdots & \cdots & \cdots \\ a_2^{n-2} & a_3^{n-2} & \cdots & a_n^{n-2} \end{vmatrix} = \prod_{2 \leqslant j < i \leqslant n} (a_i - a_j)$$

于是 n 阶范德蒙行列式

$$D_n = (a_2 - a_1)(a_3 - a_1)\cdots(a_n - a_1) \prod_{2 \leqslant j < i \leqslant n} (a_i - a_j)$$

$$= \prod_{1 \leqslant j < i \leqslant n} (a_i - a_j)$$

结论说明,n 阶范德蒙行列式之值等于 $a_1, a_2, \cdots, a_n$ 这 n 个数的所有可能的差 $a_i - a_j (1 \leqslant j \leqslant i \leqslant n)$ 的乘积.

【例5】 证明

$$\begin{vmatrix} a_{11} & a_{12} & 0 & 0 \\ a_{21} & a_{22} & 0 & 0 \\ c_{11} & c_{12} & b_{11} & b_{12} \\ c_{21} & c_{22} & b_{21} & b_{22} \end{vmatrix} = \begin{vmatrix} a_{11} & a_{12} \\ a_{21} & a_{22} \end{vmatrix} \cdot \begin{vmatrix} b_{11} & b_{12} \\ b_{21} & b_{22} \end{vmatrix}$$

证明 将上面等式左端的行列式按第一行展开,得

$$\begin{vmatrix} a_{11} & a_{12} & 0 & 0 \\ a_{21} & a_{22} & 0 & 0 \\ c_{11} & c_{12} & b_{11} & b_{12} \\ c_{21} & c_{22} & b_{21} & b_{22} \end{vmatrix} = a_{11} \begin{vmatrix} a_{22} & 0 & 0 \\ c_{12} & b_{11} & b_{12} \\ c_{22} & b_{21} & b_{22} \end{vmatrix} - a_{12} \begin{vmatrix} a_{21} & 0 & 0 \\ c_{11} & b_{11} & b_{12} \\ c_{21} & b_{21} & b_{22} \end{vmatrix}$$

$$= a_{11}a_{22} \begin{vmatrix} b_{11} & b_{12} \\ b_{21} & b_{22} \end{vmatrix} - a_{12}a_{21} \begin{vmatrix} b_{11} & b_{12} \\ b_{21} & b_{22} \end{vmatrix} = (a_{11}a_{22} - a_{12}a_{21}) \begin{vmatrix} b_{11} & b_{12} \\ b_{21} & b_{22} \end{vmatrix}$$

$$= \begin{vmatrix} a_{11} & a_{12} \\ a_{21} & a_{22} \end{vmatrix} \cdot \begin{vmatrix} b_{11} & b_{12} \\ b_{21} & b_{22} \end{vmatrix}$$

本例题的结论对一般情况也是成立的,即

$$\begin{vmatrix} a_{11} & a_{12} & \cdots & a_{1k} & 0 & 0 & \cdots & 0 \\ \cdots & \cdots & \cdots & \cdots & \cdots & \cdots & \cdots & \cdots \\ a_{k1} & a_{k2} & \cdots & a_{kk} & 0 & 0 & \cdots & 0 \\ c_{11} & c_{12} & \cdots & c_{1k} & b_{11} & b_{12} & \cdots & b_{1m} \\ \cdots & \cdots & \cdots & \cdots & \cdots & \cdots & \cdots & \cdots \\ c_{m1} & c_{m2} & \cdots & c_{mk} & b_{m1} & b_{m2} & \cdots & b_{mm} \end{vmatrix} = \begin{vmatrix} a_{11} & a_{12} & \cdots & a_{1k} \\ \cdots & \cdots & \cdots & \cdots \\ a_{k1} & a_{k2} & \cdots & a_{kk} \end{vmatrix} \cdot \begin{vmatrix} b_{11} & b_{12} & \cdots & b_{1m} \\ \cdots & \cdots & \cdots & \cdots \\ b_{m1} & b_{m2} & \cdots & b_{mm} \end{vmatrix}$$

习题 1-4

1. 求行列式 $\begin{vmatrix} 1 & 3 & 0 \\ 4 & 4 & 1 \\ 2 & -2 & 0 \end{vmatrix}$ 中元素 3 和 2 的代数余子式.

2. 已知四阶行列式 D 中第 3 列元素依次为 $1,-1,5,2$,它们的余子式依次为 $5,3,1,4$,求 D.

3. 按第 3 列展开下列行列式,并计算其值.

$$(1) \begin{vmatrix} 1 & 0 & a & 1 \\ 0 & -1 & b & -1 \\ -1 & -1 & c & -1 \\ -1 & 1 & d & 0 \end{vmatrix} \qquad (2) \begin{vmatrix} a_{11} & a_{12} & a_{13} & a_{14} & a_{15} \\ a_{21} & a_{22} & a_{23} & a_{24} & a_{25} \\ a_{31} & a_{32} & 0 & 0 & 0 \\ a_{41} & a_{42} & 0 & 0 & 0 \\ a_{51} & a_{52} & 0 & 0 & 0 \end{vmatrix}$$

4. 证明下列等式.

$$\begin{vmatrix} a_0 & 1 & 1 & 1 & \cdots & 1 \\ 1 & a_1 & 0 & 0 & \cdots & 0 \\ 1 & 0 & a_2 & 0 & \cdots & 0 \\ \cdots & \cdots & \cdots & \cdots & \cdots & \cdots \\ 1 & 0 & 0 & 0 & \cdots & a_n \end{vmatrix} = a_1 a_2 \cdots a_n \left(a_0 - \sum_{i=1}^n \frac{1}{a_i} \right), \ (a_i \neq 0)$$

5. 计算下列行列式.

$$(1) \begin{vmatrix} 0 & a & b & a \\ a & 0 & a & b \\ b & a & 0 & a \\ a & b & a & 0 \end{vmatrix} \qquad (2) \begin{vmatrix} x & y & 0 & \cdots & 0 & 0 \\ 0 & x & y & \cdots & 0 & 0 \\ \vdots & \vdots & \vdots & & \vdots & \vdots \\ 0 & 0 & 0 & \cdots & x & y \\ y & 0 & 0 & \cdots & 0 & x \end{vmatrix}$$

第五节　克莱姆法则

前面我们已经介绍了 n 阶行列式的定义和计算方法,作为行列式的应用,本节介绍用行列式解 n 元一次线性方程组的方法——克莱姆法则.它是第一节中二元、三元线性方程组求解公式的推广.

设含有 n 个未知量 n 个方程的线性方程组

克莱姆法则

$$\begin{cases} a_{11}x_1 + a_{12}x_2 + \cdots + a_{1n}x_n = b_1 \\ a_{21}x_1 + a_{22}x_2 + \cdots + a_{2n}x_n = b_2 \\ \qquad\qquad \cdots \\ a_{n1}x_1 + a_{n2}x_2 + \cdots + a_{nn}x_n = b_n \end{cases} \tag{1.10}$$

它的系数 a_{ij} 构成行列式

$$D = \begin{vmatrix} a_{11} & a_{12} & \cdots & a_{1n} \\ a_{21} & a_{22} & \cdots & a_{2n} \\ \cdots & \cdots & \cdots & \cdots \\ a_{n1} & a_{n2} & \cdots & a_{nn} \end{vmatrix}$$

为方程组的系数行列式.

定理 1.6　(克莱姆法则)如果线性方程组(1.10)的系数行列式 $D \neq 0$,则方程组有唯一解:

$$x_1 = \frac{D_1}{D}, x_2 = \frac{D_2}{D}, \cdots, x_n = \frac{D_n}{D}, \tag{1.11}$$

其中 $D_j(j = 1, 2, 3, \cdots, n)$ 是 D 中第 j 列换成常数项 $b_1, b_2, \cdots, b_n$,其余各列不变而得到的行列式.

这个法则包含着两个结论:线性方程组有解,并且解唯一.下面分两步来证明.

第一步:在 $D \neq 0$ 的条件下,线性方程组有解,我们将验证 $\dfrac{D_1}{D}, \dfrac{D_2}{D}, \cdots, \dfrac{D_n}{D}$ 确实是线性方程组的解.

第二步:若线性方程组有解,必由公式(1.11)给出,从而解是唯一的.

证明 首先将 $x_1 = \dfrac{D_1}{D}, x_2 = \dfrac{D_2}{D}, \cdots, x_n = \dfrac{D_n}{D}$ 代入线性方程组(1.10)的第 i 个方程,则:

$$\text{左端} = a_{i1}\frac{D_1}{D} + a_{i2}\frac{D_2}{D} + \cdots + a_{in}\frac{D_n}{D}$$

$$= \frac{1}{D}(a_{i1}D_1 + a_{i2}D_1 + \cdots + a_{in}D_n) \tag{1.12}$$

把 D_1 按第 1 列展开,D_2 按第 2 列展开,$\cdots$,D_n 按第 n 列展开,然后代入(1.12)式,有:

$$
\begin{aligned}
\text{左端} = \frac{1}{D}\big[\,& a_{i1}(b_1 A_{11} + b_2 A_{21} + \cdots + b_i A_{i1} + \cdots + b_n A_{n1}) \\
& + a_{i2}(b_1 A_{12} + b_2 A_{22} + \cdots + b_i A_{i2} + \cdots + b_n A_{n2}) \\
& + \cdots + a_{in}(b_1 A_{1n} + b_2 A_{2n} + \cdots + b_i A_{in} + \cdots + b_n A_{nn})\,\big] \\
= \frac{1}{D}\big[\,& b_1(a_{i1} A_{11} + a_{i2} A_{12} + \cdots + a_{in} A_{1n}) \\
& + b_2(a_{i1} A_{21} + a_{i2} A_{22} + \cdots + a_{in} A_{2n}) \\
& + \cdots + b_i(a_{i1} A_{i1} + a_{i2} A_{i2} + \cdots + a_{in} A_{in}) \\
& + \cdots + b_n(a_{i1} A_{n1} + a_{i2} A_{n2} + \cdots + a_{in} A_{nn})\,\big] \\
= \frac{1}{D}\big[\,& b_1 \cdot 0 + b_2 \cdot 0 + \cdots + b_i \cdot D + \cdots + b_n \cdot 0\,\big] \\
= \frac{1}{D}& b_i \cdot D = b_i = \text{右端}
\end{aligned}
$$

这样就证明了 $\dfrac{D_1}{D}, \dfrac{D_2}{D}, \cdots, \dfrac{D_n}{D}$ 是线性方程组的解.

其次,证明线性方程组若有解,其解必由公式(1.11)给出,即解是唯一的.

即 假设 $x_1 = k_1, x_2 = k_2, \cdots, x_n = k_n$ 是方程组(1.10)的一个解,证明必有

$$k_1 = \frac{D_1}{D}, k_2 = \frac{D_2}{D}, \cdots, k_n = \frac{D_n}{D}$$

因 $x_1 = k_1, x_2 = k_2, \cdots, x_n = k_n$ 是线性方程组的解,把它代入方程组则有

$$
\begin{cases}
a_{11}k_1 + a_{12}k_2 + \cdots + a_{1n}k_n = b_1 \\
a_{21}k_1 + a_{22}k_2 + \cdots + a_{2n}k_n = b_2 \\
\qquad\qquad\qquad \cdots \\
a_{n1}k_1 + a_{n2}k_2 + \cdots + a_{nn}k_n = b_n
\end{cases}
$$

将系数行列式 D 的 j 列元素的代数余子式 $A_{1j}, A_{2j}, \cdots, A_{nj}$ 乘以等式两边,得

$$a_{11}A_{1j}k_1 + \cdots + a_{1j}A_{1j}k_j + \cdots + a_{1n}A_{1j}k_n = b_1A_{1j}$$
$$a_{21}A_{2j}k_1 + \cdots + a_{2j}A_{2j}k_j + \cdots + a_{2n}A_{2j}k_n = b_2A_{2j}$$
$$\cdots$$
$$a_{n1}A_{nj}k_1 + \cdots + a_{nj}A_{nj}k_j + \cdots + a_{nn}A_{nj}k_n = b_nA_{nj}$$

把这 n 个等式相加,并利用行列式按一列展开定理,得

$$0 \cdot k_1 + \cdots + D \cdot k_j + \cdots + 0 \cdot c_n = D_j$$

即 $D \cdot k_j = D_j$

因为 $D \neq 0$,所以 $k_j = \dfrac{D_j}{D}$.由于在上述证明过程中 j 可取遍 $1,2,\cdots,n$,于是有

$$k_1 = \frac{D_1}{D}, k_2 = \frac{D_2}{D}, \cdots, k_n = \frac{D_n}{D}$$

所以方程组的解是唯一的.

【例1】 解线性方程组

$$\begin{cases} x_1 + 3x_2 - 2x_3 + x_4 = 1 \\ 2x_1 + 5x_2 - 3x_3 + 2x_4 = 3 \\ -3x_1 + 4x_2 + 8x_3 - 2x_4 = 4 \\ 6x_1 - x_2 - 6x_3 + 4x_4 = 2 \end{cases}$$

解   因为线性方程组的系数行列式为

$$D = \begin{vmatrix} 1 & 3 & -2 & 1 \\ 2 & 5 & -3 & 2 \\ -3 & 4 & 8 & -2 \\ 6 & -1 & -6 & 4 \end{vmatrix} = \begin{vmatrix} 1 & 3 & -2 & 1 \\ 0 & -1 & 1 & 0 \\ 0 & 13 & 2 & 1 \\ 0 & -19 & 6 & -2 \end{vmatrix}$$

$$= \begin{vmatrix} 1 & 3 & -2 & 1 \\ 0 & -1 & 1 & 0 \\ 0 & 0 & 15 & 1 \\ 0 & 0 & -13 & -2 \end{vmatrix} = 17 \neq 0$$

所以方程组有唯一解,又

$$D_1 = \begin{vmatrix} 1 & 3 & -2 & 1 \\ 3 & 5 & -3 & 2 \\ 4 & 4 & 8 & -2 \\ 2 & -1 & -6 & 4 \end{vmatrix} = -34, \qquad D_2 = \begin{vmatrix} 1 & 1 & -2 & 1 \\ 2 & 3 & -3 & 2 \\ -3 & 4 & 8 & -2 \\ 6 & 2 & -6 & 4 \end{vmatrix} = 0,$$

$$D_3 = \begin{vmatrix} 1 & 3 & 1 & 1 \\ 2 & 5 & 3 & 2 \\ -3 & 4 & 4 & -2 \\ 6 & -1 & 2 & 4 \end{vmatrix} = 17, \qquad D_4 = \begin{vmatrix} 1 & 3 & -2 & 1 \\ 2 & 5 & -3 & 3 \\ -3 & 4 & 8 & 4 \\ 6 & -1 & -6 & 2 \end{vmatrix} = 85.$$

即唯一解为:

$$x_1 = -\frac{34}{17} = -2, x_2 = \frac{0}{17} = 0, x_3 = \frac{17}{17} = 1, x_4 = \frac{85}{17} = 5.$$

注意:用克莱姆法则解线性方程组时,必须满足两个条件:一是方程的个数与未知量的个数相等;二是系数行列式 $D \neq 0$.

当方程组(1.10)中的常数项都等于 0 时,称为齐次线性方程组.即

$$
\begin{cases}
a_{11}x_1 + a_{12}x_2 + \cdots + a_{1n}x_n = 0 \\
a_{21}x_1 + a_{22}x_2 + \cdots + a_{2n}x_n = 0 \\
\qquad\qquad \cdots \\
a_{n1}x_1 + a_{n2}x_2 + \cdots + a_{nn}x_n = 0
\end{cases}
\tag{1.13}
$$

称为齐次线性方程组.显然,齐次线性方程组总是有解的,因为 $x_1 = 0, x_2 = 0, \cdots, x_n = 0$ 必定满足方程,这组解称为零解,也就是说,齐次线性方程组必有零解.

当解 $x_1 = k_1, x_2 = k_2, \cdots, x_n = k_n$ 不全为零时,称这组解为齐次线性方程组的非零解.

定理 1.7 如果齐次线性方程组的系数行列式 $D \neq 0$,则它只有零解.

证明 由于 $D \neq 0$,故齐次线性方程组有唯一解,又因为齐次线性方程组必有零解,所以齐次线性方程组只有零解.

定理的逆否命题如下:

推论 如果齐次线性方程组(1.13)有非零解,那么它的系数行列式 $D = 0$.

【例 2】 若齐次线性方程组 $\begin{cases} a_1x_1 + x_2 + x_3 = 0 \\ x_1 + bx_2 + x_3 = 0 \\ x_1 + 2bx_2 + x_3 = 0 \end{cases}$ 只有零解,则 a, b 应取何值?

解 由定理 1.7 知,当系数行列式 $D \neq 0$ 时,方程组只有零解,

$$
D = \begin{vmatrix} a & 1 & 1 \\ 1 & b & 1 \\ 1 & 2b & 1 \end{vmatrix} = b(1 - a)
$$

所以,当 $a \neq 1$ 且 $b \neq 0$ 时,方程组只有零解.

【例 3】 设 $f(x) = c_0 + c_1 x + \cdots + c_n x^n$,用克莱姆法则证明:若 $f(x)$ 有 $n+1$ 个不同的根,则 $f(x)$ 是一个零多项式.

证明 设 $a_1, a_2, \cdots, a_n, a_{n+1}$ 是 $f(x)$ 的 $n+1$ 个不同的根,即

$$
\begin{cases}
c_0 + c_1 a_1 + c_2 a_1^2 + \cdots + c_n a_1^n = 0 \\
c_0 + c_1 a_2 + c_2 a_2^2 + \cdots + c_n a_2^n = 0 \\
\qquad\qquad \cdots \\
c_0 + c_1 a_{n+1} + c_2 a_{n+1}^2 + \cdots + c_n a_{n+1}^n = 0
\end{cases}
$$

这是以 $c_0, c_1, \cdots, c_n$ 为未知数的齐次线性方程组,其系数行列式为

$$
D = \begin{vmatrix} 1 & a_1 & a_1^2 & \cdots & a_1^n \\ 1 & a_2 & a_2^2 & \cdots & a_2^n \\ 1 & a_3 & a_3^2 & \cdots & a_3^n \\ \cdots & \cdots & \cdots & \cdots & \cdots \\ 1 & a_{n+1} & a_{n+1}^2 & \cdots & a_{n+1}^n \end{vmatrix} = \begin{vmatrix} 1 & 1 & \cdots & 1 \\ a_1 & a_2 & \cdots & a_{n+1} \\ a_1^2 & a_2^2 & \cdots & a_{n+1}^2 \\ \cdots & \cdots & \cdots & \cdots \\ a_1^n & a_2^n & \cdots & a_{n+1}^n \end{vmatrix}
$$

此行列式是范德蒙行列式,由于 $a_i \neq a_j (i \neq j)$,所以

$$D = \prod_{1 \leqslant j < i \leqslant n+1} (a_i - a_j) \neq 0,$$

根据定理 1.7 可知,方程组只有唯一零解.即

$$c_0 = c_1 = c_2 = \cdots = c_n = 0$$

故 $f(x)$ 是一个零多项式.

习题 1-5

1. 用克莱姆法则求解下列方程组.

（1）$\begin{cases} 2x - 5y = 1 \\ -3x + 7y = -2 \end{cases}$
（2）$\begin{cases} x + y - 2z = -3 \\ 5x - 2y + 7z = 22 \\ 2x - 5y + 4z = 4 \end{cases}$

（3）$\begin{cases} bx - ay + 2ab = 0 \\ -2cy + 3bz - bc = 0 \quad （其中 a, b, c \neq 0） \\ cx + az = 0 \end{cases}$

2. 判断齐次线性方程组 $\begin{cases} 2x_1 + 2x_2 - x_3 = 0 \\ x_1 - 2x_2 + 4x_3 = 0 \\ 5x_1 + 8x_2 - 2x_3 = 0 \end{cases}$ 是否仅有零解.

3. 如果齐次线性方程组 $\begin{cases} kx + y + z = 0 \\ x + ky - z = 0 \\ 2x - y + z = 0 \end{cases}$ 有非零解,k 应取何值?

4. 当 λ 为何值时,齐次线性方程组

$$\begin{cases} \lambda x_1 + 3x_2 + 4x_3 = 0 \\ -x_1 + \lambda x_2 = 0 \\ \lambda x_2 + x_3 = 0 \end{cases}$$

（1）仅有零解.

（2）有非零解.

总习题一

1. 求下列排列的逆序数.

（1）$13\cdots(2n-1)\ 24\cdots(2n)$ ；　　（2）$13\cdots(2n-1)\ (2n)\ (2n-2)\cdots 2$.

2. 选择 k, l 值,使得 $a_{13}a_{2k}a_{34}a_{42}a_{5l}$ 成为 5 阶行列式 $|a_{ij}|$ 中带有负号的项.

3. 用行列式的定义计算 $D = \begin{vmatrix} 0 & 0 & \cdots & 0 & 1 & 0 \\ 0 & 0 & \cdots & 2 & 0 & 0 \\ \vdots & \vdots & & \vdots & \vdots & \vdots \\ 2015 & 0 & 0 & 0 & 0 & 0 \\ 0 & 0 & 0 & 0 & 0 & 2016 \end{vmatrix}$.

4. 计算下列行列式.

$$(1) \begin{vmatrix} 1 & 1 & 1 & 1 \\ 1 & 2 & 3 & 4 \\ 1 & 3 & 6 & 10 \\ 1 & 4 & 10 & 20 \end{vmatrix}$$

$$(2) \begin{vmatrix} 2 & -5 & 3 & 1 \\ 1 & 3 & -1 & 3 \\ 0 & 1 & 1 & -5 \\ -1 & -4 & 2 & -3 \end{vmatrix}$$

$$(3) \begin{vmatrix} -2 & 2 & -4 & 0 \\ 4 & -1 & 3 & 5 \\ 3 & 1 & -2 & -3 \\ 2 & 0 & 5 & 1 \end{vmatrix}$$

$$(4) \begin{vmatrix} 1 & 1 & 2 & 3 \\ 1 & 2 & 3 & -1 \\ 3 & -1 & -1 & -2 \\ 2 & 3 & -1 & -1 \end{vmatrix}$$

5. 计算行列式 $\begin{vmatrix} 1 & 2 & 3 & \cdots & n-1 & n \\ -1 & 0 & 3 & \cdots & n-1 & n \\ -1 & -2 & 0 & \cdots & n-1 & n \\ \vdots & \vdots & \vdots & & \vdots & \vdots \\ -1 & -2 & -3 & \cdots & 0 & n \\ -1 & -2 & -3 & \cdots & -(n-1) & 0 \end{vmatrix}$.

6. 计算行列式 $\begin{vmatrix} -a_1 & a_1 & 0 & \cdots & 0 & 0 \\ 0 & -a_2 & a_2 & \cdots & 0 & 0 \\ \vdots & \vdots & \vdots & & \vdots & \vdots \\ 0 & 0 & 0 & \cdots & -a_n & a_n \\ 1 & 1 & 1 & \cdots & 1 & 1 \end{vmatrix}$.

7. 解下列方程.

$$(1) \begin{vmatrix} 1 & 1 & 2 & 3 \\ 1 & 2-x^2 & 2 & 3 \\ 2 & 3 & 1 & 5 \\ 2 & 3 & 1 & 9-x^2 \end{vmatrix} = 0$$

$$(2) \begin{vmatrix} x & 1 & 1 & 1 \\ 1 & x & 1 & 1 \\ 1 & 1 & x & 1 \\ 1 & 1 & 1 & x \end{vmatrix} = 0$$

8. 证明 $\begin{vmatrix} 1 & 1 & 1 & 1 \\ a & b & c & d \\ a^2 & b^2 & c^2 & d^2 \\ a^4 & b^4 & c^4 & d^4 \end{vmatrix} = (a-b)(a-c)(a-d)(b-c)(b-d)(c-d)(a+b+c+d)$.

9. 计算行列式 $\begin{vmatrix} 1 & 1 & 1 & 1 \\ -1 & 2 & 1 & 3 \\ 1 & 4 & 1 & 9 \\ -1 & 8 & 1 & 24-7 \end{vmatrix}$.

10. 已知四阶行列式 D 中第 1 行的元素分别为 1,2,0,-4,第 3 行的元素的余子式依次为 6,x,19,2,试求 x 的值.

11. 设 $|a_{ij}| = \begin{vmatrix} 3 & 6 & 9 & 12 \\ 2 & 4 & 6 & 8 \\ 1 & 2 & 0 & 3 \\ 5 & 6 & 4 & 3 \end{vmatrix}$,试求 $A_{41} + 2A_{42} + 3A_{44}$,其中 A_{4j} 为元素 $a_{4j}(j = 1, 2, 4)$

的代数余子式.

12. 已知四阶行列式 $D = \begin{vmatrix} 1 & 2 & 3 & 4 \\ 3 & 3 & 4 & 4 \\ 1 & 5 & 6 & 7 \\ 1 & 1 & 2 & 2 \end{vmatrix} = -6$,试求 $A_{41} + A_{42}$ 与 $A_{43} + A_{44}$,其中 A_{4j} ($j =$

$1, 2, 3, 4$) 是 D 的第 4 行第 j 列元素的代数余子式.

13. 用克莱姆法则解下列线性方程组.

(1) $\begin{cases} x + 2y + z = 0 \\ 2x - y + z = 1 \\ x - y + 2z = 3 \end{cases}$

(2) $\begin{cases} x_1 - 2x_2 + 3x_3 - 4x_4 = 4 \\ x_2 - x_3 + x_4 = -3 \\ x_1 + 3x_2 + x_4 = 1 \\ -7x_2 + 3x_3 + x_4 = -3 \end{cases}$

14. 计算 λ, μ 取何值时,方程组 $\begin{cases} \lambda x_1 + x_2 + x_3 = 0 \\ x_1 + \mu x_2 + x_3 = 0 \\ x_1 + 2\mu x_2 + x_3 = 0 \end{cases}$ 有非零解.

【人文数学】

中国数学家华罗庚简介

1910 年,华罗庚出生于江苏省金坛县的一个小商人家庭.华罗庚 12 岁进入金坛县初级中学学习,15 岁初中毕业,因家境贫寒,无力进入高中学习,华罗庚只好到上海学习会计.但不到一年,由于生活费用昂贵,华罗庚被迫中途辍学,回到金坛县帮助父亲料理杂货铺.

但年青的华罗庚显示出对数学的浓厚兴趣以及天赋,在料理杂货铺之余,华罗庚从老师那里借来数学书籍,抓紧一切可用的时间来钻研数学.随着时间的推移,华罗庚在数学上的造诣越来越深,慢慢的他开始往杂志上投稿.起初,由于他写的问题基本都被国外的一些专家证明过了,因此被屡屡退稿.不过,这使他信心倍增:因为在写这些稿件的时候,他并未看过前代数学家的解题方法,所有的解题方法都是他自己钻研出来的! 他不断写,不断投稿,不断创造全新的解题方法.终于,他的文章开始在杂志上发表.

1930 年的某一天,清华大学数学系主任熊庆来在办公室看《科学》杂志,看到一篇名为《苏家驹之代数的五次方程式解法不能成立的理由》的文章,不禁拍案叫绝.

熊庆来问大家:"这个华罗庚是哪国的留学生?"

周围的人摇摇头.

熊庆来继续问:"他是在哪个大学教书的?"

大家面面相觑.

最后,还是一个江苏籍的教员想了好一会儿,才慢吞吞地说:"我弟弟有个同乡叫华罗庚,他哪里教过什么大学啊!他只念过初中,听说是在金坛中学当事务员."

熊庆来不禁惊叹:一个初中毕业的人,能写出如此高深的数学论文,必是奇才!

他当即做出决定:要将华罗庚请到清华大学来!这时的华罗庚,只有 21 岁.

当我们还在大学校园享受象牙塔最后的青春时光的时候,年轻的华罗庚怀揣着一张初中毕业证和对数学的热爱,孤身踏进了名师辈出、宗师如林的清华园!

1937 年,清华大学正式聘请华罗庚为正教授.1938 年,西南联大聘请华罗庚为数学系教授.那年,华罗庚 28 岁.在那个群星璀璨的年代,华罗庚与一位位闪耀星空的大师并列讲台,同堂授课,他们分别是陈寅恪、胡适、朱自清、叶公超、沈从文、吴宓、钱穆、傅斯年、冯友兰、饶毓泰、陈省身、叶企孙、潘光旦……

1941 年,华罗庚一生最重要的著作《堆垒素数论》在昆明郊区的一座吊脚楼内横空出世.据说当时成书后,整个教育部无人能够评审此书.老一辈数学家何鲁冒着炎热,在重庆一幢小楼上挥汗审勘,阅稿时不时拍案叫绝,一再对人说:"此天才也!"他为了表达对此书的崇敬,居然将此书抄录了一遍!

据报载,华罗庚曾在西南联大讲授过他的《堆垒素数论》,一开始,慕名而来的学生把教室挤得水泄不通,后来听课的人数一天天减少,最后只剩下 4 个,因为华罗庚的《堆垒素数论》对普通的学生来说实在太过深奥.又过了一星期,听课的就只剩下两个人.这两个人,一个叫闵嗣鹤,一个叫钟开莱,教室里只剩下师生三人.因昆明天天空袭不绝,华罗庚干脆把教室搬到华家附近,租屋而居,进行讲授.三人成一课,也成为战火中西南联大师生之间的美谈.时过境迁,当年华罗庚教授过的两位学生也在数学领域颇有建树:前者是中国数学大家,助力陈景润完成著名的"哥德巴赫猜想";后者是斯坦福大学数学系主任,世界著名的概率学家.

第二章

矩阵

矩阵实际就是一个数表,不论在日常生活中还是科学研究中,矩阵都是一种常见的数学现象. 例如学校每学期的课表,工厂里各种产品的季度产值表,火车站里的列车时刻表,股市中的证券价目表等. 矩阵在线性代数中是一个重要而且应用广泛的概念,是经济研究和经济工作中处理线性经济模型的重要工具.

第一节   矩阵的概念

一、引例

引例 1   设有线性方程组

$$\begin{cases} x_1 + 2x_2 + x_3 - x_4 = -1 \\ 3x_1 + 6x_2 - x_3 - 3x_4 = 1 \\ 5x_1 + 10x_2 + 2x_3 - x_4 = 2 \end{cases}$$

矩阵的概念

我们把这个方程的未知量系数和常数项按方程中的顺序排成下列矩形数表:

$$\begin{pmatrix} 1 & 2 & 1 & -1 & -1 \\ 3 & 6 & -1 & -3 & 1 \\ 5 & 10 & 2 & -1 & 2 \end{pmatrix}$$

这个矩形数表决定了方程组是否有解,以及如果有解,解是什么,因而研究这个数表很有必要.

引例 2   将某种物资从 m 个产地 $A_1, A_2, \cdots, A_m$ 运往 n 个销地 $B_1, B_2, \cdots, B_n$,用 a_{ij} 表示第 $A_i(i = 1, 2, \cdots, m)$ 个产地运往第 $B_j(j = 1, 2, \cdots, n)$ 个销地的物资数量,则调运方案如表 2-1 所示.

表 2-1 调运量表   单位:千吨

产地	销地			
	B_1	B_2	$\cdots$	B_n
A_1	a_{11}	a_{12}	$\cdots$	a_{1n}
A_2	a_{21}	a_{22}	$\cdots$	a_{2n}
$\cdots$	$\cdots$	$\cdots$	$\cdots$	$\cdots$
A_m	a_{m1}	a_{m2}	$\cdots$	a_{mn}

则表中的数据可构成一个 m 行 n 列的矩形数表:

$$\begin{pmatrix} a_{11} & a_{12} & \cdots & a_{1n} \\ a_{21} & a_{22} & \cdots & a_{2n} \\ \vdots & \vdots & & \vdots \\ a_{m1} & a_{m2} & \cdots & a_{mn} \end{pmatrix}$$

这个数表具体描述了该企业的产地与销地调运物资的情况.

引例 3 在平面几何中,P 是平面上任意一点,在原坐标系 xoy 中坐标为 (x,y),当坐标轴逆时针旋转 θ 角后,P 点在新坐标系 $x'oy'$ 中的坐标为 (x',y'),则新旧坐标之间存在的变换公式为:

$$\begin{cases} x = x'\cos\theta - y'\sin\theta \\ y = x'\sin\theta + y'\cos\theta \end{cases}$$

显然这种新旧坐标之间的关系可以由公式中的系数所构成的数表

$$\begin{pmatrix} \cos\theta & -\sin\theta \\ \sin\theta & \cos\theta \end{pmatrix}$$

来确定.

这些矩形数表称为矩阵,下面我们给出矩阵的定义.

二、定义

定义 2.1 由 $m \times n$ 个数 $a_{ij}(i = 1,2,\cdots,m;j = 1,2,\cdots,n)$ 排成一个 m 行 n 列的数表,称为一个 m 行 n 列的矩阵,简称 $m \times n$ 矩阵,记作

$$A = \begin{pmatrix} a_{11} & a_{12} & \cdots & a_{1n} \\ a_{21} & a_{22} & \cdots & a_{2n} \\ \vdots & \vdots & & \vdots \\ a_{m1} & a_{m2} & \cdots & a_{mn} \end{pmatrix}$$

其中 a_{ij} 称为第 i 行第 j 列的元素.

一般地,我们用大写字母 $A,B,C,\cdots$ 表示矩阵,有时为了表明 A 的行数和列数,可记为 $A_{m \times n}$ 或 $(a_{ij})_{m \times n}$.

当 $m = n$ 时,矩阵 $A = (a_{ij})_{n \times n} = \begin{pmatrix} a_{11} & a_{12} & \cdots & a_{1n} \\ a_{21} & a_{22} & \cdots & a_{2n} \\ \vdots & \vdots & & \vdots \\ a_{n1} & a_{n2} & \cdots & a_{nn} \end{pmatrix}$ 称为 n 阶矩阵或 n 阶方阵.

当 $m = 1$ 时,矩阵 $A = (a_{ij})_{1 \times n} = (a_{11}, a_{12}, \cdots, a_{1n})$ 称为行矩阵.

当 $n = 1$ 时,矩阵 $A = (a_{ij})_{m \times 1} = \begin{pmatrix} a_{11} \\ a_{21} \\ \vdots \\ a_{m1} \end{pmatrix}$ 称为列矩阵.

当矩阵中所有元素都是零时,称该矩阵为零矩阵,记作 O 或 $O_{m \times n}$.即

$$O = \begin{pmatrix} 0 & 0 & \cdots & 0 \\ 0 & 0 & \cdots & 0 \\ \vdots & \vdots & & \vdots \\ 0 & 0 & \cdots & 0 \end{pmatrix}_{m \times n}$$

当 n 阶矩阵的主对角线上的元素都是 1,而其他元素都是零时,则称此 n 阶矩阵为单位矩阵,记为 I 或 I_n.即

$$I = \begin{pmatrix} 1 & 0 & \cdots & 0 \\ 0 & 1 & \cdots & 0 \\ \vdots & \vdots & & \vdots \\ 0 & 0 & \cdots & 1 \end{pmatrix}$$

对于矩阵 $A = (a_{ij})_{m \times n}$,称 $(-a_{ij})_{m \times n}$ 为 A 的负矩阵,记为 $-A$,即

$$-A = \begin{pmatrix} -a_{11} & -a_{12} & \cdots & -a_{1n} \\ -a_{21} & -a_{22} & \cdots & -a_{2n} \\ \vdots & \vdots & & \vdots \\ -a_{m1} & -a_{m2} & \cdots & -a_{mn} \end{pmatrix}$$

注意:矩阵和行列式虽然在形式上有些类似,但它们是两个完全不同的概念,行列式的值是一个数,而矩阵只是一个数表;行列式的行数与列数必须相等,而矩阵的行数与列数可以不相等.

定义 2.2 若两个矩阵行数和列数相等,则它们是同型的.若 $A = (a_{ij})_{m \times n}$ 与 $B = (b_{ij})_{m \times n}$ 同型且它们的对应元素相等,即

$$a_{ij} = b_{ij}(i = 1, 2, \cdots, m; j = 1, 2, \cdots, n)$$

则称矩阵 A 与 B 相等,记为 $A = B$.

【例1】 若矩阵 $\begin{pmatrix} 2 & 5 & x \\ 4 & y & 6 \end{pmatrix} = \begin{pmatrix} 2 & 5 & 3 \\ z & -1 & 6 \end{pmatrix}$,求未知量 x, y, z 的值.

显然由矩阵相等,立即可得 $x = 3, y = -1, z = 4$.

【例2】 设一组变量 $x_1, x_2, \cdots, x_n$ 到另一组变量 $y_1, y_2, \cdots, y_n$ 的变换由线性表达式给出:

$$\begin{cases} y_1 = a_1 x_1 \\ y_2 = a_2 x_2 \\ \quad \cdots \\ y_n = a_n x_n \end{cases},$$

该线性变换的系数构成的 n 阶矩阵为:

$$\Lambda = \begin{pmatrix} a_1 & 0 & \cdots & 0 \\ 0 & a_2 & \cdots & 0 \\ \vdots & \vdots & & \vdots \\ 0 & 0 & \cdots & a_n \end{pmatrix}$$

这个方阵的特点是:从左上角到右下角的直线(叫作对角线)以外的元素都为0.这种方阵称为对角矩阵,简称对角阵.对角阵也可以记作

$$\Lambda = diag(a_1, a_2, \cdots, a_n)$$

由于矩阵和线性变换之间存在一一对应的关系,因此可以利用矩阵来研究线性变换,也可以用线性变换来解释矩阵的含义.

习题 2-1

1. n 阶矩阵与 n 阶行列式有什么区别?

2. 试确定 a, b, c 的值,使得 $\begin{pmatrix} 1 & -1 & 0 \\ -2 & a+b & 5 \\ 1 & 0 & a \end{pmatrix} = \begin{pmatrix} c & -1 & 0 \\ -2 & 3 & 5 \\ 1 & 0 & 6 \end{pmatrix}$.

第二节 矩阵的运算

矩阵的运算是矩阵之间最基本的关系,下面介绍矩阵的加法、数与矩阵的乘法、矩阵的乘法和矩阵的转置等概念.

一、矩阵的加法

矩阵的运算

定义 2.3 设 A, B 是两个 $m \times n$ 矩阵: $A = (a_{ij})_{m \times n}$, $B = (b_{ij})_{m \times n}$, 那么矩阵

$$C = (c_{ij})_{m \times n} = (a_{ij} + b_{ij})_{m \times n}$$
$$= \begin{pmatrix} a_{11} + b_{11} & a_{12} + b_{12} & \cdots & a_{1n} + b_{1n} \\ a_{21} + b_{21} & a_{22} + b_{22} & \cdots & a_{2n} + b_{2n} \\ \vdots & \vdots & & \vdots \\ a_{m1} + b_{m1} & a_{m2} + b_{m2} & \cdots & a_{mn} + b_{mn} \end{pmatrix}$$

称为矩阵 A 与矩阵 B 的和,记为 $C = A + B$.

注意:只有同型矩阵才能进行加法运算.

由于矩阵的加法归结为对应元素相加,也就是数的加法,因此容易验证,矩阵的加法具有以下性质:

设 A, B, C 均为 $m \times n$ 矩阵,则有

(1) $A + B = B + A$;

(2) $(A + B) + C = A + (B + C)$;

(3) $A + O = A$;

（4）$A + (-A) = O$.

由矩阵的加法和负矩阵的定义,可以定义矩阵的减法:
$$A - B = A + (-B).$$

【例1】 某种物资(单位:千吨)从两个产地运往三个销地,两次调运方案分别用矩阵 A 和矩阵 B 表示: $A = \begin{pmatrix} 2 & 3 & 4 \\ 2 & 3 & 3 \end{pmatrix}$, $B = \begin{pmatrix} 3 & 4 & 2 \\ 3 & 1 & 4 \end{pmatrix}$,则从两个产地运往三个销地的物资调运总量为:

$$A + B = \begin{pmatrix} 2 & 3 & 4 \\ 2 & 3 & 3 \end{pmatrix} + \begin{pmatrix} 3 & 4 & 2 \\ 3 & 1 & 4 \end{pmatrix} = \begin{pmatrix} 2+3 & 3+4 & 4+2 \\ 2+3 & 3+1 & 3+4 \end{pmatrix} = \begin{pmatrix} 5 & 7 & 6 \\ 5 & 4 & 7 \end{pmatrix}.$$

二、数与矩阵的乘法

定义2.4 设 k 是常数,矩阵 $A = (a_{ij})_{m \times n}$,则矩阵

$$kA = (ka_{ij})_{m \times n} = \begin{pmatrix} ka_{11} & ka_{12} & \cdots & ka_{1n} \\ ka_{21} & ka_{22} & \cdots & ka_{2n} \\ \vdots & \vdots & & \vdots \\ ka_{m1} & ka_{m2} & \cdots & ka_{mn} \end{pmatrix}$$

称为数 k 与矩阵 A 的乘积,记为 kA.

设 A, B 都是 $m \times n$ 矩阵,k, l 为常数.则由定义可以证明数与矩阵的乘法满足下列运算规律:

（1） $k(A + B) = kA + kB$;

（2） $(k + l)A = kA + lA$;

（3） $(kl)A = k(lA) = l(kA)$;

（4） $1 \cdot A = A, (-1) \cdot A = -A$.

【例2】 已知 $A = \begin{pmatrix} 0 & 2 & 3 & -1 \\ 1 & 3 & 0 & 2 \\ 3 & 4 & 2 & 0 \end{pmatrix}$, $B = \begin{pmatrix} 4 & 1 & 3 & 0 \\ 1 & 2 & 5 & -3 \\ 1 & -2 & 2 & 3 \end{pmatrix}$,求 $3A - B$.

解 $3A - B = 3\begin{pmatrix} 0 & 2 & 3 & -1 \\ 1 & 3 & 0 & 2 \\ 3 & 4 & 2 & 0 \end{pmatrix} - \begin{pmatrix} 4 & 1 & 3 & 0 \\ 1 & 2 & 5 & -3 \\ 1 & -2 & 2 & 3 \end{pmatrix}$

$= \begin{pmatrix} 0-4 & 6-1 & 9-3 & -3-0 \\ 3-1 & 9-2 & 0-5 & 6+3 \\ 9-1 & 12+2 & 6-2 & 0-3 \end{pmatrix}$

$= \begin{pmatrix} -4 & 5 & 6 & -3 \\ 2 & 7 & -5 & 9 \\ 8 & 14 & 4 & -3 \end{pmatrix}$.

【例3】 已知矩阵 $A = \begin{pmatrix} 2 & 0 & 5 \\ -6 & 1 & 0 \end{pmatrix}$, $B = \begin{pmatrix} 1 & 3 & -1 \\ 0 & -2 & 1 \end{pmatrix}$,且满足 $2A + 3X = B$,求矩阵 X.

解 由 $2A + 3X = B$ 得

$$X = \frac{1}{3}(B - 2A) = \frac{1}{3}\left[\begin{pmatrix} 1 & 3 & -1 \\ 0 & -2 & 1 \end{pmatrix} - \begin{pmatrix} 4 & 0 & 10 \\ -12 & 2 & 0 \end{pmatrix}\right]$$

$$= \begin{pmatrix} -1 & 1 & -\dfrac{11}{3} \\ 4 & -\dfrac{4}{3} & \dfrac{1}{3} \end{pmatrix}.$$

三、矩阵的乘法

矩阵乘法的定义最初是在研究线性变换时提出来的,为了更好地理解这个定义,我们先看一个例子.

【例4】 设 y_1, y_2 和 x_1, x_2, x_3 是两组变量,它们之间的关系是

$$\begin{cases} y_1 = a_{11}x_1 + a_{12}x_2 + a_{13}x_3 \\ y_2 = a_{21}x_1 + a_{22}x_2 + a_{23}x_3 \end{cases} \tag{2.1}$$

设 t_1, t_2 是第三组变量,它们与 x_1, x_2, x_3 的关系是

$$\begin{cases} x_1 = b_{11}t_1 + b_{12}t_2 \\ x_2 = b_{21}t_1 + b_{22}t_2 \\ x_3 = b_{31}t_1 + b_{32}t_2 \end{cases} \tag{2.2}$$

如果要用 t_1, t_2 线性地表示出 y_1, y_2,即:

$$\begin{cases} y_1 = c_{11}t_1 + c_{12}t_2 \\ y_2 = c_{21}t_1 + c_{22}t_2 \end{cases} \tag{2.3}$$

那么这组系数 c_{11}, c_{12}, c_{21}, c_{22} 该如何表示?

将式(2.2)代入式(2.1),则有

$$y_1 = a_{11}(b_{11}t_1 + b_{12}t_2) + a_{12}(b_{21}t_1 + b_{22}t_2) + a_{13}(b_{31}t_1 + b_{32}t_2)$$
$$= (a_{11}b_{11} + a_{12}b_{21} + a_{13}b_{31})t_1 + (a_{11}b_{12} + a_{12}b_{22} + a_{13}b_{32})t_2$$
$$y_2 = a_{21}(b_{11}t_1 + b_{12}t_2) + a_{22}(b_{21}t_1 + b_{22}t_2) + a_{23}(b_{31}t_1 + b_{32}t_2)$$
$$= (a_{21}b_{11} + a_{22}b_{21} + a_{23}b_{31})t_1 + (a_{21}b_{12} + a_{22}b_{22} + a_{23}b_{32})t_2$$

与式(2.3)对照,可得

$$c_{11} = a_{11}b_{11} + a_{12}b_{21} + a_{13}b_{31}$$
$$c_{12} = a_{11}b_{12} + a_{12}b_{22} + a_{13}b_{32}$$
$$c_{21} = a_{21}b_{11} + a_{22}b_{21} + a_{23}b_{31}$$
$$c_{22} = a_{21}b_{12} + a_{22}b_{22} + a_{23}b_{32}$$

如果用矩阵 A, B, C 分别表示关系式(2.1),(2.2),(2.3)的系数矩阵,则

$$A = \begin{pmatrix} a_{11} & a_{12} & a_{13} \\ a_{21} & a_{22} & a_{23} \end{pmatrix}, B = \begin{pmatrix} b_{11} & b_{12} \\ b_{21} & b_{22} \\ b_{31} & b_{32} \end{pmatrix},$$

$$C = \begin{pmatrix} c_{11} & c_{12} \\ c_{21} & c_{22} \end{pmatrix} = \begin{pmatrix} a_{11}b_{11} + a_{12}b_{21} + a_{13}b_{31} & a_{11}b_{12} + a_{12}b_{22} + a_{13}b_{32} \\ a_{21}b_{11} + a_{22}b_{21} + a_{23}b_{31} & a_{21}b_{12} + a_{22}b_{22} + a_{23}b_{32} \end{pmatrix}$$

我们称 C 是 A 与 B 的乘积,即

$$A_{2\times3}B_{3\times2} = C_{2\times2} = (c_{ij})_{2\times2}$$

其中元素 c_{ij} 等于 A 中的第 i 行的元素与 B 中第 j 列的对应元素乘积之和.

【例5】 某地区有四个工厂 I、II、III、IV,生产甲、乙、丙三种产品,矩阵 A 表示一年内各工厂生产各种产品的数量,矩阵 B 表示各种产品的单位价格(元)及单位利润(元),矩阵 C 表示各工厂的总收入及总利润.

$$A = \begin{pmatrix} a_{11} & a_{12} & a_{13} \\ a_{21} & a_{22} & a_{23} \\ a_{31} & a_{32} & a_{33} \\ a_{41} & a_{42} & a_{43} \end{pmatrix} \begin{matrix} I \\ II \\ III \\ IV \end{matrix}, \ B = \begin{pmatrix} b_{11} & b_{12} \\ b_{21} & b_{22} \\ b_{31} & b_{32} \end{pmatrix} \begin{matrix} 甲 \\ 乙 \\ 丙 \end{matrix}, \ C = \begin{pmatrix} c_{11} & c_{12} \\ c_{21} & c_{22} \\ c_{31} & c_{32} \\ c_{41} & c_{42} \end{pmatrix} \begin{matrix} I \\ II \\ III \\ IV \end{matrix},$$

甲　乙　丙　　　　单位　单位　　　　　　总收入　总利润
　　　　　　　　　　价格　利润

其中,$a_{ik}(i = 1,2,3,4; k = 1,2,3)$ 是第 i 个工厂生产第 k 种产品的数量,b_{k1} 及 b_{k2} $(k = 1,2,3)$ 分别表示第 k 种产品的单位价格及单位利润,c_{i1} 及 $c_{i2}(i = 1,2,3,4)$ 分别是第 i 个工厂生产三种产品的总收入及总利润.

如果称矩阵 C 是 A 与 B 的乘积,从经济意义上讲是极为自然的,并且有如下关系:

$$AB = \begin{pmatrix} a_{11} & a_{12} & a_{13} \\ a_{21} & a_{22} & a_{23} \\ a_{31} & a_{32} & a_{33} \\ a_{41} & a_{42} & a_{43} \end{pmatrix}_{4\times3} \begin{pmatrix} b_{11} & b_{12} \\ b_{21} & b_{22} \\ b_{31} & b_{32} \end{pmatrix}_{3\times2}$$

$$= \begin{pmatrix} a_{11}b_{11} + a_{12}b_{21} + a_{13}b_{31} & a_{11}b_{12} + a_{12}b_{22} + a_{13}b_{32} \\ a_{21}b_{11} + a_{22}b_{21} + a_{23}b_{31} & a_{21}b_{12} + a_{22}b_{22} + a_{23}b_{32} \\ a_{31}b_{11} + a_{32}b_{21} + a_{33}b_{31} & a_{31}b_{12} + a_{32}b_{22} + a_{33}b_{32} \\ a_{41}b_{11} + a_{42}b_{21} + a_{43}b_{31} & a_{41}b_{12} + a_{12}b_{22} + a_{43}b_{32} \end{pmatrix}_{4\times2}$$

$$= \begin{pmatrix} c_{11} & c_{12} \\ c_{21} & c_{22} \\ c_{31} & c_{32} \\ c_{41} & c_{42} \end{pmatrix}_{4\times2},$$

其中矩阵 C 的第 i 行第 j 列元素 c_{ij} 等于 A 的第 i 行元素与 B 的第 j 列对应元素乘积之和.

我们将例5中矩阵之间的这种关系定义为矩阵的乘法.

定义 2.5 设矩阵 $A = (a_{ik})_{m\times s}$ 的列数与矩阵 $B = (b_{kj})_{s\times n}$ 的行数相同,则由元素 $c_{ij} = a_{i1}b_{1j} + a_{i2}b_{2j} + \cdots + a_{is}b_{sj}$ $(i = 1,2,\cdots,m; j = 1,2,\cdots,n)$ 构成的 $m \times n$ 矩阵 $C = (c_{ij})_{m\times n}$ 称为矩阵 A 与 B 的乘积,记为 $C = AB$.

矩阵乘法必须注意:

(1)矩阵 A 的列数必须等于矩阵 B 的行数,矩阵 AB 才有意义;否则矩阵 AB 没有意义.

(2)矩阵 A 与 B 的乘积 C 的第 i 行第 j 列的元素等于矩阵 A 的第 i 行与矩阵 B 的第 j

列对应元素的乘积之和.

（3）矩阵 $A_{m\times s}$ 与 $B_{s\times n}$ 相乘所得的矩阵 C 的行数等于矩阵 A 的行数 m ,列数等于右矩阵 B 的列数 n ,即 $A_{m\times s}B_{s\times n}=C_{m\times n}$.

【例6】 设 $A=\begin{pmatrix}1 & 2 & 3 \\ -1 & 0 & 3\end{pmatrix}$,$B=\begin{pmatrix}1 & 3 & 1 \\ 3 & -2 & -1 \\ 0 & 1 & 1\end{pmatrix}$,求 AB .

解 因为 A 的列数与 B 的行数均为3,所以 AB 有意义,且 AB 为 2×3 矩阵.

$$AB=\begin{pmatrix}1 & 2 & 3 \\ -1 & 0 & 3\end{pmatrix}\begin{pmatrix}1 & 3 & 1 \\ 3 & -2 & -1 \\ 0 & 1 & 1\end{pmatrix}$$

$$=\begin{pmatrix}1\times 1+2\times 3+3\times 0 & 1\times 3+2\times(-2)+3\times 1 & 1\times 1+2\times(-1)+3\times 1 \\ (-1)\times 1+0\times 3+3\times 0 & (-1)\times 3+0\times(-2)+3\times 1 & (-1)\times 1+0\times(-1)+3\times 1\end{pmatrix}$$

$$=\begin{pmatrix}7 & 2 & 2 \\ -1 & 0 & 2\end{pmatrix}$$

如果将矩阵 B 作为左矩阵, A 作为右矩阵相乘,则 BA 没有意义,因为 B 的列数为3,而 A 的行数为2.

此例说明, AB 有意义,但 BA 不一定有意义.

【例7】 设 $A=\begin{pmatrix}a_1 \\ a_2 \\ \vdots \\ a_n\end{pmatrix}_{n\times 1}$,$B=(b_1,b_2,\cdots,b_n)_{1\times n}$,求 AB 和 BA .

解

$$AB=\begin{pmatrix}a_1 \\ a_2 \\ \vdots \\ a_n\end{pmatrix}(b_1,b_2,\cdots,b_n)=\begin{pmatrix}a_1b_1 & a_1b_2 & \cdots & a_1b_n \\ a_2b_1 & a_2b_2 & \cdots & a_2b_n \\ \vdots & \vdots & & \vdots \\ a_nb_1 & a_nb_2 & \cdots & a_nb_n\end{pmatrix}_{n\times n},$$

$$BA=(b_1,b_2,\cdots,b_n)\begin{pmatrix}a_1 \\ a_2 \\ \vdots \\ a_n\end{pmatrix}==b_1a_1+b_2a_2+\cdots+b_na_n.$$

此例说明,即使 AB 和 BA 都有意义, AB 和 BA 的行数及列数也不一定相同.

【例8】 设 $A=\begin{pmatrix}1 & 1 \\ -1 & -1\end{pmatrix}$,$B=\begin{pmatrix}1 & -1 \\ -1 & 1\end{pmatrix}$,求 AB 和 BA .

解 $AB=\begin{pmatrix}1 & 1 \\ -1 & -1\end{pmatrix}\begin{pmatrix}1 & -1 \\ -1 & 1\end{pmatrix}=\begin{pmatrix}0 & 0 \\ 0 & 0\end{pmatrix}$,

$BA=\begin{pmatrix}1 & -1 \\ -1 & 1\end{pmatrix}\begin{pmatrix}1 & 1 \\ -1 & -1\end{pmatrix}=\begin{pmatrix}2 & 2 \\ -2 & -2\end{pmatrix}$.

此例说明,即使 AB 和 BA 都有意义且它们的行列数相同, AB 和 BA 也不相等.由此可知,在矩阵乘法中必须注意矩阵相乘的顺序. AB 通常说成"A 左乘 B",BA 为"A 右乘 B".因此,矩阵乘法不满足交换律.另外,此例还说明,两个非零矩阵的乘积可以是零矩阵.

【例9】 设 $A = \begin{pmatrix} 3 & 1 \\ 4 & 6 \end{pmatrix}$,$B = \begin{pmatrix} 2 & 1 \\ 4 & 6 \end{pmatrix}$,$C = \begin{pmatrix} 0 & 0 \\ 1 & 1 \end{pmatrix}$,求 AC 和 BC.

解 $AC = \begin{pmatrix} 3 & 1 \\ 4 & 6 \end{pmatrix} \begin{pmatrix} 0 & 0 \\ 1 & 1 \end{pmatrix} = \begin{pmatrix} 1 & 1 \\ 6 & 6 \end{pmatrix}$,

$BC = \begin{pmatrix} 2 & 1 \\ 4 & 6 \end{pmatrix} \begin{pmatrix} 0 & 0 \\ 1 & 1 \end{pmatrix} = \begin{pmatrix} 1 & 1 \\ 6 & 6 \end{pmatrix}$.

此例说明,由 $AC = BC$,$C \neq O$,一般不能推出 $A = B$ 的结论.

以上几个例子说明了数的乘法的运算律不一定都适合矩阵的乘法.对矩阵乘法需注意下述问题:

(1)矩阵乘法不满足交换律,一般来讲,$AB \neq BA$;

(2)矩阵乘法不满足消去律,一般来说,当 $AB = AC$ 或 $BA = CA$ 且 $A \neq O$ 时,不一定有 $B = C$;

(3)两个非零矩阵的乘积,可能是零矩阵.因此,一般不能由 $AB = O$ 推出 $A = O$ 或 $B = O$.

若矩阵 A 与 B 满足 $AB = BA$,则称 A 与 B 可交换.

根据矩阵乘法定义,矩阵乘法满足下列运算规律,其中假定所涉及运算都是可行的:

(1)结合律:$(AB)C = A(BC)$;

(2)分配律:$A(B + C) = AB + AC$,$(A + B)C = AC + BC$;

(3)对任意数 k,有 $k(AB) = (kA)B = A(kB)$;

(4)设 I_m,I_n 为单位矩阵,对任意矩阵 $A_{m \times n}$ 有

$$I_m A_{m \times n} = A_{m \times n},\quad A_{m \times n} I_n = A_{m \times n}.$$

特别地,若 A 是 n 阶矩阵,则有 $IA = AI = A$,即单位矩阵 I 在矩阵乘法中起的作用类似于数 1 在数的乘法中的作用.

利用矩阵的乘法运算,可以使许多问题表达更加简化.

【例10】 若记线性方程组

$$\begin{cases} a_{11}x_1 + a_{12}x_2 + \cdots + a_{1n}x_n = b_1 \\ a_{21}x_1 + a_{22}x_2 + \cdots + a_{2n}x_n = b_2 \\ \cdots \\ a_{m1}x_1 + a_{m2}x_2 + \cdots + a_{mn}x_n = b_m \end{cases}$$

的系数矩阵为 $A = \begin{pmatrix} a_{11} & a_{12} & \cdots & a_{1n} \\ a_{21} & a_{22} & \cdots & a_{2n} \\ \cdots & \cdots & \cdots & \cdots \\ a_{m1} & a_{m2} & \cdots & a_{mn} \end{pmatrix}$,并记未知量和常数项矩阵分别为

$$X = \begin{pmatrix} x_1 \\ x_2 \\ \vdots \\ x_n \end{pmatrix},\quad B = \begin{pmatrix} b_1 \\ b_2 \\ \vdots \\ b_m \end{pmatrix},$$

则有

$$AX = \begin{pmatrix} a_{11} & a_{12} & \cdots & a_{1n} \\ a_{21} & a_{22} & \cdots & a_{2n} \\ \cdots & \cdots & \cdots & \cdots \\ a_{m1} & a_{m2} & \cdots & a_{mn} \end{pmatrix} \begin{pmatrix} x_1 \\ x_2 \\ \vdots \\ x_n \end{pmatrix} = \begin{pmatrix} a_{11}x_1 + a_{12}x_2 + \cdots + a_{1n}x_n \\ a_{21}x_1 + a_{22}x_2 + \cdots + a_{2n}x_n \\ \cdots \\ a_{m1}x_1 + a_{m2}x_2 + \cdots + a_{mn}x_n \end{pmatrix}.$$

所以上面的方程组可以简记为矩阵形式

$$AX = B.$$

有了矩阵的乘法,也可以定义 n 阶方阵的幂.

定义 2.6 设 A 是 n 阶方阵,规定

$$A^0 = I, \quad A^k = \underbrace{AA\cdots A}_{k\uparrow} \ (k \ \text{为非负整数}).$$

因为矩阵的乘法满足结合律,所以方阵的幂满足:

$$A^k A^l = A^{k+l} \qquad (A^k)^l = A^{kl}$$

其中 k、l 为非负整数,又因为矩阵的乘法一般不满足交换律,所以对于两个 n 阶方阵 A 与 B 来说,$(AB)^k \neq A^k B^k$.此外,若 $A^k = O$,也不一定有 $A = O$.

例如 $A = \begin{pmatrix} 1 & 1 \\ -1 & -1 \end{pmatrix} \neq O$,但 $A^2 = \begin{pmatrix} 1 & 1 \\ -1 & -1 \end{pmatrix}\begin{pmatrix} 1 & 1 \\ -1 & -1 \end{pmatrix} = \begin{pmatrix} 0 & 0 \\ 0 & 0 \end{pmatrix}$.

【例 11】 设 A,B 均为 n 阶方阵,计算 $(A + B)^2$.

解 $(A + B)^2 = (A + B)(A + B)$
$$= (A + B)A + (A + B)B = A^2 + BA + AB + B^2.$$

四、矩阵的转置

定义 2.7 设 A 为 $m \times n$ 矩阵,

$$A = \begin{pmatrix} a_{11} & a_{12} & \cdots & a_{1n} \\ a_{21} & a_{22} & \cdots & a_{2n} \\ \vdots & \vdots & & \vdots \\ a_{m1} & a_{m2} & \cdots & a_{mn} \end{pmatrix},$$

将 A 的行与列互换,得到的 $n \times m$ 矩阵

$$\begin{pmatrix} a_{11} & a_{21} & \cdots & a_{m1} \\ a_{12} & a_{22} & \cdots & a_{m2} \\ \vdots & \vdots & & \vdots \\ a_{1n} & a_{2n} & \cdots & a_{mn} \end{pmatrix},$$

称其为矩阵 A 的转置矩阵,记为 A^T.

例如 $A = \begin{pmatrix} 3 & 2 & 1 \\ 0 & -1 & 4 \end{pmatrix}$,则 $A^T = \begin{pmatrix} 3 & 0 \\ 2 & -1 \\ 1 & 4 \end{pmatrix}$.

矩阵的转置可以看成一种运算,满足以下规律:

(1) $(A^T)^T = A$;

（2）$(A + B)^T = A^T + B^T$；

（3）$(kA)^T = kA^T$ （k 为常数）；

（4）$(AB)^T = B^T A^T$.

性质(1)~(3)可以由定义直接验证,这里只证明性质(4).

证明 设

$$A = (a_{ij})_{m \times s} = \begin{pmatrix} a_{11} & a_{12} & \cdots & a_{1s} \\ a_{21} & a_{22} & \cdots & a_{2s} \\ \vdots & \vdots & & \vdots \\ a_{m1} & a_{m2} & \cdots & a_{ms} \end{pmatrix}$$

$$B = (b_{ij})_{s \times n} = \begin{pmatrix} b_{11} & b_{12} & \cdots & b_{1n} \\ b_{21} & b_{22} & \cdots & b_{2n} \\ \vdots & \vdots & & \vdots \\ b_{s1} & b_{s2} & \cdots & b_{sn} \end{pmatrix}$$

首先容易看出,$(AB)^T$ 和 $B^T A^T$ 都是 $n \times m$ 矩阵;其次,$(AB)^T$ 中的第 i 行第 j 列的元素就是 AB 中的第 j 行第 i 列的元素,由矩阵乘法的定义,即为：

$$a_{j1} b_{1i} + a_{j2} b_{2i} + \cdots + a_{js} b_{si} = \sum_{k=1}^{s} a_{jk} b_{ki}$$

而 $B^T A^T$ 中的第 i 行第 j 列元素是 B^T 的第 i 行与 A^T 的第 j 列对应元素的乘积之和,因而等于 B 的第 i 列的元素与 A 的第 j 行对应元素的乘积之和：

$$b_{1i} a_{j1} + b_{2i} a_{j2} + \cdots + b_{si} a_{js} = \sum_{k=1}^{s} b_{ki} a_{jk}$$

于是得到矩阵 $(AB)^T$ 与矩阵 $B^T A^T$ 的对应元素相等,所以矩阵 $(AB)^T = B^T A^T$.

性质(2)和(4)可以推广到一般情形：
$$(A_1 + A_2 + \cdots + A_n)^T = A_1^T + A_2^T + \cdots + A_n^T;$$
$$(A_1 A_2 \cdots A_n)^T = A_n^T A_{n-1}^T \cdots A_1^T.$$

定义 2.7 设 n 阶方阵 $A = (a_{ij})$,如果矩阵满足：$a_{ij} = a_{ji}(i, j = 1, 2, \cdots, n)$,则称 A 为对称矩阵.

例如 $\begin{pmatrix} 1 & 2 \\ 2 & 0 \end{pmatrix}$,$\begin{pmatrix} 1 & 3 & -2 \\ 3 & 0 & 4 \\ -2 & 4 & 5 \end{pmatrix}$ 均为对称矩阵.

显然,对称矩阵 A 的元素以主对角线为对称轴对应相等,因此有 $A^T = A$.

数乘以对称矩阵及同阶对称矩阵之和仍是对称矩阵,但对称矩阵的乘积未必是对称矩阵.

例如,$\begin{pmatrix} 1 & -1 \\ -1 & 0 \end{pmatrix}$ 和 $\begin{pmatrix} 1 & 1 \\ 1 & 1 \end{pmatrix}$ 都是对称矩阵,但

$$\begin{pmatrix} 1 & -1 \\ -1 & 0 \end{pmatrix} \begin{pmatrix} 1 & 1 \\ 1 & 1 \end{pmatrix} = \begin{pmatrix} 0 & 0 \\ -1 & -1 \end{pmatrix}$$

为非对称矩阵.

【例12】 设 A,B 两个是 n 阶对称矩阵,证明:AB 是对称矩阵的充分必要条件是 A 与 B 可交换.

证明:由于 A 与 B 均是对称矩阵,所以 $A = A^T, B = B^T$.

如果 A 与 B 可交换,则 $AB = BA$,所以 $(AB)^T = B^T A^T = BA = AB$,所以 AB 是对称的.

反之,如果 AB 是对称的,则 $(AB)^T = AB$,可推出:

$$AB = (AB)^T = B^T A^T = BA$$

即 A 与 B 是可交换的.

五、方阵的行列式

定义2.8 由 n 阶方阵 $A = (a_{ij})$ 的元素按原来位置所构成的行列式,称为 n 阶方阵 A 的行列式,记为 $|A|$ 或者 $\det A$.

例如 $A = \begin{pmatrix} 2 & -1 \\ 1 & 0 \end{pmatrix}$, $\qquad |A| = \begin{vmatrix} 2 & -1 \\ 1 & 0 \end{vmatrix} = 1$.

n 阶的矩阵(方阵),
方阵的行列式

n 阶方阵的行列式具有如下性质.设 A,B 是 n 阶方阵,k 是常数,则:

(1) $|A^T| = |A|$;

(2) $|kA| = k^n |A|$;

(3) $|AB| = |A||B|$.

性质(1)和性质(2)由行列式的性质可直接验证,性质(3)的证明较冗长,此处略去,可用二阶矩阵加以验证.

【例13】 设 $A = \begin{pmatrix} 1 & 0 \\ -1 & 2 \end{pmatrix}$, $B = \begin{pmatrix} 3 & 1 \\ 1 & 0 \end{pmatrix}$,验证 $|A||B| = |AB| = |BA|$.

证明 显然 $|A||B| = -2$,而 $AB = \begin{pmatrix} 1 & 0 \\ -1 & 2 \end{pmatrix}\begin{pmatrix} 3 & 1 \\ 1 & 0 \end{pmatrix} = \begin{pmatrix} 3 & 1 \\ -1 & -1 \end{pmatrix}$,

所以 $|AB| = \begin{vmatrix} 3 & 1 \\ -1 & -1 \end{vmatrix} = -2$.

而 $BA = \begin{pmatrix} 3 & 1 \\ 1 & 0 \end{pmatrix}\begin{pmatrix} 1 & 0 \\ -1 & 2 \end{pmatrix} = \begin{pmatrix} 2 & 2 \\ 1 & 0 \end{pmatrix}$, $|BA| = \begin{vmatrix} 2 & 2 \\ 1 & 0 \end{vmatrix} = -2$,

因此 $|A||B| = |AB| = |BA|$.

把性质(3)推广到 m 个 n 阶方阵相乘的情形,有

$$|A_1 A_2 \cdots A_m| = |A_1||A_2|\cdots|A_m|.$$

【例14】 设 A 为三阶矩阵,且 $|A| = -2$,求 $||A|A^2 A^T|$.

解 $||A|A^2 A^T| = |A|^3 |A^2 A^T| = |A|^3 |A|^2 |A^T|$

$= |A|^3 |A|^2 |A| = |A|^6 = (-2)^6 = 64$.

习题 2-2

1. 计算.

(1) $a\begin{pmatrix} 2 & 0 \\ 0 & 1 \\ 3 & -1 \end{pmatrix} - b\begin{pmatrix} 0 & 4 \\ 2 & -1 \\ 1 & 5 \end{pmatrix} + c\begin{pmatrix} 3 & 1 \\ -1 & 0 \\ 8 & 0 \end{pmatrix}$ $\qquad$ (2) $(1 \quad 2 \quad 3)\begin{pmatrix} 1 \\ 0 \\ 2 \end{pmatrix}$

$(3)\begin{pmatrix} 2 & 3 \\ -1 & -2 \\ 1 & 0 \end{pmatrix}\begin{pmatrix} 1 & 2 & -1 \\ -3 & 0 & 1 \end{pmatrix}$　　　　$(4)\begin{pmatrix} 1 & -1 \\ -1 & 1 \end{pmatrix}\begin{pmatrix} 1 & 2 \\ 1 & 2 \end{pmatrix}$

$(5)\ (x_1 \quad x_2 \quad x_3)\begin{pmatrix} a_{11} & a_{12} & a_{13} \\ a_{21} & a_{22} & a_{23} \\ a_{31} & a_{32} & a_{33} \end{pmatrix}\begin{pmatrix} x_1 \\ x_2 \\ x_3 \end{pmatrix}$

2. 已知 $A=\begin{pmatrix} 1 & 1 & 1 \\ 1 & 1 & -1 \\ 1 & -1 & 1 \end{pmatrix}$, $B=\begin{pmatrix} 1 & 2 & 3 \\ -1 & -2 & 4 \\ 0 & 5 & 1 \end{pmatrix}$, 求 $3AB-2A$ 及 A^TB.

3. 计算下列矩阵.

$(1)\begin{pmatrix} 1 & 1 \\ 0 & 0 \end{pmatrix}^3$　　　　$(2)\begin{pmatrix} a & 0 & 0 \\ 0 & b & 0 \\ 0 & 0 & c \end{pmatrix}^3$

4. 设矩阵 A 为 3 阶矩阵, 且已知 $|A|=m$, 求 $|-mA|$.

5. 证明题.

(1) 若矩阵 A_1, A_2 都可与 B 交换, 则 kA_1+lA_2, A_1A_2 也都可与 B 交换;

(2) 若 $A^2=B^2=I$, 则 $(AB)^2=I$ 的充分必要条件是 A 与 B 可交换.

第三节　逆矩阵

我们知道在数的运算中, 对于数 $a\neq0$, 总存在唯一的一个数 a^{-1} 使得

$$aa^{-1}=1, \text{且}\ a^{-1}a=1$$

类似地, 在矩阵的运算中我们也可以考虑, 对于矩阵 A, 是否存在唯一的一个类似于 a^{-1} 的矩阵 B, 使得 $AB=BA=I$? 为此引入逆矩阵的概念.

逆矩阵

定义 2.9　对于 n 阶矩阵 A, 如果存在一个 n 阶矩阵 B, 使得

$$AB=BA=I$$

I 是 n 阶单位矩阵, 则称方阵 A 是可逆矩阵, 简称 A 可逆, 称 B 为 A 的逆矩阵.

由逆矩阵定义可知:

(1) 如果 B 为 A 的逆矩阵, 则 A 也是 B 的逆矩阵;

(2) 如果方阵 A 有逆矩阵, 则 A 的逆矩阵是唯一的.

事实上, 如果 B 和 B_1 都是 A 的逆矩阵, 则

$$AB=BA=I,\ AB_1=B_1A=I,$$

所以有　　　　$B=BI=B(AB_1)=(BA)B_1=IB_1=B_1.$

故逆矩阵是唯一的. 我们把 A 的逆矩阵记作 A^{-1}, 有

$$AA^{-1}=A^{-1}A=I.$$

【例1】 已知矩阵 $A = \begin{pmatrix} 2 & 0 \\ 1 & 1 \end{pmatrix}$，$B = \begin{pmatrix} \dfrac{1}{2} & 0 \\ -\dfrac{1}{2} & 1 \end{pmatrix}$.

因为 $\quad AB = \begin{pmatrix} 2 & 0 \\ 1 & 1 \end{pmatrix} \begin{pmatrix} \dfrac{1}{2} & 0 \\ -\dfrac{1}{2} & 1 \end{pmatrix} = \begin{pmatrix} 1 & 0 \\ 0 & 1 \end{pmatrix}$，

$$BA = \begin{pmatrix} \dfrac{1}{2} & 0 \\ -\dfrac{1}{2} & 1 \end{pmatrix} \begin{pmatrix} 2 & 0 \\ 1 & 1 \end{pmatrix} = \begin{pmatrix} 1 & 0 \\ 0 & 1 \end{pmatrix}$$，

故 A 为可逆矩阵，B 为 A 的逆矩阵.

单位矩阵 I 是可逆矩阵，它的逆矩阵是其自身.

下面来介绍矩阵可逆的条件和逆矩阵的求法.

定义 2.10 设 A 是 n 阶方阵，当 $|A| \neq 0$ 时，称 A 为非奇异的（或非退化的）；当 $|A| = 0$ 时，称 A 为奇异的（或退化的）.

例如，矩阵 $A = \begin{pmatrix} 2 & 0 \\ 1 & 1 \end{pmatrix}$ 是非奇异的，矩阵 $B = \begin{pmatrix} 1 & 2 \\ 1 & 2 \end{pmatrix}$ 是奇异的.

定义 2.11 由行列式 $|A| = |a_{ij}|$ 中的元素 a_{ij} 的代数余子式 A_{ij} $(i,j = 1,2,\cdots,n)$ 所构成的矩阵

$$A^* = \begin{pmatrix} A_{11} & A_{21} & \cdots & A_{n1} \\ A_{12} & A_{22} & \cdots & A_{n2} \\ \vdots & \vdots & & \vdots \\ A_{1n} & A_{2n} & \cdots & A_{nn} \end{pmatrix}$$

称为矩阵 A 的伴随矩阵.

【例2】 设 $A = \begin{pmatrix} 1 & 1 & 0 \\ 2 & 0 & 3 \\ -1 & 1 & 4 \end{pmatrix}$，试求伴随矩阵 A^*.

解 $\quad A_{11} = \begin{vmatrix} 0 & 3 \\ 1 & 4 \end{vmatrix} = -3$，$\quad A_{12} = -\begin{vmatrix} 2 & 3 \\ -1 & 4 \end{vmatrix} = -11$，$A_{13} = \begin{vmatrix} 2 & 0 \\ -1 & 1 \end{vmatrix} = 2$，

$\quad A_{21} = -\begin{vmatrix} 1 & 0 \\ 1 & 4 \end{vmatrix} = -4$，$A_{22} = \begin{vmatrix} 1 & 0 \\ -1 & 4 \end{vmatrix} = 4$，$\quad A_{23} = -\begin{vmatrix} 1 & 1 \\ -1 & 1 \end{vmatrix} = -2$，

$\quad A_{31} = \begin{vmatrix} 1 & 0 \\ 0 & 3 \end{vmatrix} = 3$，$\quad A_{32} = -\begin{vmatrix} 1 & 0 \\ 2 & 3 \end{vmatrix} = -3$，$\quad A_{33} = \begin{vmatrix} 1 & 1 \\ 2 & 0 \end{vmatrix} = -2$.

于是，矩阵 A 的伴随矩阵为 $A^* = \begin{pmatrix} -3 & -4 & 3 \\ -11 & 4 & -3 \\ 2 & -2 & -2 \end{pmatrix}$.

定理 2.1 n 阶方阵 A 可逆的充分必要条件是 $|A| \neq 0$，且当 A 可逆时，

$$A^{-1} = \frac{1}{|A|}A^*.$$

证明 必要性:设 A 可逆,则存在 A^{-1},使 $AA^{-1} = I$.则

$$|AA^{-1}| = |I| \Rightarrow |A||A^{-1}| = 1,$$

所以 $|A| \neq 0$,即 A 是非奇异的.

充分性:设 A 是非奇异的,则 $|A| \neq 0$,存在矩阵 $\frac{1}{|A|}A^*$ 满足:

$$A\frac{A^*}{|A|} = \frac{1}{|A|}\begin{pmatrix} a_{11} & a_{12} & \cdots & a_{1n} \\ a_{21} & a_{22} & \cdots & a_{2n} \\ \vdots & \vdots & & \vdots \\ a_{n1} & a_{n2} & \cdots & a_{n3} \end{pmatrix}\begin{pmatrix} A_{11} & A_{21} & \cdots & A_{n1} \\ A_{12} & A_{22} & \cdots & A_{n2} \\ \vdots & \vdots & & \vdots \\ A_{1n} & A_{2n} & \cdots & A_{nn} \end{pmatrix}$$

$$= \frac{1}{|A|}\begin{pmatrix} |A| & 0 & \cdots & 0 \\ 0 & |A| & \cdots & 0 \\ \cdots & \cdots & \cdots & \cdots \\ 0 & 0 & \cdots & |A| \end{pmatrix} = I$$

同理可得: $\dfrac{A^*}{|A|}A = I$

由此可知矩阵 A 可逆,且逆矩阵 $A^{-1} = \dfrac{1}{|A|}A^*$.

推论 如果 A,B 都是 n 阶方阵,且 $AB = I$,则 $BA = I$.

证明 因为 $AB = I$,所以 $|AB| = |A||B| = 1$,由此可得 $|A| \neq 0$, $|B| \neq 0$.根据定理 2.1,A,B 均可逆,则

$$AB = I \Rightarrow BA = IBA = A^{-1}ABA = A^{-1}(AB)A$$
$$= A^{-1}IA = I$$

这个结论说明,要验证 B 是 A 的逆矩阵,只需要验证 $AB = I$ 或者 $BA = I$ 其中的一个就可以.

定理 2.1 证明了矩阵 A 可逆的充分必要条件,同时也给出了用伴随矩阵求逆矩阵的方法,即 $A^{-1} = \dfrac{1}{|A|}A^*$.

【例3】 设 $A = \begin{pmatrix} a & b \\ c & d \end{pmatrix}$,问:当 a,b,c,d 满足什么条件时,矩阵 A 可逆? 当 A 可逆时,求 A^{-1}.

解 因为 $|A| = \begin{vmatrix} a & b \\ c & d \end{vmatrix} = ad - bc$,

所以 当 $ab - cd \neq 0$ 时 $|A| \neq 0$,从而 A 可逆.

$$A^{-1} = \frac{1}{|A|}A^* = \frac{1}{ad-bc}\begin{pmatrix} d & -b \\ -c & a \end{pmatrix}$$

$$= \begin{pmatrix} \dfrac{d}{ad-bc} & -\dfrac{b}{ad-bc} \\ -\dfrac{c}{ad-bc} & \dfrac{a}{ad-bc} \end{pmatrix}.$$

当 $ab - cd = 0$ 时 $|A| = 0$，A 不可逆.

【例4】 在【例2】中的矩阵 $A = \begin{pmatrix} 1 & 1 & 0 \\ 2 & 0 & 3 \\ -1 & 1 & 4 \end{pmatrix}$ 是否可逆，如果可逆，求 A^{-1}

解 因为 $|A| = -14 \neq 0$，所以 A 可逆，而由【例2】知

$$A^* = \begin{pmatrix} -3 & -4 & 3 \\ -11 & 4 & -3 \\ 2 & -2 & -2 \end{pmatrix},$$

于是

$$A^{-1} = \frac{1}{|A|}A^* = -\frac{1}{14}\begin{pmatrix} -3 & -4 & 3 \\ -11 & 4 & -3 \\ 2 & -2 & -2 \end{pmatrix} = \begin{pmatrix} \dfrac{3}{14} & \dfrac{2}{7} & -\dfrac{3}{14} \\ \dfrac{11}{14} & -\dfrac{2}{7} & \dfrac{3}{14} \\ -\dfrac{1}{7} & \dfrac{1}{7} & \dfrac{1}{7} \end{pmatrix}.$$

可逆矩阵具有下列性质：

性质1 如果矩阵 A 可逆，则 A 的逆矩阵 A^{-1} 也可逆，且 $(A^{-1})^{-1} = A$.

由可逆矩阵的定义可知，A 与 A^{-1} 是互逆的.

性质2 如果 A,B 是同阶可逆矩阵，则 AB 也可逆，且 $(AB)^{-1} = B^{-1}A^{-1}$.

因为 $(AB)(B^{-1}A^{-1}) = A(BB^{-1})A^{-1} = AA^{-1} = I$，

由可逆矩阵定义可知，AB 也可逆，且 $(AB)^{-1} = B^{-1}A^{-1}$.

此性质可推广为：

如果 $A_1,A_2,\cdots,A_n$ 都是 n 阶可逆矩阵，则

$$(A_1A_2\cdots A_n)^{-1} = A_n^{-1}A_{n-1}^{-1}\cdots A_1^{-1}.$$

性质3 如果 A 可逆，数 $k \neq 0$，则 kA 也可逆，且 $(kA)^{-1} = \dfrac{1}{k}A^{-1}$.

事实上，如果 n 阶矩阵 A 可逆，$k \neq 0$，则有 $|kA| = k^n|A| \neq 0$.

所以 kA 也可逆. 又因为 $(kA)\left(\dfrac{1}{k}A^{-1}\right) = AA^{-1} = I$，所以 $(kA)^{-1} = \dfrac{1}{k}A^{-1}$.

性质4 如果矩阵 A 可逆，则 A 的转置矩阵 A^T 也可逆，且
$$(A^T)^{-1} = (A^{-1})^T.$$

因为 $|A^T| = |A| \neq 0$，所以 A^T 可逆，且由 $A^T(A^{-1})^T = (A^{-1}A)^T = I^T = I$，可得 $(A^T)^{-1} = (A^{-1})^T$.

【例5】 设 A,B,C 为同阶矩阵，且 A 可逆，下列结论如果正确，试证明之；如果结论不正确，举反例说明.

(1) 如果 $AB = AC$，则 $B = C$ (2) 如果 $AB = CB$，则 $A = C$

(3) 如果 $AB = O$，则 $B = O$ (4) 如果 $BC = O$，则 $B = O$

解 (1) 如果 $AB = AC$，且 A 可逆，则有
$$A^{-1}(AB) = A^{-1}(AC) \Rightarrow A^{-1}AB = A^{-1}AC \Rightarrow B = C$$

（2）设 $A = \begin{pmatrix} 1 & 2 \\ 0 & 1 \end{pmatrix}$，$B = \begin{pmatrix} 1 & 1 \\ 1 & 1 \end{pmatrix}$，$C = \begin{pmatrix} 3 & 0 \\ 0 & 1 \end{pmatrix}$，则有

$$AB = \begin{pmatrix} 1 & 2 \\ 0 & 1 \end{pmatrix} \begin{pmatrix} 1 & 1 \\ 1 & 1 \end{pmatrix} = \begin{pmatrix} 3 & 3 \\ 1 & 1 \end{pmatrix}, \qquad CB = \begin{pmatrix} 3 & 0 \\ 0 & 1 \end{pmatrix} \begin{pmatrix} 1 & 1 \\ 1 & 1 \end{pmatrix} = \begin{pmatrix} 3 & 3 \\ 1 & 1 \end{pmatrix},$$

显然 $AB = CB$，但 $A \neq C$．

（3）如果 $AB = O$，且 A 可逆，则有

$$A^{-1}AB = A^{-1}O \Rightarrow B = O.$$

（4）设 $B = \begin{pmatrix} 1 & 1 \\ 0 & 0 \end{pmatrix}$，$C = \begin{pmatrix} 1 & 0 \\ -1 & 0 \end{pmatrix}$，则有

$$BC = \begin{pmatrix} 1 & 1 \\ 0 & 0 \end{pmatrix} \begin{pmatrix} 1 & 0 \\ -1 & 0 \end{pmatrix} = \begin{pmatrix} 0 & 0 \\ 0 & 0 \end{pmatrix},$$

显然如果 $BC = O$，但 $B \neq O$．

【例6】 设 $A = \begin{pmatrix} 1 & -1 & 2 \\ -2 & -1 & -2 \\ 4 & 3 & 3 \end{pmatrix}$，$B = \begin{pmatrix} 2 & 4 \\ -3 & -5 \end{pmatrix}$，$C = \begin{pmatrix} -2 & 0 \\ 0 & 1 \\ 1 & -3 \end{pmatrix}$，

解矩阵方程 $AXB = C$．

解 因为 $|A| = 1 \neq 0$，$|B| = 2 \neq 0$，所以 A^{-1}，B^{-1} 存在，分别以 A^{-1}，B^{-1} 左乘与右乘矩阵方程的两边，得 $A^{-1}(AXB)B^{-1} = A^{-1}CB^{-1}$，

于是 $\qquad\qquad\qquad\qquad X = A^{-1}CB^{-1}.$

由逆矩阵的计算公式可得：$A^{-1} = \dfrac{1}{|A|}A^* = \begin{pmatrix} 3 & 9 & 4 \\ -2 & -5 & -2 \\ -2 & -7 & -3 \end{pmatrix}$，

$$B^{-1} = \dfrac{1}{|B|}B^* = \begin{pmatrix} -\dfrac{5}{2} & -2 \\ \dfrac{3}{2} & 1 \end{pmatrix},$$

所以

$$X = A^{-1}CB^{-1} = \begin{pmatrix} 3 & 9 & 4 \\ -2 & -5 & -2 \\ -2 & -7 & -3 \end{pmatrix} \begin{pmatrix} -2 & 0 \\ 0 & 1 \\ 1 & -3 \end{pmatrix} \begin{pmatrix} -\dfrac{5}{2} & -2 \\ \dfrac{3}{2} & 1 \end{pmatrix}$$

$$= \begin{pmatrix} \dfrac{1}{2} & 1 \\ -\dfrac{7}{2} & -3 \\ \dfrac{1}{2} & 0 \end{pmatrix}.$$

【例7】 已知方阵 A 满足 $A^2 - 2A + 3I = O$，试证明 A 与 $A - 3I$ 都可逆，并求 A^{-1} 和 $(A - 3I)^{-1}$．

证明 由 $A^2 - 2A + 3I = O$，可得 $A(A - 2I) = -3I$，故

$$A\left[-\frac{1}{3}(A-2I)\right]=I,$$

因此 A 可逆,且 $A^{-1}=-\frac{1}{3}(A-2I)$.

又由 $A^2-2A+3I=O$,可得 $(A+I)(A-3I)=-6I$,所以

$$\left[-\frac{1}{6}(A+I)\right](A-3I)=I,$$

因此 $A-3I$ 可逆,且 $(A-3I)^{-1}=-\frac{1}{6}(A+I)$.

习题 2-3

1. 求下列矩阵的逆矩阵.

$(1)\begin{pmatrix}1&2\\2&5\end{pmatrix}$　　$(2)\begin{pmatrix}1&2&-1\\3&4&-2\\5&-4&1\end{pmatrix}$　　$(3)\begin{pmatrix}1&2&3&4\\0&1&2&3\\0&0&1&2\\0&0&0&1\end{pmatrix}$

2. 用逆矩阵解下列矩阵方程.

$(1)\begin{pmatrix}2&5\\1&3\end{pmatrix}X=\begin{pmatrix}4&-6\\2&1\end{pmatrix}$　　$(2)X\begin{pmatrix}5&3&1\\1&-3&-2\\-5&2&1\end{pmatrix}=\begin{pmatrix}-8&3&0\\-5&9&0\\-2&15&0\end{pmatrix}$

3. 已知线性变换 $\begin{cases}x_1=2y_1+2y_2+y_3\\x_2=3y_1+y_2+5y_3\\x_3=3y_1+2y_2+3y_3\end{cases}$,求从变量 x_1,x_2,x_3 到变量 y_1,y_2,y_3 的线性变换.

4. 设 A 为 3×3 矩阵, A^* 是 A 的伴随矩阵,若 $|A|=2$,求 $|A^*|$.

5. 设 n 阶矩阵 A 满足 $AA^T=I$, $|A|=-1$,证明矩阵 $I+A$ 是可逆的.

6. 设 $A^k=O$, k 是某一自然数,试证 $I-A$ 可逆,且逆矩阵

$$(I-A)^{-1}=I+A+A^2+\cdots+A^{k-1}.$$

第四节　分块矩阵

对于行数和列数较高的矩阵,为了运算更简便,经常需要将一个大矩阵分成若干个小矩阵进行运算,同时也使原矩阵的结构简单而清晰.

一、分块矩阵

分块矩阵

定义 2.12　用若干条纵线和横线将一个矩阵 A 分成若干个小矩阵,每个小矩阵称为 A 的子块,并以所分的子块为元素的矩阵称为 A 的分块矩阵.

例如：

$$A = \begin{pmatrix} 1 & 0 & 0 & \vdots & -1 & 2 \\ 0 & 1 & 0 & \vdots & 2 & 3 \\ 0 & 0 & 1 & \vdots & 5 & 1 \\ \cdots & \cdots & \cdots & \cdots & \cdots \\ 0 & 0 & 0 & \vdots & 2 & 0 \\ 0 & 0 & 0 & \vdots & 0 & 2 \end{pmatrix} = \begin{pmatrix} I_3 & A_1 \\ O & 2I_2 \end{pmatrix}$$

其中 I_2, I_3 分别表示 2 阶和 3 阶单位矩阵,

而
$$A_1 = \begin{pmatrix} -1 & 2 \\ 2 & 3 \\ 5 & 1 \end{pmatrix} \quad O = \begin{pmatrix} 0 & 0 & 0 \\ 0 & 0 & 0 \end{pmatrix}$$

矩阵 A 也可以采用另外的分块方法.如果令

$$\varepsilon_1 = \begin{pmatrix} 1 \\ 0 \\ 0 \\ 0 \\ 0 \end{pmatrix}, \quad \varepsilon_2 = \begin{pmatrix} 0 \\ 1 \\ 0 \\ 0 \\ 0 \end{pmatrix}, \quad \varepsilon_3 = \begin{pmatrix} 0 \\ 0 \\ 1 \\ 0 \\ 0 \end{pmatrix}, \quad \alpha_1 = \begin{pmatrix} -1 \\ 2 \\ 5 \\ 2 \\ 0 \end{pmatrix}, \quad \alpha_2 = \begin{pmatrix} 2 \\ 3 \\ 1 \\ 0 \\ 2 \end{pmatrix},$$

则
$$A = \begin{pmatrix} 1 & 0 & 0 & -1 & 2 \\ 0 & 1 & 0 & 2 & 3 \\ 0 & 0 & 1 & 5 & 1 \\ 0 & 0 & 0 & 2 & 0 \\ 0 & 0 & 0 & 0 & 2 \end{pmatrix} = (\varepsilon_1, \varepsilon_2, \varepsilon_3, \alpha_1, \alpha_2).$$

采用怎样的分块方法,要根据原矩阵的结构特点,既要使子块在参与运算时不失意义,又要为运算的方便考虑,这就是把矩阵分块处理的目的.

二、分块矩阵的运算

1. 设 A, B 是两个 $m \times n$ 矩阵,对 A, B 都用同样的方法分块得到分块矩阵

$$A = \begin{pmatrix} A_{11} & A_{12} & \cdots & A_{1t} \\ A_{21} & A_{22} & \cdots & A_{2t} \\ \vdots & \vdots & & \vdots \\ A_{s1} & A_{s2} & \cdots & A_{st} \end{pmatrix}, \quad B = \begin{pmatrix} B_{11} & B_{12} & \cdots & B_{1t} \\ B_{21} & B_{22} & \cdots & B_{2t} \\ \vdots & \vdots & & \vdots \\ B_{s1} & B_{s2} & \cdots & B_{st} \end{pmatrix},$$

其中各对应子块 A_{ij}, B_{ij} 有相同的行数和列数,则

$$A + B = \begin{pmatrix} A_{11}+B_{11} & A_{12}+B_{12} & \cdots & A_{1t}+B_{1t} \\ A_{21}+B_{21} & A_{22}+B_{22} & \cdots & A_{2t}+B_{2t} \\ \vdots & \vdots & & \vdots \\ A_{s1}+B_{s1} & A_{s2}+B_{s2} & \cdots & A_{st}+B_{st} \end{pmatrix}$$

设 k 为一个常数,则

$$kA = \begin{pmatrix} kA_{11} & kA_{12} & \cdots & kA_{1t} \\ kA_{21} & kA_{22} & \cdots & kA_{2t} \\ \vdots & \vdots & & \vdots \\ kA_{s1} & kA_{s2} & \cdots & kA_{st} \end{pmatrix}.$$

2. 设 $A = (a_{ik})$ 是 $m \times n$ 矩阵，$B = (b_{kj})$ 是 $n \times p$ 矩阵，分块时使 A 的列的分法与 B 的行的分法相同，即

$$A = \begin{array}{c} \quad\ n_1 \ \ n_2 \ \cdots \ \ n_s \\ \begin{pmatrix} A_{11} & A_{12} & \cdots & A_{1s} \\ A_{21} & A_{22} & \cdots & A_{2s} \\ \vdots & \vdots & & \vdots \\ A_{r1} & A_{r2} & \cdots & A_{rs} \end{pmatrix} \begin{array}{l} m_1 \\ m_2 \\ \vdots \\ m_r \end{array} \end{array}, \quad B = \begin{array}{c} \quad\ p_1 \ \ p_2 \ \cdots \ \ p_t \\ \begin{pmatrix} A_{11} & A_{12} & \cdots & A_{1t} \\ A_{21} & A_{22} & \cdots & A_{2t} \\ \vdots & \vdots & & \vdots \\ A_{s1} & A_{s2} & \cdots & A_{st} \end{pmatrix} \begin{array}{l} n_1 \\ n_2 \\ \vdots \\ n_s \end{array} \end{array}$$

其中，m_i, n_j 分别为 A 的子块 A_{ij} 的行数与列数，n_i, p_j 分别为 B 的子块 B_{ij} 的行数与列数，$\sum\limits_{i=1}^{r} m_i = m$，$\sum\limits_{j=1}^{s} n_j = n$，$\sum\limits_{l=1}^{t} p_l = p$，则

$$C = AB = \begin{array}{c} \quad\ p_1 \ \ p_2 \ \cdots \ \ p_t \\ \begin{pmatrix} C_{11} & C_{12} & \cdots & C_{1t} \\ C_{21} & C_{22} & \cdots & C_{2t} \\ \vdots & \vdots & & \vdots \\ C_{r1} & C_{r2} & \cdots & C_{rt} \end{pmatrix} \begin{array}{l} m_1 \\ m_2 \\ \vdots \\ m_r \end{array} \end{array}$$

其中　　$C_{ij} = A_{i1}B_{1j} + A_{i2}B_{2j} + \cdots + A_{is}B_{sj}$.

由此可以看出，要使矩阵的分块乘法能够进行，在对矩阵分块时必须满足：

（1）以子块为元素时，两矩阵可乘，即左矩阵的列块数应等于右矩阵的行块数；

（2）相应地，需做乘法的子块也应可乘，即左子块的列数应等于右子块的行数.

【例1】 设 $A = \begin{pmatrix} 1 & 0 & 0 & 0 \\ 0 & 1 & 0 & 0 \\ -1 & 3 & 1 & 0 \end{pmatrix}$，$B = \begin{pmatrix} 4 & 1 & 0 \\ 3 & 4 & 1 \\ 0 & -1 & 3 \\ 1 & 0 & -1 \end{pmatrix}$，用分块矩阵计算 kA 及 AB.

解　对 A, B 进行如下分块：

$$A = \left(\begin{array}{cc:cc} 1 & 0 & 0 & 0 \\ 0 & 1 & 0 & 0 \\ \hdashline -1 & 3 & 1 & 0 \end{array} \right) = \begin{pmatrix} I_2 & O \\ A_1 & A_2 \end{pmatrix}$$

$$B = \left(\begin{array}{c:cc} 4 & 1 & 0 \\ 3 & 4 & 1 \\ \hdashline 0 & -1 & 3 \\ 1 & 0 & -1 \end{array} \right) = \begin{pmatrix} B_{11} & B_{12} \\ B_{21} & B_{22} \end{pmatrix}$$

则 $kA = k\begin{pmatrix} I_2 & O \\ A_1 & A_2 \end{pmatrix} = \begin{pmatrix} kI_2 & O \\ kA_1 & kA_2 \end{pmatrix}$，所以 $kA = \begin{pmatrix} k & 0 & 0 & 0 \\ 0 & k & 0 & 0 \\ -k & 3k & k & 0 \end{pmatrix}$.

则 $AB = \begin{pmatrix} I_2 & O \\ A_1 & A_2 \end{pmatrix} \begin{pmatrix} B_{11} & B_{12} \\ B_{21} & B_{22} \end{pmatrix} = \begin{pmatrix} I_2B_{11} + OB_{21} & I_2B_{12} + OB_{22} \\ A_1B_{11} + A_2B_{21} & A_1B_{12} + A_2B_{22} \end{pmatrix}$

$I_2B_{11} + OB_{21} = \begin{pmatrix} 4 \\ 3 \end{pmatrix} + \begin{pmatrix} 0 & 0 \\ 0 & 0 \end{pmatrix} \begin{pmatrix} 0 \\ 1 \end{pmatrix} = \begin{pmatrix} 4 \\ 3 \end{pmatrix}$

$I_2B_{12} + OB_{22} = \begin{pmatrix} 1 & 0 \\ 4 & 1 \end{pmatrix} + \begin{pmatrix} 0 & 0 \\ 0 & 0 \end{pmatrix} \begin{pmatrix} -1 & 3 \\ 0 & -1 \end{pmatrix} = \begin{pmatrix} 1 & 0 \\ 4 & 1 \end{pmatrix}$

$A_1B_{11} + A_2B_{21} = (-1 \quad 3) \begin{pmatrix} 4 \\ 3 \end{pmatrix} + (1 \quad 0) \begin{pmatrix} 0 \\ 1 \end{pmatrix} = (5)$

$A_1B_{12} + A_2B_{22} = (-1 \quad 3) \begin{pmatrix} 1 & 0 \\ 4 & 1 \end{pmatrix} + (1 \quad 0) \begin{pmatrix} -1 & 3 \\ 0 & -1 \end{pmatrix} = (10 \quad 6)$

$$AB = \begin{pmatrix} 4 & 1 & 0 \\ 3 & 4 & 1 \\ 5 & 10 & 6 \end{pmatrix}$$

若将 A, B 直接相乘, 可得同样的结果.

【例 2】 利用分块矩阵求矩阵

$$D = \begin{pmatrix} a_{11} & \cdots & a_{1k} & 0 & \cdots & 0 \\ \cdots & \cdots & \cdots & \cdots & \cdots & \cdots \\ a_{k1} & \cdots & a_{kk} & 0 & \cdots & 0 \\ c_{11} & \cdots & c_{1k} & b_{11} & \cdots & b_{1r} \\ \cdots & \cdots & \cdots & \cdots & \cdots & \cdots \\ c_{r1} & \cdots & c_{rk} & b_{r1} & \cdots & b_{rr} \end{pmatrix} = \begin{pmatrix} A & 0 \\ C & B \end{pmatrix}$$

的逆矩阵, 其中 A, B 分别是 k 阶和 r 阶的可逆矩阵, C 是 $r \times k$ 矩阵, O 是 $k \times r$ 零矩阵.

解 因为 $|D| = |A||B|$ 所以当 A, B 可逆时, D 也可逆.

设

$$D^{-1} = \begin{pmatrix} X_{11} & X_{12} \\ X_{21} & X_{22} \end{pmatrix}$$

则 $\begin{pmatrix} A & 0 \\ C & B \end{pmatrix} \begin{pmatrix} X_{11} & X_{12} \\ X_{21} & X_{22} \end{pmatrix} = \begin{pmatrix} I_k & O \\ O & I_r \end{pmatrix}$, 这里 I_k 和 I_r 分别表示 k 阶和 r 阶单位矩阵.

由分块乘法得 $\begin{pmatrix} AX_{11} & AX_{12} \\ CX_{11} + BX_{21} & CX_{12} + BX_{22} \end{pmatrix} = \begin{pmatrix} I_k & O \\ O & I_r \end{pmatrix}$

根据矩阵相等的定义, 有

$$\begin{cases} AX_{11} = I_k & ① \\ CX_{11} + BX_{21} = O & ② \end{cases} \qquad \begin{cases} AX_{12} = O & ③ \\ CX_{12} + BX_{22} = I_r & ④ \end{cases}$$

由①③式得 $X_{11} = A^{-1}$, $X_{12} = A^{-1}O = O$,

代入④式得 $X_{22} = B^{-1}I_r = B^{-1}$

代入②式得 $BX_{21} = -CX_{11} = -CA^{-1}$, 所以 $X_{21} = -B^{-1}CA^{-1}$,

因此 $D^{-1} = \begin{pmatrix} A^{-1} & O \\ -B^{-1}CA^{-1} & B^{-1} \end{pmatrix}$,

特别地,当 $C = O$ 时,有 $\begin{pmatrix} A & O \\ O & B \end{pmatrix} = \begin{pmatrix} A^{-1} & O \\ O & B^{-1} \end{pmatrix}$.

三、分块矩阵的转置

设分块矩阵为

$$A = \begin{pmatrix} A_{11} & A_{12} & \cdots & A_{1t} \\ A_{21} & A_{22} & \cdots & A_{2t} \\ \vdots & \vdots & & \vdots \\ A_{s1} & A_{s2} & \cdots & A_{st} \end{pmatrix}$$

则有

$$A^T = \begin{pmatrix} A_{11}^T & A_{21}^T & \cdots & A_{s1}^T \\ A_{12}^T & A_{22}^T & \cdots & A_{s2}^T \\ \vdots & \vdots & & \vdots \\ A_{1t}^T & A_{2t}^T & \cdots & A_{st}^T \end{pmatrix}$$

即分块矩阵转置时,不仅要把当作元素看待的子块行列互换,而且要把每个子块内部的元素也进行行列互换.

习题 2-4

1. 按指定分块的方法,用分块矩阵乘法求系列矩阵的乘积.

(1) $\begin{pmatrix} 1 & -2 & 0 \\ -1 & 1 & 1 \\ \hline 0 & 3 & 2 \end{pmatrix} \begin{pmatrix} 0 & 1 \\ 1 & 0 \\ \hline 0 & -1 \end{pmatrix}$ $\qquad$ (2) $\begin{pmatrix} 2 & 1 & -1 \\ \hline 3 & 0 & -2 \\ \hline 1 & -1 & 1 \end{pmatrix} \begin{pmatrix} 1 & 1 & 0 \\ 0 & 0 & -1 \\ -1 & 2 & 1 \end{pmatrix}$

2. 设有矩阵 $A = \begin{pmatrix} -1 & 0 & 2 & 0 \\ 0 & -1 & 0 & 2 \\ 0 & 0 & 4 & 3 \end{pmatrix}$, $B = \begin{pmatrix} 2 & 0 & -1 \\ 1 & 1 & 0 \\ 0 & 1 & 0 \\ 0 & 0 & 1 \end{pmatrix}$,用分块矩阵乘法求 AB.

3. 已知 $D = \begin{pmatrix} O & A \\ B & O \end{pmatrix}$,其中 A, B 为可逆方阵.

证明 D 可逆,且 $D^{-1} = \begin{pmatrix} O & B^{-1} \\ A^{-1} & O \end{pmatrix}$.

4. 设 A 为 3×3 矩阵,$|A| = -2$,把 A 按列分块为 $A = (A_1, A_2, A_3)$,其中 $A_j(j = 1, 2, 3)$ 为 A 的第 j 列.求

(1) $|(A_1, 2A_2, A_3)|$ $\qquad\qquad$ (2) $|(A_3 - 2A_1, 3A_2, A_1)|$

5. 设 A 为 n 阶矩阵,$\beta_1, \beta_2, \cdots, \beta_n$ 为 A 的列子块,试用 $\beta_1, \beta_2, \cdots, \beta_n$ 表示 $A^T A$.

第五节　几种常用的特殊矩阵

本节介绍几种特殊且常用的矩阵及这些特殊矩阵的运算性质.

一、对角矩阵

几种特殊的矩阵

定义 2.13　如果 n 阶方阵 $A = (a_{ij})$ 中的元素满足：

$$a_{ij} = 0, i \neq j\,(i,j = 1,2,\cdots,n)\ ,$$

则称 A 为对角矩阵.即：

$$A = \begin{pmatrix} a_{11} & 0 & \cdots & 0 \\ 0 & a_{22} & \cdots & 0 \\ \vdots & \vdots & & \vdots \\ 0 & 0 & \cdots & a_{nn} \end{pmatrix},\text{可简记为} \begin{pmatrix} a_{11} & & & \\ & a_{22} & & \\ & & \ddots & \\ & & & a_{nn} \end{pmatrix}$$

对角矩阵的运算有下列性质：

(1) 同阶对角矩阵的和以及数与对角矩阵的乘积仍是对角矩阵.

(2) 对角矩阵 A 的转置矩阵 A^T 仍是对角矩阵,且 $A^T = A$.

(3) 任意两个同阶对角矩阵的乘积仍是对角矩阵,且它们是可交换的.

即　若

$$A = \begin{pmatrix} a_1 & & & \\ & a_2 & & \\ & & \ddots & \\ & & & a_n \end{pmatrix}, B = \begin{pmatrix} b_1 & & & \\ & b_2 & & \\ & & \ddots & \\ & & & b_n \end{pmatrix},$$

则 $AB = \begin{pmatrix} a_1 b_1 & & & \\ & a_2 b_2 & & \\ & & \ddots & \\ & & & a_n b_n \end{pmatrix}$,并且有 $AB = BA$.

(4) 对角矩阵可逆的充分必要条件是它的主对角线元素都不等于零,且

$$A = \begin{pmatrix} a_1 & & & \\ & a_2 & & \\ & & \ddots & \\ & & & a_n \end{pmatrix} \text{可逆时,有 } A^{-1} = \begin{pmatrix} a_1^{-1} & & & \\ & a_2^{-1} & & \\ & & \ddots & \\ & & & a_n^{-1} \end{pmatrix}.$$

性质 (1)(2)(3) 可直接验证,下面只证明性质 (4)：

由于矩阵 A 可逆 $\Leftrightarrow |A| \neq 0$.对于对角矩阵而言,有

$$|A| \neq 0 \Leftrightarrow a_1 a_2 \cdots a_n \neq 0$$

$$\Leftrightarrow a_1 \neq 0, a_2 \neq 0, \cdots, a_n \neq 0$$

即主对角线元素都不为零.当主对角线元素都不为零时,有

$$\begin{pmatrix} a_1 & & & \\ & a_2 & & \\ & & \ddots & \\ & & & a_n \end{pmatrix} \begin{pmatrix} a_1^{-1} & & & \\ & a_2^{-1} & & \\ & & \ddots & \\ & & & a_2^{-1} \end{pmatrix} = \begin{pmatrix} 1 & & & \\ & 1 & & \\ & & \ddots & \\ & & & 1 \end{pmatrix} = I$$

于是
$$A^{-1} = \begin{pmatrix} a_1^{-1} & & & \\ & a_2^{-1} & & \\ & & \ddots & \\ & & & a_2^{-1} \end{pmatrix}$$

特别地,当 $a_1 = a_2 = \cdots = a_n = k$ 时,对角矩阵 $\begin{pmatrix} k & & & \\ & k & & \\ & & \ddots & \\ & & & k \end{pmatrix}$

称为 n 阶数量矩阵,记作 kI.

数量矩阵具有性质:用数量矩阵左乘或右乘(如果可乘)一个矩阵 B,其乘积等于用数 k 乘矩阵 B.即若 kI 是一个 n 阶数量矩阵,B 是 $n \times s$ 矩阵,则
$$(kI)B = B(kI) = kB.$$

二、准对角矩阵

定义 2.14　形如 $\begin{pmatrix} A_1 & 0 & \cdots & 0 \\ 0 & A_2 & \cdots & 0 \\ \vdots & \vdots & & \vdots \\ 0 & 0 & \cdots & A_s \end{pmatrix}$ 的分块矩阵,称为准对角矩阵.其中主对角线上

的 $A_1, A_2, \cdots, A_s$ 都是小方阵,其余子块全是零,可简记为
$$\begin{pmatrix} A_1 & & & \\ & A_2 & & \\ & & \ddots & \\ & & & A_s \end{pmatrix}.$$

对角矩阵可作为准对角矩阵的特殊情形.如
$$A = \begin{pmatrix} 1 & 0 & 0 & 0 & 0 & 0 & 0 \\ 2 & 3 & 0 & 0 & 0 & 0 & 0 \\ 0 & 0 & 2 & 1 & 0 & 0 & 0 \\ 0 & 0 & 3 & 4 & 0 & 0 & 0 \\ 0 & 0 & 0 & 0 & 5 & 3 & 2 \\ 0 & 0 & 0 & 0 & 0 & 1 & 0 \\ 0 & 0 & 0 & 0 & 0 & 0 & 2 \end{pmatrix} = \begin{pmatrix} A_1 & 0 & 0 \\ 0 & A_2 & 0 \\ 0 & 0 & A_3 \end{pmatrix}$$

$$B = \begin{pmatrix} 2 & 0 & \vdots & 0 & 0 \\ 1 & 2 & \vdots & 0 & 0 \\ \cdots & \cdots & + & \cdots & \cdots \\ 0 & 0 & \vdots & 3 & 0 \\ 0 & 0 & \vdots & 1 & 3 \end{pmatrix} = \begin{pmatrix} B_1 & 0 \\ 0 & B_2 \end{pmatrix}$$

$$C = \begin{pmatrix} 2 & \vdots & 0 & 0 \\ \cdots & + & \cdots & \cdots \\ 0 & \vdots & 3 & 1 \\ 0 & \vdots & 0 & 3 \end{pmatrix} = \begin{pmatrix} C_1 & 0 \\ 0 & C_2 \end{pmatrix}$$

都是准对角矩阵.

准对角矩阵具有下列运算性质:

(1)两个具有相同分块的准对角矩阵的和、乘积仍是准对角矩阵,数与准对角矩阵的乘积以及准对角矩阵的转置仍是准对角矩阵.即:对于两个有相同分块的准对角矩阵

$$A = \begin{pmatrix} A_1 & & & \\ & A_2 & & \\ & & \ddots & \\ & & & A_s \end{pmatrix}, B = \begin{pmatrix} B_1 & & & \\ & B_2 & & \\ & & \ddots & \\ & & & B_s \end{pmatrix},$$

若它们的对应分块是同阶的,则有

$$A + B = \begin{pmatrix} A_1 + B_1 & & & \\ & A_2 + B_2 & & \\ & & \ddots & \\ & & & A_s + B_s \end{pmatrix}, AB = \begin{pmatrix} A_1 B_1 & & & \\ & A_2 B_2 & & \\ & & \ddots & \\ & & & A_s B_s \end{pmatrix},$$

$$kA = \begin{pmatrix} kA_1 & & & \\ & kA_2 & & \\ & & \ddots & \\ & & & kA_s \end{pmatrix}, \quad A^T = \begin{pmatrix} A_1^T & & & \\ & A_2^T & & \\ & & \ddots & \\ & & & A_s^T \end{pmatrix}.$$

(2)准对角矩阵 A 可逆的充分必要条件是 $A_1, A_2, \cdots, A_s$ 都可逆,并且当 A 可逆时,有

$$A^{-1} = \begin{pmatrix} A_1^{-1} & & & \\ & A_2^{-1} & & \\ & & \ddots & \\ & & & A_s^{-1} \end{pmatrix}.$$

证明 因为 A 可逆 $\Leftrightarrow |A| \neq 0$,所以

$$|A| = \begin{vmatrix} A_1 & 0 & \cdots & 0 \\ 0 & A_2 & \cdots & 0 \\ \vdots & \vdots & & \vdots \\ 0 & 0 & \cdots & A_s \end{vmatrix} = |A_1| \begin{vmatrix} A_2 & 0 & \cdots & 0 \\ 0 & A_3 & \cdots & 0 \\ \vdots & \vdots & & \vdots \\ 0 & 0 & \cdots & A_s \end{vmatrix} = |A_1| |A_2| \cdots |A_s| \neq 0,$$

$\Leftrightarrow |A_1| \neq 0, |A_2| \neq 0, \cdots, |A_s| \neq 0$

$\Leftrightarrow A_1, A_2, \cdots, A_s$ 都可逆.

当 A 可逆时,

$$\begin{pmatrix} A_1 & & & \\ & A_2 & & \\ & & \ddots & \\ & & & A_s \end{pmatrix} \begin{pmatrix} A_1^{-1} & & & \\ & A_2^{-1} & & \\ & & \ddots & \\ & & & A_s^{-1} \end{pmatrix} = I,$$

所以 $\qquad A^{-1} = \begin{pmatrix} A_1^{-1} & & & \\ & A_2^{-1} & & \\ & & \ddots & \\ & & & A_s^{-1} \end{pmatrix}.$

如果一个阶数较高的可逆矩阵能分块为准对角矩阵,那么利用性质(2)就可将原矩阵求逆问题转化成一些小方阵的求逆问题.

【例1】 试判断矩阵 $A = \begin{pmatrix} 3 & 0 & 0 & 0 \\ 0 & 1 & 2 & 0 \\ 0 & 1 & 3 & 0 \\ 0 & 0 & 0 & 5 \end{pmatrix}$ 是否可逆? 若可逆,求出 A^{-1},并计算 A^2.

解 将 A 分块为

$$A = \begin{pmatrix} 3 & 0 & 0 & 0 \\ 0 & 1 & 2 & 0 \\ 0 & 1 & 3 & 0 \\ 0 & 0 & 0 & 5 \end{pmatrix} = \begin{pmatrix} A_1 & 0 & 0 \\ 0 & A_2 & 0 \\ 0 & 0 & A_3 \end{pmatrix}$$

则 A 为一准对角矩阵,因为 $|A_1| = 3$,$|A_2| = \begin{vmatrix} 1 & 2 \\ 1 & 3 \end{vmatrix} = 1$,$|A_3| = 5$ 都不为零,

所以 A_1, A_2, A_3 都可逆.从而 A 可逆.

又因为 $A_1^{-1} = \dfrac{1}{3}$,$A_2^{-1} = \begin{pmatrix} 3 & -2 \\ -1 & 1 \end{pmatrix}$,$A_3^{-1} = \dfrac{1}{5}$,

所以 $\qquad A^{-1} = \begin{pmatrix} A_2^{-1} & 0 & 0 \\ 0 & A_2^{-1} & 0 \\ 0 & 0 & A_3^{-1} \end{pmatrix} = \begin{pmatrix} \dfrac{1}{3} & 0 & 0 & 0 \\ 0 & 3 & -2 & 0 \\ 0 & -1 & 1 & 0 \\ 0 & 0 & 0 & \dfrac{1}{5} \end{pmatrix}.$

$$A^2 = \begin{pmatrix} A_1 & 0 & 0 \\ 0 & A_2 & 0 \\ 0 & 0 & A_3 \end{pmatrix} \begin{pmatrix} A_1 & 0 & 0 \\ 0 & A_2 & 0 \\ 0 & 0 & A_3 \end{pmatrix} = \begin{pmatrix} A_1^2 & 0 & 0 \\ 0 & A_2^2 & 0 \\ 0 & 0 & A_3^2 \end{pmatrix}$$

而 $A_1^2 = 9$,$A_2^2 = \begin{pmatrix} 1 & 2 \\ 1 & 3 \end{pmatrix}^2 = \begin{pmatrix} 3 & 8 \\ 4 & 11 \end{pmatrix}$,$A_3^2 = 25$,

因此
$$A^2 = \begin{pmatrix} 9 & 0 & 0 & 0 \\ 0 & 3 & 8 & 0 \\ 0 & 4 & 11 & 0 \\ 0 & 0 & 0 & 25 \end{pmatrix}.$$

三、三角形矩阵

定义 2.15 形如 $\begin{pmatrix} a_{11} & a_{12} & \cdots & a_{1n} \\ 0 & a_{22} & \cdots & a_{2n} \\ \vdots & \vdots & & \vdots \\ 0 & 0 & \cdots & a_{nn} \end{pmatrix}$ 的 n 阶方阵,即主对角线下方的元素全为零的

方阵称为上三角形矩阵.

形如 $\begin{pmatrix} a_{11} & 0 & \cdots & 0 \\ a_{21} & a_{22} & \cdots & 0 \\ \vdots & \vdots & & \vdots \\ a_{n1} & a_{n2} & \cdots & a_{nn} \end{pmatrix}$ 的 n 阶方阵,即主对角线上方的元素全为零的方阵称为下

三角形矩阵.

上(下)三角形矩阵具有下述性质:

(1) 若 A,B 是两个同阶的上(下)三角形矩阵,则 $A+B,kA,AB$ 仍为上(下)三角形矩阵;

设 $A = \begin{pmatrix} a_{11} & a_{12} & \cdots & a_{1n} \\ 0 & a_{22} & \cdots & a_{2n} \\ \vdots & \vdots & & \vdots \\ 0 & 0 & \cdots & a_{nn} \end{pmatrix}, B = \begin{pmatrix} b_{11} & b_{12} & \cdots & b_{1n} \\ 0 & b_{22} & \cdots & b_{2n} \\ \vdots & \vdots & & \vdots \\ 0 & 0 & \cdots & b_{nn} \end{pmatrix},$

则

$$AB = \begin{pmatrix} a_{11} & a_{12} & \cdots & a_{1n} \\ 0 & a_{22} & \cdots & a_{2n} \\ \vdots & \vdots & & \vdots \\ 0 & 0 & \cdots & a_{nn} \end{pmatrix} \begin{pmatrix} b_{11} & b_{12} & \cdots & b_{1n} \\ 0 & b_{22} & \cdots & b_{2n} \\ \vdots & \vdots & & \vdots \\ 0 & 0 & \cdots & b_{nn} \end{pmatrix}$$

$$= \begin{pmatrix} a_{11}b_{11} & & & * \\ & a_{22}b_{22} & & \\ & & \ddots & \\ 0 & & & a_{nn}b_{nn} \end{pmatrix}$$

其中 * 表示主对角线上方的元素;0 表示主对角线下方的元素全为零.

(2)上(下)三角形矩阵可逆的充分必要条件是它的主对角线上的元素都不为零.当上(下)三角形矩阵可逆时,其逆矩阵仍为上(下)三角形矩阵.

$$
如 \quad A = \begin{pmatrix} a_{11} & a_{12} & \cdots & a_{1n} \\ & a_{22} & \cdots & a_{2n} \\ & & \ddots & \\ O & & & a_{nn} \end{pmatrix}, 则 A^{-1} = \begin{pmatrix} a_{11}^{-1} & & & * \\ & a_{22}^{-1} & & \\ & & \ddots & \\ O & & & a_{nn}^{-1} \end{pmatrix}.
$$

四、对称矩阵与反对称矩阵

前面我们已经学过对称矩阵,它的定义为:如果 n 阶矩阵 A 满足 $A^T = A$,则称 A 为对称矩阵,下面我们来讨论对称矩阵的性质:

(1)如果 A, B 是同阶对称矩阵,则 $A + B, kA$ 也是对称矩阵.

证明　因为 $A^T = A$, $B^T = B$,所以

$$(A + B)^T = A^T + B^T = A + B, \quad (kA)^T = kA^T = kA$$

故 $A + B, kA$ 是对称矩阵.

(2)可逆对称矩阵 A 的逆矩阵 A^{-1} 仍是对称矩阵.

证明　因为 $A^T = A$,所以 $(A^{-1})^T = (A^T)^{-1} = A^{-1}$,因此 A^{-1} 为对称矩阵.但是,两个对称矩阵乘积不一定是对称矩阵.例如

$$A = \begin{pmatrix} 1 & -1 \\ -1 & 0 \end{pmatrix}, \quad B = \begin{pmatrix} 0 & 1 \\ 1 & 0 \end{pmatrix} 均为对称矩阵,但$$

$$AB = \begin{pmatrix} 1 & -1 \\ -1 & 0 \end{pmatrix} \begin{pmatrix} 0 & 1 \\ 1 & 0 \end{pmatrix} = \begin{pmatrix} -1 & 1 \\ 0 & -1 \end{pmatrix}, 不是对称矩阵.$$

定义 2.16　如果 n 阶方阵 A 满足 $A^T = -A$,则称 A 为反对称矩阵.

由定义知,反对称矩阵 $A = (a_{ij})$ 中的元素满足: $a_{ij} = -a_{ji}(i, j = 1, 2, \cdots, n)$.

因此,反对称矩阵主对角线上的元素一定为零.即反对称矩阵的形式为

$$A = \begin{pmatrix} 0 & a_{12} & \cdots & a_{1n} \\ -a_{12} & 0 & \cdots & a_{2n} \\ \vdots & \vdots & & \vdots \\ -a_{1n} & -a_{2n} & \cdots & 0 \end{pmatrix}.$$

例如 $\begin{pmatrix} 0 & -4 & 3 \\ 4 & 0 & -1 \\ -3 & 1 & 0 \end{pmatrix}$ 和 $\begin{pmatrix} 0 & -3 \\ 3 & 0 \end{pmatrix}$ 均为反对称矩阵.

根据反对称矩阵的定义,容易证明以下性质:

(1)若 A, B 是同阶反对称矩阵,则 $A + B, kA, A^T$ 仍是反对称矩阵.

(2)可逆的反对称矩阵的逆矩阵仍是反对称矩阵.

(3)奇数阶反对称矩阵不可逆,因为奇数阶的反对称矩阵的行列式等于 0.

注意:两个反对称矩阵的乘积不一定是反对称矩阵.

【例 2】　对任意 $m \times n$ 矩阵,证明 AA^T 和 $A^T A$ 都是对称矩阵.

证明　因为 AA^T 是 m 阶方阵,且 $(AA^T)^T = (A^T)^T A^T = AA^T$,所以由定义可知, AA^T 是对称矩阵.

同理可证 $A^T A$ 也是对称矩阵.

【例3】 已知 A 是 n 阶对称矩阵，B 是 n 阶反对称矩阵，证明 $AB + BA$ 是反对称矩阵.

证明 显然 $AB + BA$ 是 n 阶方阵，且根据对称矩阵和反对称矩阵的定义，有 $A^T = A$，$B^T = -B$

于是
$$(AB + BA)^T = (AB)^T + (BA)^T = B^T A^T + A^T B^T$$
$$= -BA - AB = -(AB + BA)$$

由反对称矩阵的定义知，$AB + BA$ 是反对称矩阵.

习题 2-5

1. 试证：对任意一个方阵 A，都有 $A + A^T$ 是对称矩阵，$A - A^T$ 是反对称矩阵.

2. 设 A, B 是两个反对称矩阵，试证：

（1）A^2 是对称矩阵；（2）$AB - BA$ 是反对称矩阵.

3. 设 $A = \begin{pmatrix} a_{11} & a_{12} & a_{13} \\ & a_{22} & a_{23} \\ & & a_{33} \end{pmatrix}$，$B = \begin{pmatrix} b_{11} & b_{12} & b_{13} \\ & b_{22} & b_{23} \\ & & b_{33} \end{pmatrix}$，验证 $kA, A + B$ 仍为同阶且同结构的上三角形矩阵（其中 k 为实数）.

第六节 矩阵的初等变换

矩阵的初等变换是一种十分重要的矩阵运算，它在求逆矩阵、解矩阵方程和矩阵理论的探讨中发挥着重大作用.

一、矩阵的初等变换

矩阵的初等变换

定义 2.17 矩阵的下列三种变换称为矩阵的初等行变换：

（1）交换矩阵的两行（交换 i, j 行，记作 $r_i \leftrightarrow r_j$）；

（2）以一个非零数 k 乘以矩阵的某一行（第 i 行乘 k，记作 $r_i \times k$）；

（3）把某一行的 k 倍加至另外一行（第 j 行的 k 倍加至第 i 行，记作 $r_i + kr_j$）.

把定义中的"行"换成"列"，即得到矩阵初等列变换的定义（所用记号把" r "换成 c）.

矩阵的初等行变换和初等列变换统称为初等变换.

定义 2.18 由单位矩阵 I 经过一次初等变换得到的矩阵称为初等矩阵.

显然，对于每个初等变换都有一个与之相应的初等矩阵.

（1）交换单位矩阵 I 的第 i 行（列）与第 j 行（列）的位置，得

$$I(i,j) = \begin{pmatrix} 1 & & & & & & & & & \\ & \ddots & & & & & & & & \\ & & 1 & & & & & & & \\ & & & 0 & \cdots & \cdots & \cdots & 1 & & \\ & & & \vdots & 1 & & & \vdots & & \\ & & & \vdots & & \ddots & & \vdots & & \\ & & & \vdots & & & 1 & \vdots & & \\ & & & 1 & \cdots & \cdots & \cdots & 0 & & \\ & & & & & & & & 1 & \\ & & & & & & & & & \ddots & \\ & & & & & & & & & & 1 \end{pmatrix} \begin{matrix} \\ \\ \\ i\,\text{行} \\ \\ \\ \\ j\,\text{行} \\ \\ \\ \end{matrix}$$

$$\qquad\qquad i\,\text{列} \qquad\qquad j\,\text{列}$$

(2)对单位矩阵 I 的第 i 行(列)乘以 k 倍,得

$$I(i(k)) = \begin{pmatrix} 1 & & & & & \\ & \ddots & & & & \\ & & 1 & & & \\ & & & k & & \\ & & & & 1 & \\ & & & & & \ddots \\ & & & & & & 1 \end{pmatrix} \begin{matrix} \\ \\ \\ i\,\text{行} \\ \\ \\ \end{matrix}$$

$$\qquad\qquad i\,\text{列}$$

(3)把单位矩阵 I 的第 j 行乘以 k 倍加至第 i 行,得

$$I(i,j(k)) = \begin{pmatrix} 1 & & & & & \\ & \ddots & & & & \\ & & 1 & \cdots & k & \\ & & & \ddots & \vdots & \\ & & & & 1 & \\ & & & & & \ddots \\ & & & & & & 1 \end{pmatrix} \begin{matrix} \\ \\ i\,\text{行} \\ \\ j\,\text{行} \\ \\ \end{matrix}$$

$$\qquad\qquad i\,\text{列} \qquad j\,\text{列}$$

显然,该矩阵也可以看成是将单位矩阵 I 的第 i 列的 k 倍加到第 j 列所得的初等矩阵.

初等矩阵具有下列性质:

(1)初等矩阵都是可逆的.

事实上，
$$|I(i,j)| = -1 \neq 0$$
$$|I(i(k))| = k \neq 0$$
$$|I(i,j(k))| = 1 \neq 0$$

（2）初等矩阵的逆矩阵仍是同类型的初等矩阵，且有
$$I(i,j)^{-1} = I(i,j)$$
$$I(i(k))^{-1} = I(i(\frac{1}{k})) \quad (k \neq 0)$$
$$I(i,j(k))^{-1} = I(i,j(-k))$$

（3）初等矩阵的转置仍是同类型的初等矩阵，且有
$$I(i,j)^T = I(i,j)$$
$$I(i(k))^T = I(i(k))$$
$$I(i,j(k))^T = I(j,i(k))$$

引入初等矩阵后，矩阵的初等变换可用初等矩阵与该矩阵的乘积来实现.先看下面的例子

设 $A = \begin{pmatrix} a_1 & a_2 & a_3 & a_4 \\ b_1 & b_2 & b_3 & b_4 \\ c_1 & c_2 & c_3 & c_4 \end{pmatrix}$

则 $I(1,3)A = \begin{pmatrix} 0 & 0 & 1 \\ 0 & 1 & 0 \\ 1 & 0 & 0 \end{pmatrix} \begin{pmatrix} a_1 & a_2 & a_3 & a_4 \\ b_1 & b_2 & b_3 & b_4 \\ c_1 & c_2 & c_3 & c_4 \end{pmatrix} = \begin{pmatrix} c_1 & c_2 & c_3 & c_4 \\ b_1 & b_2 & b_3 & b_4 \\ a_1 & a_2 & a_3 & a_4 \end{pmatrix}$

所得矩阵相当于把 A 的第 1 行和第 3 行进行了互换；

$$AI(1,3) = \begin{pmatrix} a_1 & a_2 & a_3 & a_4 \\ b_1 & b_2 & b_3 & b_4 \\ c_1 & c_2 & c_3 & c_4 \end{pmatrix} \begin{pmatrix} 0 & 0 & 1 & 0 \\ 0 & 1 & 0 & 0 \\ 1 & 0 & 0 & 0 \\ 0 & 0 & 0 & 1 \end{pmatrix} = \begin{pmatrix} a_3 & a_2 & a_1 & a_4 \\ b_3 & b_2 & b_1 & b_4 \\ c_3 & c_2 & c_1 & c_4 \end{pmatrix}$$

所得矩阵相当于把 A 的第 1 列和第 3 列进行了互换.

定理 2.2 对一个 $m \times n$ 矩阵 A 施行一次初等行变换就相当于对 A 左乘一个相应的 m 阶初等矩阵；对 A 施行一次初等列变换就相当于对 A 右乘一个相应的 n 阶初等矩阵.

证明 现在证明对于矩阵 A 的第 j 行乘以 k 倍加至第 i 行等于用 $I(i,j(k))$ 左乘 A.

将矩阵 $A_{m \times n}$ 与 I_m 进行分块，得：

$$A = \begin{pmatrix} A_1 \\ \vdots \\ A_i \\ \vdots \\ A_j \\ \vdots \\ A_m \end{pmatrix} \qquad I_m = \begin{pmatrix} \varepsilon_1 \\ \vdots \\ \varepsilon_i \\ \vdots \\ \varepsilon_j \\ \vdots \\ \varepsilon_m \end{pmatrix} \qquad A \xrightarrow{(i)+(j)k} \begin{pmatrix} A_1 \\ \vdots \\ A_i + kA_j \\ \vdots \\ A_j \\ \vdots \\ A_m \end{pmatrix}$$

$$I(i,j(k))A = \begin{pmatrix} 1 & 0 & \cdots & 0 & \cdots & 0 & \cdots & 0 \\ \cdots & \cdots & \cdots & \cdots & \cdots & \cdots & \cdots & \cdots \\ 0 & 0 & \cdots & 1 & \cdots & k & \cdots & 0 \\ \cdots & \cdots & \cdots & \cdots & \cdots & \cdots & \cdots & \cdots \\ 0 & 0 & \cdots & 0 & \cdots & 1 & \cdots & 0 \\ \cdots & \cdots & \cdots & \cdots & \cdots & \cdots & \cdots & \cdots \\ 0 & 0 & \cdots & 0 & \cdots & 0 & \cdots & 1 \end{pmatrix} \begin{pmatrix} A_1 \\ \vdots \\ A_i \\ \vdots \\ A_j \\ \vdots \\ A_m \end{pmatrix} = \begin{pmatrix} A_1 \\ \vdots \\ A_i + kA_j \\ \vdots \\ A_j \\ \vdots \\ A_m \end{pmatrix}$$

因此, 矩阵 A 的第 j 行乘以 k 倍加至第 i 行等于用初等矩阵 $I(i,j(k))$ 左乘 A.
用类似方法也可以证明其他变换情况.

利用矩阵的初等变换, 可以把任一矩阵化为最简单的形式.

【例1】 已知矩阵 $A = \begin{pmatrix} 3 & 2 & 9 & 6 \\ -1 & -3 & -4 & -17 \\ 1 & 4 & -7 & 3 \\ -1 & -4 & 7 & -3 \end{pmatrix}$, 对其作初等变换.

解

$$A = \begin{pmatrix} 3 & 2 & 9 & 6 \\ -1 & -3 & -4 & -17 \\ 1 & 4 & -7 & 3 \\ -1 & -4 & 7 & -3 \end{pmatrix} \xrightarrow{r_1 \leftrightarrow r_3} \begin{pmatrix} 1 & 4 & -7 & 3 \\ -1 & -3 & -4 & -17 \\ 3 & 2 & 9 & 6 \\ -1 & -4 & 7 & -3 \end{pmatrix}$$

$$\xrightarrow[\substack{r_4 + r_1}]{\substack{r_2 + r_1 \\ r_3 - 3r_1}} \begin{pmatrix} 1 & 4 & -7 & 3 \\ 0 & 1 & -3 & -14 \\ 0 & -10 & 30 & -3 \\ 0 & 0 & 0 & 0 \end{pmatrix}$$

$$\xrightarrow{r_3 + 10r_2} \begin{pmatrix} 1 & 4 & -7 & 3 \\ 0 & 1 & -3 & -14 \\ 0 & 0 & 0 & -143 \\ 0 & 0 & 0 & 0 \end{pmatrix} = B$$

这里的矩阵 B 称为行阶梯形矩阵.

一般地, 称满足以下条件的矩阵为行阶梯形矩阵:

(1) 非零行位于零行的上方;

(2) 非零行的首非零元(从左到右的第一个不为零的元素)所在列在上一行(如果存在的话)的首非零元所在列的后面.

对上例中的矩阵 $B = \begin{pmatrix} 1 & 4 & -7 & 3 \\ 0 & 1 & -3 & -14 \\ 0 & 0 & 0 & -143 \\ 0 & 0 & 0 & 0 \end{pmatrix}$ 再作初等行变换:

$$B \xrightarrow{r_3 \times (-\frac{1}{143})} \begin{pmatrix} 1 & 4 & -7 & 3 \\ 0 & 1 & -3 & -14 \\ 0 & 0 & 0 & 1 \\ 0 & 0 & 0 & 0 \end{pmatrix} \xrightarrow[r_2 + 14r_3]{r_1 - 3r_3} \begin{pmatrix} 1 & 4 & -7 & 0 \\ 0 & 1 & -3 & 0 \\ 0 & 0 & 0 & 1 \\ 0 & 0 & 0 & 0 \end{pmatrix}$$

$$\xrightarrow{r_1 - 4r_2} \begin{pmatrix} 1 & 0 & 5 & 0 \\ 0 & 1 & -3 & 0 \\ 0 & 0 & 0 & 1 \\ 0 & 0 & 0 & 0 \end{pmatrix} = C$$

称这种特殊形状的阶梯形矩阵 C 为行最简形矩阵.

一般地,称满足下列条件的阶梯形矩阵为行最简形矩阵:

(1)各非零行的首非零元都是 1;

(2)每个首非零元所在列的其余元素都是零.

如果再对上述矩阵 $C = \begin{pmatrix} 1 & 0 & 5 & 0 \\ 0 & 1 & -3 & 0 \\ 0 & 0 & 0 & 1 \\ 0 & 0 & 0 & 0 \end{pmatrix}$ 作初等列变换,可得:

$$C \xrightarrow[c_3 + 3c_2]{c_3 - 5c_1} \begin{pmatrix} 1 & 0 & 0 & 0 \\ 0 & 1 & 0 & 0 \\ 0 & 0 & 0 & 1 \\ 0 & 0 & 0 & 0 \end{pmatrix} \xrightarrow{c_3 \leftrightarrow c_4} \begin{pmatrix} 1 & 0 & 0 & 0 \\ 0 & 1 & 0 & 0 \\ 0 & 0 & 1 & 0 \\ 0 & 0 & 0 & 0 \end{pmatrix} = D$$

称矩阵 D 为原矩阵 A 的等价标准形.

一般地,矩阵 A 的等价标准形 D 具有如下特点:

D 的左上角是一个单位矩阵,其余元素全为零.

定理 2.3 任意一个 $m \times n$ 矩阵 A 经过一系列初等变换,总可以化成形如

$$D = \begin{pmatrix} 1 & & & & & & \\ & \ddots & & & & & \\ & & 1 & & & & \\ & & & 0 & & & \\ & & & & \ddots & & \\ & & & & & 0 \end{pmatrix} = \begin{pmatrix} I_r & O_{r \times (n-r)} \\ O_{(m-r) \times r} & O_{(m-r) \times (n-r)} \end{pmatrix}$$

的矩阵,D 称为矩阵 A 的等价标准形.

证明 设 $A = \begin{pmatrix} a_{11} & a_{12} & \cdots & a_{1n} \\ a_{21} & a_{22} & \cdots & a_{2n} \\ \cdots & \cdots & \cdots & \cdots \\ a_{m1} & a_{m2} & \cdots & a_{mn} \end{pmatrix}$

如果 $A = 0$,则它已经是标准型了(此时 $r = 0$).如果 $A \neq 0$,即 A 中至少有一个元素不等于零,不妨假设 $a_{11} \neq 0$(若不然,可以对 A 施行第一种初等变换,使左上角元素不等于零).

用 $-\dfrac{a_{i1}}{a_{11}}$ 乘所得矩阵的第一行加到第 i 行上（$i = 2, 3, \cdots, m$），所得到的矩阵第一列除 $a_{11} \neq 0$ 外，其余各元素都为零.

再用 $-\dfrac{a_{1j}}{a_{11}}$ 乘所得矩阵的第一列加到第 j 列上（$j = 2, 3, \cdots, n$），此时，矩阵的第一行除 $a_{11} \neq 0$ 外，其余元素都为零. 然后用 $\dfrac{1}{a_{11}}$ 乘第一行，于是矩阵 A 化为

$$A \rightarrow \begin{pmatrix} 1 & 0 & \cdots & 0 \\ 0 & a_{22}' & \cdots & a_{2n}' \\ \cdots & \cdots & \cdots & \cdots \\ 0 & a_{m2}' & \cdots & a_{mn}' \end{pmatrix} = \begin{pmatrix} I_1 & O \\ O & A_1 \end{pmatrix}$$

A_1 为一个 $(m-1) \times (n-1)$ 矩阵. 若 $A_1 = 0$，则 A 已经是标准型了；

若 $A_1 \neq 0$，即 A_1 中至少有一个元素不等于零，那么按上述方法继续下去，最后可以把 A 化成 D 的形式.

如果矩阵 A 经过有限次的初等变换可化为矩阵 B，则称矩阵 A 与矩阵 B 等价. 记为：$A \sim B$.

矩阵之间的等价关系具有下列基本性质：

(1) 自反性　$A \sim A$；　　　　　　　　　(2) 对称性　若 $A \sim B$，则 $B \sim A$；

(3) 传递性　若 $A \sim B$，$B \sim C$，则 $A \sim C$.

【例 2】　将矩阵 $A = \begin{pmatrix} 1 & 0 & 1 \\ 2 & 1 & 0 \\ -3 & 2 & 5 \end{pmatrix}$ 化为标准形.

解

$$A = \begin{pmatrix} 1 & 0 & 1 \\ 2 & 1 & 0 \\ -3 & 2 & 5 \end{pmatrix} \xrightarrow[r_3 + 3r_1]{r_2 - 2r_1} \begin{pmatrix} 1 & 0 & 1 \\ 0 & 1 & -2 \\ 0 & 2 & 8 \end{pmatrix} \xrightarrow{r_3 - 2r_1} \begin{pmatrix} 1 & 0 & 0 \\ 0 & 1 & -2 \\ 0 & 0 & 12 \end{pmatrix}$$

$$\xrightarrow{r_3 \times \frac{1}{12}} \begin{pmatrix} 1 & 0 & 0 \\ 0 & 1 & -2 \\ 0 & 0 & 1 \end{pmatrix} \xrightarrow{r_2 + 2r_3} \begin{pmatrix} 1 & 0 & 0 \\ 0 & 1 & 0 \\ 0 & 0 & 1 \end{pmatrix}$$

根据定理 2.2，对一个矩阵 A 作初等行（列）变换就相当于用相应的初等矩阵去左（右）乘这个矩阵.

因此，矩阵与它的等价标准形有如下关系：

$$D = P_1 P_2 \cdots P_s A Q_1 Q_2 \cdots Q_t \tag{2.4}$$

其中 $P_1, P_2, \cdots, P_s$ 和 $Q_1, Q_2, \cdots, Q_t$ 是初等矩阵.

由于初等矩阵都是可逆的，所以式（2.4）又可写成

$$A = P_s^{-1} \cdots P_2^{-1} P_1^{-1} D Q_t^{-1} \cdots Q_2^{-1} Q_1^{-1} \tag{2.5}$$

推论　如果 A 为 n 阶可逆矩阵，则 A 的标准形为单位矩阵 I.

证明　若 A 可逆，D 为 A 的等价标准形，由式（2.4）知 D 可逆，即 $|D| \neq 0$.

于是 D 不能有任何一行(列)的元素全为零.因此, D 必等于 I_n .

二、求逆矩阵的初等变换法

本章第三节已经介绍了用伴随矩阵求逆矩阵的方法,但是对于较高阶的矩阵,用伴随矩阵法求逆矩阵计算量太大,下面介绍一种更加简便的方法——初等变换法.

定理 2.4 n 阶方阵 A 可逆的充分必要条件是 A 可以表示成一些初等矩阵的乘积.

证明 由于初等矩阵都是可逆的,所以充分性是显然的.

必要性 设 A 可逆,由定理 2.3 的推论知, A 的标准形为单位矩阵 I ,即 A 经过有限次的初等变换后可化为单位矩阵 I ,也就是存在初等矩阵 $P_1, P_2, \cdots, P_s$ 和 $Q_1, Q_2, \cdots, Q_t$,使得

$$P_1 P_2 \cdots P_s A Q_1 Q_2 \cdots Q_t = I ,$$

所以 $A = P_s^{-1} \cdots P_2^{-1} P_1^{-1} I Q_t^{-1} \cdots Q_2^{-1} Q_1^{-1} = P_s^{-1} \cdots P_2^{-1} P_1^{-1} Q_t^{-1} \cdots Q_2^{-1} Q_1^{-1}$

而初等矩阵的逆矩阵仍为初等矩阵,因此 A 可表示成一些初等矩阵的乘积.

若 A 可逆,则 A^{-1} 也可逆,根据定理 2.4,存在初等矩阵 $G_1, G_2, \cdots, G_k$,使得 $A^{-1} = G_1 G_2 \cdots G_k$.则会有

$$A^{-1} A = G_1 G_2 \cdots G_k A$$

即
$$I = G_1 G_2 \cdots G_k A \tag{2.6}$$

$$A^{-1} = G_1 G_2 \cdots G_k I \tag{2.7}$$

式(2.6)表示对矩阵 A 施以若干次初等行变换可以化为单位矩阵 I ,式(2.7)表示对单位矩阵 I 施以若干次初等行变换可以化为 A^{-1} .

因此,求矩阵 A 的逆矩阵 A^{-1} 时,可以构造 $n \times 2n$ 矩阵 $(A\,I)$,然后对此矩阵作初等行变换,使左边子块 A 化为单位矩阵 I ,则上述初等行变换同时也将右边子块 I 化成了 A^{-1} ,即

$$(A \quad I) \xrightarrow{\text{初等行变换}} (I \quad A^{-1})$$

类似地,也可以构造 $2n \times n$ 矩阵 $\begin{pmatrix} A \\ I \end{pmatrix}$,对其施以初等列变换将矩阵 A 化为单位矩阵 I ,则上述初等列变换同时也将其中的单位矩阵 I 化为 A^{-1} ,即

$$\begin{pmatrix} A \\ I \end{pmatrix} \xrightarrow{\text{初等列变换}} \begin{pmatrix} I \\ A^{-1} \end{pmatrix}$$

这就是求逆矩阵的初等变换法.

注意:根据定理 2.3 的推论,若 A 不能化为单位矩阵 I ,说明 A 不可逆.

【例3】 设 $A = \begin{pmatrix} 4 & 2 & 3 \\ 3 & 1 & 2 \\ 2 & 1 & 1 \end{pmatrix}$,求 A^{-1} .

解 对矩阵 $(A\,I)$ 施以初等行变换

$$(AI) = \begin{pmatrix} 4 & 2 & 3 & 1 & 0 & 0 \\ 3 & 1 & 2 & 0 & 1 & 0 \\ 2 & 1 & 1 & 0 & 0 & 1 \end{pmatrix} \xrightarrow{r_1 - r_2} \begin{pmatrix} 1 & 1 & 1 & 1 & -1 & 0 \\ 3 & 1 & 2 & 0 & 1 & 0 \\ 2 & 1 & 1 & 0 & 0 & 1 \end{pmatrix}$$

$$\xrightarrow[\substack{r_2-3r_1 \\ r_3-2r_1}]{} \begin{pmatrix} 1 & 1 & 1 & 1 & -1 & 0 \\ 0 & -2 & -1 & -3 & 4 & 0 \\ 0 & -1 & -1 & -2 & 2 & 1 \end{pmatrix}$$

$$\xrightarrow[\substack{r_2-2r_3 \\ r_3\times(-1)}]{} \begin{pmatrix} 1 & 0 & 0 & -1 & 1 & 1 \\ 0 & 0 & 1 & 1 & 0 & -2 \\ 0 & 1 & 1 & 2 & -2 & -1 \end{pmatrix}$$

$$\xrightarrow[\substack{r_2\leftrightarrow r_3 \\ r_2-r_3}]{} \begin{pmatrix} 1 & 0 & 0 & -1 & 1 & 1 \\ 0 & 1 & 0 & 1 & -2 & 1 \\ 0 & 0 & 1 & 1 & 0 & -2 \end{pmatrix}$$

· 66 ·

所以 $A^{-1} = \begin{pmatrix} -1 & 1 & 1 \\ 1 & -2 & 1 \\ 1 & 0 & -2 \end{pmatrix}$

【例 4】 设 $A = \begin{pmatrix} 0 & -2 & 1 \\ 3 & 0 & -2 \\ -2 & 3 & 0 \end{pmatrix}$, 求 A^{-1} .

解 对矩阵 $\begin{pmatrix} A \\ I \end{pmatrix}$ 施以初等列变换：

$$\begin{pmatrix} A \\ I \end{pmatrix} = \begin{pmatrix} 0 & -2 & 1 \\ 3 & 0 & -2 \\ -2 & 3 & 0 \\ 1 & 0 & 0 \\ 0 & 1 & 0 \\ 0 & 0 & 1 \end{pmatrix} \xrightarrow{c_1\leftrightarrow c_3} \begin{pmatrix} 1 & -2 & 0 \\ -2 & 0 & 3 \\ 0 & 3 & -2 \\ 0 & 0 & 1 \\ 0 & 1 & 0 \\ 1 & 0 & 0 \end{pmatrix}$$

$$\xrightarrow{c_2+2c_1} \begin{pmatrix} 1 & 0 & 0 \\ -2 & -4 & 3 \\ 0 & 3 & -2 \\ 0 & 0 & 1 \\ 0 & 1 & 0 \\ 1 & 2 & 0 \end{pmatrix} \xrightarrow{c_2+c_3} \begin{pmatrix} 1 & 0 & 0 \\ -2 & -1 & 3 \\ 0 & 1 & -2 \\ 0 & 1 & 1 \\ 0 & 1 & 0 \\ 1 & 2 & 0 \end{pmatrix}$$

$$\xrightarrow[\substack{c_1-2c_2 \\ c_3+c_2}]{} \begin{pmatrix} 1 & 0 & 0 \\ 0 & -1 & 0 \\ -2 & 1 & 1 \\ -2 & 1 & 4 \\ -2 & 1 & 3 \\ -3 & 2 & 6 \end{pmatrix} \xrightarrow{c_2\times(-1)} \begin{pmatrix} 1 & 0 & 0 \\ 0 & 1 & 0 \\ 0 & 0 & 1 \\ 6 & 3 & 4 \\ 4 & 2 & 3 \\ 9 & 4 & 6 \end{pmatrix}$$

所以 $A^{-1} = \begin{pmatrix} 6 & 3 & 4 \\ 4 & 2 & 3 \\ 9 & 4 & 6 \end{pmatrix}$

三、用初等变换法求解矩阵方程 $AX = B$

设矩阵方程为 $A_{n \times n} X_{n \times m} = B_{n \times m}$，其中 $X_{n \times m}$ 是未知矩阵.如果 n 阶矩阵 A 可逆,则在方程两边左乘 A^{-1},就可求得未知矩阵

$$X_{n \times m} = A_{n \times n}^{-1} B_{n \times m}$$

利用这种方法就是先求出 A^{-1} 后,再计算 A^{-1} 与 B 的乘积 $A^{-1}B$,而计算两个矩阵乘积是比较麻烦的.我们可以利用类似初等行变换求逆矩阵的方法,构造矩阵 $(A \quad B)$,对其施以初等行变换将矩阵 A 化为单位矩阵 I,则上述初等行变换同时也将其中的 B 矩阵化为 $A^{-1}B$,即

$$(A \quad B) \xrightarrow{\text{初等行变换}} (I \quad A^{-1}B)$$

这样就得到了用初等行变换求解矩阵方程 $AX = B$ 的方法.

同理,求解矩阵方程 $XA = B$,相当于计算 $X = BA^{-1}$,亦可利用初等列变换求矩阵 BA^{-1},即

$$\begin{pmatrix} A \\ B \end{pmatrix} \xrightarrow{\text{初等列变换}} \begin{pmatrix} I \\ BA^{-1} \end{pmatrix}$$

【例5】 求矩阵方程 $AX = B$ 的解,其中

$$A = \begin{pmatrix} 0 & 1 & -1 \\ 1 & 1 & 2 \\ 0 & -1 & 0 \end{pmatrix}, B = \begin{pmatrix} -2 & 0 \\ -3 & 2 \\ 3 & -1 \end{pmatrix}.$$

解法一 因为 $|A| = \begin{vmatrix} 0 & 1 & -1 \\ 1 & 1 & 2 \\ 0 & -1 & 0 \end{vmatrix} = 1 \neq 0$,所以 A 可逆.

先求 A^{-1},

$$(A \quad I) = \begin{pmatrix} 0 & 1 & -1 & 1 & 0 & 0 \\ 1 & 1 & 2 & 0 & 1 & 0 \\ 0 & -1 & 0 & 0 & 0 & 1 \end{pmatrix} \xrightarrow{r_1 \leftrightarrow r_2} \begin{pmatrix} 1 & 1 & 2 & 0 & 1 & 0 \\ 0 & 1 & -1 & 1 & 0 & 0 \\ 0 & -1 & 0 & 0 & 0 & 1 \end{pmatrix}$$

$$\xrightarrow[r_2 + r_3]{r_1 + r_3} \begin{pmatrix} 1 & 0 & 2 & 0 & 1 & 1 \\ 0 & 0 & -1 & 1 & 0 & 1 \\ 0 & -1 & 0 & 0 & 0 & 1 \end{pmatrix} \xrightarrow{r_2 \leftrightarrow r_3} \begin{pmatrix} 1 & 0 & 2 & 0 & 1 & 1 \\ 0 & -1 & 0 & 0 & 0 & 1 \\ 0 & 0 & -1 & 1 & 0 & 1 \end{pmatrix}$$

$$\xrightarrow[r_3 \times (-1)]{r_2 \times (-1)} \begin{pmatrix} 1 & 0 & 0 & 2 & 1 & 3 \\ 0 & 1 & 0 & 0 & 0 & -1 \\ 0 & 0 & 1 & -1 & 0 & -1 \end{pmatrix}$$

可得:$A^{-1} = \begin{pmatrix} 2 & 1 & 3 \\ 0 & 0 & -1 \\ -1 & 0 & -1 \end{pmatrix}$

所以 $X = A^{-1}B = \begin{pmatrix} 2 & 1 & 3 \\ 0 & 0 & -1 \\ -1 & 0 & -1 \end{pmatrix} \begin{pmatrix} -2 & 0 \\ -3 & 2 \\ 3 & -1 \end{pmatrix} = \begin{pmatrix} 2 & -1 \\ -3 & 1 \\ -1 & 1 \end{pmatrix}$.

解法二:

$$(A \quad B) = \begin{pmatrix} 0 & 1 & -1 & -2 & 0 \\ 1 & 1 & 2 & -3 & 2 \\ 0 & -1 & 0 & 3 & -1 \end{pmatrix} \xrightarrow{r_1 \leftrightarrow r_2} \begin{pmatrix} 1 & 1 & 2 & -3 & 2 \\ 0 & 1 & -1 & -2 & 0 \\ 0 & -1 & 0 & 3 & -1 \end{pmatrix}$$

$$\xrightarrow[r_2 + r_3]{r_1 + r_3} \begin{pmatrix} 1 & 0 & 0 & 2 & -1 \\ 0 & 1 & 0 & -3 & 1 \\ 0 & 0 & -1 & 1 & -1 \end{pmatrix}$$

$$\xrightarrow{r_3 \times (-1)} \begin{pmatrix} 1 & 0 & 0 & 2 & -1 \\ 0 & 1 & 0 & -3 & 1 \\ 0 & 0 & 1 & -1 & 1 \end{pmatrix}$$

得矩阵方程的解 $\quad X = A^{-1}B = \begin{pmatrix} 2 & -1 \\ -3 & 1 \\ -1 & 1 \end{pmatrix}.$

习题 2-6

1. 设 $\begin{pmatrix} 0 & 1 & 0 \\ 1 & 0 & 0 \\ 0 & 0 & 1 \end{pmatrix} A \begin{pmatrix} 1 & 0 & 1 \\ 0 & 1 & 0 \\ 0 & 0 & 1 \end{pmatrix} = \begin{pmatrix} 1 & 2 & 3 \\ 4 & 5 & 6 \\ 7 & 8 & 9 \end{pmatrix}$,求 A.

2. 用初等变换把下列矩阵化为标准形矩阵 $\begin{pmatrix} I_r & O \\ O & O \end{pmatrix}.$

(1) $\begin{pmatrix} 1 & -1 & 2 \\ 3 & 2 & 1 \\ 1 & -2 & 0 \end{pmatrix}$
(2) $\begin{pmatrix} 1 & -1 & 2 \\ 3 & -3 & 1 \\ -2 & 2 & -4 \end{pmatrix}$

(3) $\begin{pmatrix} 1 & -1 & 2 \\ 3 & -3 & 1 \end{pmatrix}$
(4) $\begin{pmatrix} 1 & 0 & 2 & -1 \\ 2 & 0 & 3 & 1 \\ 3 & 0 & 4 & -3 \end{pmatrix}$

3. 用初等变换法判断下列矩阵是否可逆,如可逆,求其逆矩阵.

(1) $\begin{pmatrix} 1 & 0 & 0 \\ 1 & 2 & 0 \\ 1 & 2 & 3 \end{pmatrix}$
(2) $\begin{pmatrix} 2 & 2 & -1 \\ 1 & -2 & 4 \\ 5 & 8 & 2 \end{pmatrix}$

(3) $\begin{pmatrix} 1 & 1 & 1 & 1 \\ -1 & 1 & 1 & 1 \\ -1 & -1 & 1 & 1 \\ -1 & -1 & -1 & 1 \end{pmatrix}$
(4) $\begin{pmatrix} 1 & 0 & 3 & 1 \\ 0 & 1 & 6 & 2 \\ 0 & 0 & 3 & 1 \\ 1 & -1 & 0 & 0 \end{pmatrix}$

4. 解下列矩阵方程.

(1) 设 $A = \begin{pmatrix} 4 & 1 & -2 \\ 2 & 2 & 1 \\ 3 & 1 & -1 \end{pmatrix}$,$B = \begin{pmatrix} 1 & -3 \\ 2 & 2 \\ 3 & -1 \end{pmatrix}$,且 $AX = B$,求 X.

(2)设 $A = \begin{pmatrix} 1 & -1 & 0 \\ 0 & 1 & -1 \\ -1 & 0 & 1 \end{pmatrix}$，$AX = 2X + A$，求 X.

第七节 矩阵的秩

矩阵的秩是讨论线性方程组解的存在性和向量组的线性相关性等问题的重要工具.在本节中,我们将利用行列式来定义矩阵的秩,并给出求矩阵的秩的方法.

矩阵的秩

定义 2.19 设 A 是一个 $m \times n$ 矩阵,在 A 中任取 k 行和 k 列($k \leqslant$ $\min\{m, n\}$),位于这 k 行和 k 列交叉处的元素组成的 k 阶行列式,称为矩阵 A 的一个 k 阶子式.

例如设矩阵 $A = \begin{pmatrix} 2 & 1 & 0 & 4 \\ -1 & 0 & 2 & -3 \\ 1 & 3 & 0 & 5 \end{pmatrix}$,矩阵 A 中第一、三行与第一、四列交叉处的元素构成的二阶子式为 $\begin{vmatrix} 2 & 4 \\ 1 & 5 \end{vmatrix}$;取 A 中的第一、二、三行与第一、三、四列交叉处的元素构成一个三阶子式 $\begin{vmatrix} 2 & 0 & 4 \\ -1 & 2 & -3 \\ 1 & 0 & 5 \end{vmatrix}$.

设 A 是一个 $m \times n$ 矩阵,当 $A = O$ 时,它的任何子式都为零;当 $A \neq O$ 时,它至少有一个元素不为零,则它至少有一个一阶子式不为零.再考察二阶子式,若 A 中有一个二阶子式不为零,则往下考察三阶子式,如此进行下去,最后必达到 A 中有 r 阶子式不为零,而再没有比 r 更高阶的不为零的子式. 这个不为零的子式的最高阶数 r 反映了矩阵 A 内在的重要特征,在矩阵的理论与应用中都有重要意义.

定义 2.20 设 A 是一个 $m \times n$ 矩阵,如果存在 A 的 r 阶子式不为零,而任何 $r + 1$ 阶子式(如果存在的话)皆为零,则称数 r 为矩阵 A 的秩,记为 $r(A) = r$.

当 $A = 0$ 时,规定零矩阵的秩为零,即 $r(A) = 0$.

上述例子中,矩阵 $A = \begin{pmatrix} 2 & 1 & 0 & 4 \\ -1 & 0 & 2 & -3 \\ 1 & 3 & 0 & 5 \end{pmatrix}$, A 中有二阶子式 $\begin{vmatrix} 2 & 1 \\ -1 & 0 \end{vmatrix} = 1 \neq 0$, A 中有三阶子式 $\begin{vmatrix} 2 & 1 & 0 \\ -1 & 0 & 2 \\ 1 & 3 & 0 \end{vmatrix} = -10 \neq 0$,所以 $r(A) = 3$.

【例1】 求矩阵 $B = \begin{pmatrix} 2 & 1 & 0 & 4 \\ -1 & 1 & 2 & -3 \\ -2 & -1 & 0 & -4 \end{pmatrix}$ 的秩.

解　因为 B 中有二阶子式 $\begin{vmatrix} 2 & 1 \\ -1 & 1 \end{vmatrix} = 3 \neq 0$，但是它的任何三阶子式皆为零，即不为零的子式的最高阶数为 2，故 $r(B) = 2$.

【例2】　设 $A = \begin{pmatrix} a_1 & a_2 & a_3 & a_4 & a_5 \\ 0 & b_2 & b_3 & b_4 & b_5 \\ 0 & 0 & 0 & c_4 & c_5 \\ 0 & 0 & 0 & 0 & 0 \end{pmatrix}$，其中 $a_1 \neq 0, b_2 \neq 0, c_4 \neq 0$.

解　因 A 中只有三个非零行，所以 A 的任意一个四阶子式都有一行为零，于是所有四阶子式均等于零. 而三阶子式 $\begin{vmatrix} a_1 & a_2 & a_4 \\ 0 & b_2 & b_4 \\ 0 & 0 & c_4 \end{vmatrix} = a_1 b_2 c_4 \neq 0$，

所以 $r(A) = 3$.

注意：　（1）当 $A = O$ 时，规定零矩阵的秩为零，即 $r(A) = 0$；

（2）若 A 为 $m \times n$ 矩阵，则 $0 \leqslant r(A) \leqslant \min\{m, n\}$；

（3）当 A 为 n 阶矩阵，且 $r(A) = n$ 时，称矩阵 A 为满秩矩阵；

（4）$r(A^T) = r(A)$．

比如 $A = \begin{pmatrix} 1 & 2 & 0 \\ 2 & 0 & 1 \\ 1 & 1 & 0 \end{pmatrix}$，$r(A) = 3$，所以 A 为满秩矩阵.

由上面的例题可知，当矩阵的行数与列数比较大时，利用定义求矩阵的秩非常麻烦，下面介绍用初等变换的方法求矩阵的秩.

定理 2.5　矩阵经初等变换后，其秩不变.

证明　只证经过一次初等行变换后，矩阵的秩不变.

设 $A_{m \times n}$ 经过初等变换变为 $B_{m \times n}$，且 $r(A) = r_1, r(B) = r_2$.

当对 A 施以交换两行的变换时，矩阵 B 中任何 $r_1 + 1$ 阶子式等于 c 乘以 A 的某个 $r_1 + 1$ 阶子式（其中 $c = \pm 1$）. 因为 A 的任何 $r_1 + 1$ 阶子式皆为零，所以 B 的任何 $r_1 + 1$ 阶子式也等于零.

当对 A 施以某非零数乘以某一行的变换时，矩阵 B 中任何 $r_1 + 1$ 阶子式等于非零数 c 乘以 A 的某个 $r_1 + 1$ 阶子式（其中 $c = 1$ 或其他非零数）. 因为 A 的任何 $r_1 + 1$ 阶子式皆为零，所以 B 的任何 $r_1 + 1$ 阶子式也等于零.

当对 A 施以第 i 行乘以 k 倍加至第 j 行的变换时，对于矩阵 B 的任意一个 $r_1 + 1$ 阶子式 $|B_1|$，如果它不含矩阵 B 的第 j 行或既含矩阵 B 的第 i 行又含第 j 行，则它等于矩阵 A 的一个 $r_1 + 1$ 阶子式；如果 $|B_1|$ 含矩阵 B 的第 j 行但不含第 i 行，则

$|B_1| = |A_1| + k|A_2|$，其中 A_1, A_2 是 A 中的两个 $r_1 + 1$ 阶子式. 由 A 的任何 $r_1 + 1$ 阶子式均为零，可知 B 的任何 $r_1 + 1$ 阶子式也全为零.

由以上分析可知，对矩阵 A 施以一次初等行变换得到矩阵 B 时，有 $r_2 < r_1 + 1$，即 $r_2 \leqslant r_1$.

矩阵 A 施以某种初等行变换得到矩阵 B，矩阵 B 也可以经过某种初等行变换得到

A ,因此又有 $r_1 \leqslant r_2$.

所以 $r_1 = r_2$.

同理可得,经过一次初等列变换后,矩阵的秩也不变.

因此,对矩阵 A 每做一次初等变换所得矩阵的秩与 A 的秩相同,因而对矩阵 A 作有限次初等变换所得矩阵的秩仍然等于 A 的秩.

于是我们得到一个用初等变换求矩阵秩的方法:为求矩阵 A 的秩,先将其化为阶梯形矩阵,则秩 $r(A)$ 等于阶梯形矩阵非零行的行数.

【例3】 求矩阵 $A = \begin{pmatrix} 1 & -1 & 1 & 2 \\ 2 & 1 & 1 & 3 \\ 1 & 2 & 4 & 2 \end{pmatrix}$ 的秩.

解 $A = \begin{pmatrix} 1 & -1 & 1 & 2 \\ 2 & 1 & 1 & 3 \\ 1 & 2 & 4 & 2 \end{pmatrix} \xrightarrow[r_3 - r_1]{r_2 - 2r_1} \begin{pmatrix} 1 & -1 & 1 & 2 \\ 0 & 3 & -1 & 1 \\ 0 & 3 & 3 & 0 \end{pmatrix}$

$\xrightarrow{r_3 - r_2} \begin{pmatrix} 1 & -1 & 1 & 2 \\ 0 & 3 & -1 & 1 \\ 0 & 0 & 4 & -1 \end{pmatrix}$

所以 $r(A) = 3$.

【例4】 设 $B = \begin{pmatrix} 1 & 3 & -1 & -2 \\ 2 & -1 & 2 & 3 \\ 3 & 2 & 1 & 1 \\ 1 & -4 & 3 & 5 \end{pmatrix}$,求 $r(B)$.

解

$B = \begin{pmatrix} 1 & 3 & -1 & -2 \\ 2 & -1 & 2 & 3 \\ 3 & 2 & 1 & 1 \\ 1 & -4 & 3 & 5 \end{pmatrix} \xrightarrow[\substack{r_3 - 3r_1 \\ r_4 - r_1}]{r_2 - 2r_1} \begin{pmatrix} 1 & 3 & -1 & -2 \\ 0 & -7 & 4 & 7 \\ 0 & -7 & 4 & -7 \\ 0 & -7 & 4 & -7 \end{pmatrix}$

$\xrightarrow[r_4 - r_2]{r_3 - r_2} \begin{pmatrix} 1 & 3 & -1 & -2 \\ 0 & -7 & 4 & 7 \\ 0 & 0 & 0 & 0 \\ 0 & 0 & 0 & 0 \end{pmatrix}$

所以 $r(B) = 2$.

【例5】 设 A 为 n 阶非奇异矩阵,B 是一个 $n \times m$ 矩阵.试证 $r(AB) = r(A)$.

证明 因为 A 为 n 阶非奇异矩阵,故 A 可以表示成若干个初等矩阵的乘积,

$$A = P_1 P_2 \cdots P_s$$

其中 $P_i (i = 1, 2, \cdots, s)$ 皆为初等矩阵. 则有

$$AB = P_1 P_2 \cdots P_s B,$$

即 AB 是 B 经过 s 次初等行变换后得到的,因而 $r(AB) = r(A)$.

由矩阵的秩及 n 阶矩阵满秩的定义,显然,如果一个 n 阶矩阵 A 满秩,则 $|A| \neq 0$,因而 A 可逆;反之亦然.所以 A 可逆的充分必要条件是 A 满秩 .

习题 2-7

1. 设矩阵 $A = \begin{pmatrix} 3 & -5 & 6 & -2 \\ 2 & -1 & 3 & -2 \\ -1 & -4 & 3 & 0 \end{pmatrix}$，试计算 A 的全部三阶子式，并求 A 的秩.

2. 设 A 为 $m \times n$ 矩阵，b 为 $m \times 1$ 矩阵，试说明 $r(A)$ 与 $r(Ab)$ 的大小关系.

3. 求下列矩阵的秩.

(1) $\begin{pmatrix} 1 & 2 & 3 & 4 \\ 1 & -2 & 4 & 5 \\ 1 & 10 & 1 & 2 \end{pmatrix}$ 　　　　(2) $\begin{pmatrix} 1 & -1 & 2 & 1 & 0 \\ 2 & -2 & 4 & 2 & 0 \\ 3 & 0 & 6 & -1 & 1 \\ 0 & 3 & 0 & 0 & 1 \end{pmatrix}$

(3) $\begin{pmatrix} 3 & 2 & -1 & -3 & -2 \\ 2 & -1 & 3 & 1 & -3 \\ 7 & 0 & 5 & -1 & -8 \end{pmatrix}$ 　　(4) $\begin{pmatrix} 1 & 0 & 0 & 1 & 4 \\ 0 & 1 & 0 & 2 & 5 \\ 0 & 0 & 1 & 3 & 6 \\ 1 & 2 & 3 & 14 & 32 \\ 4 & 5 & 6 & 32 & 77 \end{pmatrix}$

4. 已知矩阵 $A = \begin{pmatrix} 1 & 1 & 1 \\ 1 & 2 & 1 \\ 2 & 3 & \lambda+1 \end{pmatrix}$ 的秩 $r(A) = 2$，求 λ.

5. 已知矩阵 $A = \begin{pmatrix} 1 & 1 & 1 \\ 1 & 1 & 2 \\ a+1 & 2 & 3 \end{pmatrix}$，问 a 为何值时，$r(A) = 2$；a 为何值时，$r(A) = 3$.

总习题二

1. 设 $A = \begin{pmatrix} 1 & 2 & 1 & 2 \\ 2 & 1 & 2 & 1 \\ 1 & 2 & 3 & 4 \end{pmatrix}$，$B = \begin{pmatrix} 4 & 3 & 2 & 1 \\ -2 & 1 & -2 & 1 \\ 0 & -1 & 0 & -1 \end{pmatrix}$，

(1) 求 $3A - B$；

(2) 求 $2A + 3B$；

(3) 若 X 满足 $A + X = B$，求 X；

(4) 若 Y 满足 $(2A - Y) + 2(B - Y) = 0$，求 Y.

2. 设 $A = \begin{pmatrix} x & 0 \\ 7 & y \end{pmatrix}$，$B = \begin{pmatrix} u & v \\ y & 2 \end{pmatrix}$，$C = \begin{pmatrix} 3 & -4 \\ x & v \end{pmatrix}$，且 $A + 2B - C = 0$，求 x, y, u, v 的值.

3. 设 $A = \begin{pmatrix} 1 & 0 \\ 2 & 1 \end{pmatrix}$，$B = \begin{pmatrix} 1 & 1 \\ 3 & 0 \end{pmatrix}$，$C = \begin{pmatrix} -1 & 0 \\ 1 & -1 \end{pmatrix}$，$I = \begin{pmatrix} 1 & 0 \\ 0 & 1 \end{pmatrix}$，且 $aA + bB + cC = I$，求 a, b, c 的值.

4. 设 A, B 均为 n 阶方阵，证明 $(A+B)(A-B) = A^2 - B^2$ 的充要条件是 $AB = BA$.

5. 设 A,B 为 n 阶矩阵,且 A 为对称矩阵,证明 $B^T AB$ 也是对称矩阵.

6. 已知 A 与 B 及 A 与 C 都可交换,证明 A,B,C 都是同阶矩阵,且 A 与 BC 可交换.

7. 设 A 为 n 阶矩阵,n 为奇数,且 $AA^T = I$,$|A| = 1$,求 $|A - I_n|$.

8. 已知 $A = \begin{pmatrix} 1 & 1 & 1 \\ 2 & 2 & 2 \\ 3 & 3 & 3 \end{pmatrix}$,求 A^2, A^4, A^{100}.

9. 已知 $A = \begin{pmatrix} -1 & 1 & 1 & -1 \\ 1 & -1 & -1 & 1 \\ 1 & -1 & -1 & 1 \\ -1 & 1 & 1 & -1 \end{pmatrix}$,求 A^6.

10. 设 $A = \begin{pmatrix} 1 & 0 & 1 \\ 0 & 2 & 0 \\ 1 & 0 & 1 \end{pmatrix}$,正整数,求 $n \geq 2$,求 $A^n - 2A^{n-1}$.

11. 设 A 为 n 阶矩阵,若已知 $|A| = m$,求 $|2|A|A^T|$.

12. 设方阵 A 满足 $A^2 - A - 2I = O$,证明 A 及 $A + 2I$ 都可逆.

13. 设 $A = \dfrac{1}{2}\begin{pmatrix} 0 & 0 & 2 \\ 1 & 3 & 0 \\ 2 & 5 & 0 \end{pmatrix}$,则 $A^{-1} = $ _____.

14. 设 $A = \begin{pmatrix} 1 & 1 & -1 \\ 2 & 1 & 0 \\ 1 & -1 & 0 \end{pmatrix}$,试用伴随矩阵法求 A^{-1}.

15. 设 $AP = PB$,其中 $B = \begin{pmatrix} 1 & 0 & 0 \\ 0 & 0 & 0 \\ 0 & 0 & -1 \end{pmatrix}$,$P = \begin{pmatrix} 1 & 0 & 0 \\ 2 & -1 & 0 \\ 2 & 1 & 1 \end{pmatrix}$,求 A^{99}.

16. 设 n 阶矩阵 A 的伴随矩阵为 A^*,证明:
(1) 若 $|A| = 0$,则 $|A^*| = 0$;　(2) $|A^*| = |A|^{n-1}$.

17. 若三阶矩阵 A 的伴随矩阵为 A^*,已知 $|A| = \dfrac{1}{2}$,求 $|(3A)^{-1} - 2A^*|$.

18. 设 A,B 为三阶矩阵,且 $|A| = 2$,$|B| = 3$,求 $|-2(A^T B^{-1})^{-1}|$.

19. 设 A,B,C 为同阶方阵,且 C 为非奇异,满足 $B = C^{-1}AC$,求证:$B^m = C^{-1}A^m C$(m 为正整数).

20. 用分块矩阵求下列矩阵的逆矩阵.

(1) $\begin{pmatrix} 1 & 0 & 0 & 0 & 0 \\ 0 & 1 & 0 & 0 & 0 \\ 0 & 0 & 1 & 0 & 0 \\ 0 & 0 & 0 & 2 & 1 \\ 0 & 0 & 0 & 5 & 3 \end{pmatrix}$ 　(2) $\begin{pmatrix} 1 & 1 & 0 & 0 & 0 \\ -1 & 3 & 0 & 0 & 0 \\ 0 & 0 & -2 & 0 & 0 \\ 0 & 0 & 0 & 1 & 2 \\ 0 & 0 & 0 & 0 & 1 \end{pmatrix}$

$$(3) \begin{pmatrix} 0 & 0 & 0 & 4 & 4 \\ 0 & 0 & 0 & 7 & 8 \\ 1 & 1 & 1 & 0 & 0 \\ 0 & 1 & 1 & 0 & 0 \\ 0 & 0 & 1 & 0 & 0 \end{pmatrix}$$

21. 设 $A = \begin{pmatrix} 3 & 0 & 1 \\ 1 & 1 & 0 \\ 0 & 1 & 4 \end{pmatrix}$,且满足 $AB = A + 2B$,求矩阵 B .

22. 用初等变换求下列矩阵的秩.

$$(1) \begin{pmatrix} 0 & 1 & 1 & -1 & 2 \\ 0 & 2 & 2 & 2 & 0 \\ 0 & -1 & -1 & 1 & 1 \\ 1 & 1 & 0 & 0 & -1 \end{pmatrix} \qquad (2) \begin{pmatrix} 14 & 12 & 6 & 8 & 2 \\ 6 & 104 & 21 & 9 & 17 \\ 7 & 6 & 3 & 4 & 1 \\ 35 & 30 & 15 & 20 & 4 \end{pmatrix}$$

23. 用初等变换求下列矩阵的逆矩阵.

$$(1) \begin{pmatrix} 2 & 3 & 1 \\ 1 & 2 & 0 \\ -1 & 2 & -2 \end{pmatrix} \qquad (2) \begin{pmatrix} 3 & -2 & 0 & -1 \\ 0 & 2 & 2 & 1 \\ 1 & -2 & -3 & -2 \\ 0 & 1 & 2 & 1 \end{pmatrix}$$

24. 设 $A = \begin{pmatrix} 1 & -1 & 2 & 1 \\ -1 & a & 2 & 1 \\ 3 & 1 & b & -1 \end{pmatrix}$, $r(A) = 2$,求 a, b 的值.

【人文数学】

中国数学家陈省身简介

在国门初开的年代,数学家华罗庚、陈景润是我们心目中的英雄,家喻户晓.虽然那时陈省身早已在国际数学界声名鹊起,却不为国人所知.有人根据狄多涅的《纯粹数学全貌》和《岩波数学百科全书》、苏联出版的《数学百科全书》综合量化分析得出二十世纪数学家排名,陈省身先生排在第 31 位,华罗庚排在第 90 位,陈景润进入前 1 500 名.陈省身在整体微分几何上的卓越成就,影响了整个数学的发展,被杨振宁誉为继欧几里得、高斯、黎曼、嘉当之后又一里程碑式的人物.也许你没有听说过他,因为他很长时间都在美国工作,但中国数学界是知道的,因为他早已蜚声海内外.

1926 年,陈省身进入南开大学数学系,8 年后的夏天毕业于清华大学研究院,获硕士学位,成为中国本土培养的第一位数学研究生.

1934 年 9 月,陈省身来到汉堡大学学习德语,等待 11 月开学.开学之前,布莱希特(汉堡大学数学教授)给陈省身几篇自己新写的论文复印件,陈省身在仔细阅读后,发现在一篇论文中存在一个漏洞.布莱希特很高兴,并让他设法补正.一个月后,陈省身不仅补齐了证明,还扩展了布莱希特的定理.他在汉堡大学的第一篇论文就这样发表在汉堡大学的数学杂志上.不仅如此,陈省身的博士论文在他到汉堡大学一年之内就完成了.

1937 年陈省身回到国内,正值抗日战争爆发,战争几乎影响和改变了每个人的命运,却没有影响陈省身在数学方面的发展.陈省身随西南联大南迁."设备图书什么都没有,条件差,也没房子,记得我和华罗庚、王信忠先生挤在一个房间,因为地方小,连箱子里的一点书都不方便拿出来.但就是在这样的环境里,也能做出成绩来."幸运的是,嘉当时常从巴黎给陈省身寄来前沿的论文资料,让他可以继续研读.

陈省身在昆明的煤油灯下写出的两篇文章,发表在普林斯顿大学高级研究所合办的刊物《数学纪事》上,数学家外尔和韦伊认为陈省身的研究工作达到了"优异数学水准",遂极力促成陈省身来普林斯顿.他们认为陈省身是"迄今所注意到的最有前途的中国数学家".32岁的陈省身在美国普林斯顿大学高级研究所完成了关于高斯-博内公式的简单内蕴证明,这篇论文被誉为数学史上划时代的论文,这是陈省身一生中最重要的数学工作,他后来被国际数学界尊称为"微分几何之父".正当陈省身在普林斯顿取得辉煌研究成果的时候,抗日战争胜利了.他毅然决定回国,离开条件优越的普林斯顿,到清华大学任教,以实现振兴祖国近代数学的夙愿.

他还把自己最出色的学生,如陈永川、张伟平召唤回国,使其成为中国数学界最杰出的新生力量.南开大学为陈省身盖了一幢别致的二层楼房,题名"宁园",供他和夫人回国时居住.从此"宁园"便成了他们在中国的家.一进入宁园,"几何之家"四个大字就映入眼帘,告诉人们这里住的是位数学大师.陈省身自己痴心钻研数学,他迫切地想要让中国成为数学大国.他一再论证,21世纪的中国建成数学大国是有充分理由的:中国人的数学才能无需讨论;数学是一门十分活泼生动的学问,而且很个人化,非常适合中国人.早在20世纪80年代初,他就在国内多所著名大学的讲坛上响亮地提出:"我们的希望是中国在21世纪成为数学大国!"从此,"21世纪时中国要成为数学大国"这个"陈省身猜想"便在数学界广为流传.1998年他再次捐出100万美元建立"陈省身基金",供南开大学数学研究所这个中国数学基地发展使用.

菲尔兹奖得主、华人数学家丘成桐这样评价他的老师:"陈省身是世界上领先的数学家……没有什么障碍可以阻止一个中国人成为世界级的数学家."

第三章

线性方程组

第一节　消元法

本节讨论一般的线性方程组

$$\begin{cases} a_{11}x_1 + a_{12}x_2 + \cdots + a_{1n}x_n = b_1 \\ a_{21}x_1 + a_{22}x_2 + \cdots + a_{2n}x_n = b_2 \\ \quad\quad\quad\cdots \\ a_{m1}x_1 + a_{m2}x_2 + \cdots + a_{mn}x_n = b_m \end{cases} \tag{3.1}$$

线性方程组的
消元解法

其中方程的个数 m 和未知量的个数 n 未必相等, 若 $b_i(i=1,2,\cdots,m)$ 不全为零,则方程组(3.1)为非齐次线性方程组,若 $b_i(i=1,2,\cdots,m)$ 全为零,即

$$\begin{cases} a_{11}x_1 + a_{12}x_2 + \cdots + a_{1n}x_n = 0 \\ a_{21}x_1 + a_{22}x_2 + \cdots + a_{2n}x_n = 0 \\ \quad\quad\quad\cdots \\ a_{m1}x_1 + a_{m2}x_2 + \cdots + a_{mn}x_n = 0 \end{cases} \tag{3.2}$$

则方程组(3.2)为齐次线性方程组.

若 $A = \begin{pmatrix} a_{11} & a_{12} & \cdots & a_{1n} \\ a_{21} & a_{22} & \cdots & a_{2n} \\ \cdots & \cdots & \cdots & \cdots \\ a_{m1} & a_{m2} & \cdots & a_{mn} \end{pmatrix}$, $x = \begin{pmatrix} x_1 \\ x_2 \\ \cdots \\ x_n \end{pmatrix}$, $b = \begin{pmatrix} b_1 \\ b_2 \\ \cdots \\ b_m \end{pmatrix}$

则线性方程组(3.1)的矩阵形式为

$$Ax = b$$

它的增广矩阵 $(A \vdots b) = \begin{pmatrix} a_{11} & a_{12} & \cdots & a_{1n} & \vdots & b_1 \\ a_{21} & a_{22} & \cdots & a_{2n} & \vdots & b_2 \\ \cdots & \cdots & \cdots & \cdots & \vdots & \cdots \\ a_{m1} & a_{m2} & \cdots & a_{mn} & \vdots & b_m \end{pmatrix}$,包含了线性方程组(3.1)的全

部信息,所以线性方程组(3.1)的解可以从增广矩阵获得.

在中学数学中,用消元法来解简单的线性方程组,它也可以用来求解一般的线性方程组(3.1),因为它的增广矩阵一一对应于此线性方程组,故亦可以用其增广矩阵的初等行变换来表示消元法.

【例1】 解线性方程组

$$
\begin{cases} 3x_1 - x_2 + 5x_3 = 2 \\ x_1 - x_2 + 2x_3 = 1 \\ x_1 - 2x_2 - x_3 = 5 \end{cases} \tag{3.3}
$$

解 交换第一、三两个方程的位置,得

$$
\begin{cases} x_1 - 2x_2 - x_3 = 5 \\ x_1 - x_2 + 2x_3 = 1 \\ 3x_1 - x_2 + 5x_3 = 2 \end{cases}
$$

第一个方程乘以(-1)加到第二个方程,第一个方程乘以(-3)加到第三个方程,得

$$
\begin{cases} x_1 - 2x_2 - x_3 = 5 \\ x_2 + 3x_3 = -4 \\ 5x_2 + 8x_3 = -13 \end{cases}
$$

第二个方程乘以(-5)加到第三个方程,得

$$
\begin{cases} x_1 - 2x_2 - x_3 = 5 \\ x_2 + 3x_3 = -4 \\ -7x_3 = 7 \end{cases}
$$

第三个方程乘以(-1/7)得 $x_3 = -1$,再代入第二个方程,求出 $x_2 = -1$,最后求出 $x_1 = 2$.

所以原方程组的解为 $\begin{cases} x_1 = 2 \\ x_2 = -1 \\ x_3 = -1 \end{cases}$

以上的变换过程本质上是对方程组(3.3)的系数和常数进行变换,所以若用增广矩阵来对应方程组(3.3)的以上变换就是对它的增广矩阵进行初等行变换.

$$
\rightarrow \begin{pmatrix} 1 & -2 & -1 & \vdots & 5 \\ 1 & -1 & 2 & \vdots & 1 \\ 3 & -1 & 5 & \vdots & 2 \end{pmatrix}
$$

$$
\rightarrow \begin{pmatrix} 1 & -2 & -1 & \vdots & 5 \\ 0 & 1 & 3 & \vdots & -4 \\ 0 & 0 & -7 & \vdots & 7 \end{pmatrix}
$$

$$\rightarrow \begin{pmatrix} 1 & 0 & 0 & \vdots & 2 \\ 0 & 1 & 0 & \vdots & -1 \\ 0 & 0 & 1 & \vdots & -1 \end{pmatrix}$$

以上每一步的增广矩阵分别对应方程组(3.3)的同解方程组,每一步的初等变换过程分别对应方程组(3.3)的同解变形过程.所以对于一般的线性方程组(3.1)有

定理 3.1 n 元线性方程组 $Ax = b$

(1)有解的充分必要条件是 $r(A) = r(A \vdots b)$,其中有唯一解的充分必要条件是 $r(A) = r(A \vdots b) = n$;有无穷多解的充分必要条件是 $r(A) = r(A \vdots b) < n$;

(2)无解的充分必要条件是 $r(A) < r(A \vdots b)$.

证明 仅就充分性证明.

设 $r(A) = r$, n 元线性方程组 $Ax = b$ 的增广矩阵 $B = (A \vdots b)$ 经过初等变换后可以化为

$$\tilde{B} = \begin{pmatrix} 1 & 0 & \cdots & 0 & b_{11} & \cdots & b_{1,n-r} & d_1 \\ 0 & 1 & \cdots & 0 & b_{21} & \cdots & b_{2,n-r} & d_2 \\ \vdots & \vdots & & \vdots & \vdots & & \vdots & \vdots \\ 0 & 0 & \cdots & 1 & b_{r1} & \cdots & b_{r,n-r} & d_r \\ 0 & 0 & \cdots & 0 & 0 & \cdots & 0 & d_{r+1} \\ 0 & 0 & \cdots & 0 & 0 & \cdots & 0 & 0 \\ \vdots & \vdots & & \vdots & \vdots & & \vdots & \vdots \\ 0 & 0 & \cdots & 0 & 0 & \cdots & 0 & 0 \end{pmatrix}$$

($\tilde{B}$ 称为 B 的行最简形矩阵)

(1)若 $d_{r+1} = 0$,则 $r(A) = r(A \vdots b)$,线性方程组 $Ax = b$ 有解.进一步,若 $r(A) = r(A \vdots b) = n$,线性方程组 $Ax = b$ 有唯一解;若 $r(A) = r(A \vdots b) = r < n$,把行最简形中 r 个非零行的首非零元所对应的未知数取作非自由未知数,其余 $n-r$ 个未知数取作自由未知数,并令自由未知数分别等于 $c_1, c_2, \cdots, c_{n-r}$,由 B 的行最简型矩阵 $\tilde{B}$,即可写出含 $n-r$ 个参数的通解.

(2)若 $d_{r+1} \neq 0$,则 $r(A) \neq r(A \vdots b)$, $\tilde{B}$ 中的第 $r+1$ 行对应的方程是 $0 = d_{r+1}$,矛盾,故 $Ax = b$ 无解.

【例 2】 解线性方程组

$$\begin{cases} x_1 + 5x_2 - x_3 - x_4 = -1 \\ x_1 - 2x_2 + x_3 + 3x_4 = 3 \\ 3x_1 + 8x_2 - x_3 + x_4 = 1 \\ x_1 - 9x_2 + 3x_3 + 7x_4 = 7 \end{cases}$$

解 对方程组的增广矩阵 $(A \vdots b)$ 施以初等行变换,化为阶梯型矩阵

$$(A \vdots b) = \begin{pmatrix} 1 & 5 & -1 & -1 & -1 \\ 1 & -2 & 1 & 3 & 3 \\ 3 & 8 & -1 & 1 & 1 \\ 1 & -9 & 3 & 7 & 7 \end{pmatrix}$$

$$\rightarrow \begin{pmatrix} 1 & 5 & -1 & -1 & -1 \\ 0 & -7 & 2 & 4 & 4 \\ 0 & -7 & 2 & 4 & 4 \\ 0 & -14 & 4 & 8 & 8 \end{pmatrix}$$

$$\rightarrow \begin{pmatrix} 1 & 5 & -1 & -1 & -1 \\ 0 & -7 & 2 & 4 & 4 \\ 0 & 0 & 0 & 0 & 0 \\ 0 & 0 & 0 & 0 & 0 \end{pmatrix}$$

$$\rightarrow \begin{pmatrix} 1 & 5 & -1 & -1 & -1 \\ 0 & 1 & -\dfrac{2}{7} & -\dfrac{4}{7} & -\dfrac{4}{7} \\ 0 & 0 & 0 & 0 & 0 \\ 0 & 0 & 0 & 0 & 0 \end{pmatrix}$$

由此,可以看到 $r(A) = r(A \vdots b) = 2 < 4$,所以方程组有无穷多解.进一步将 $(A \vdots b)$ 化为行最简形

$$(A \vdots b) \rightarrow \begin{pmatrix} 1 & 0 & \dfrac{3}{7} & \dfrac{13}{7} & \dfrac{13}{7} \\ 0 & 1 & -\dfrac{2}{7} & -\dfrac{4}{7} & -\dfrac{4}{7} \\ 0 & 0 & 0 & 0 & 0 \\ 0 & 0 & 0 & 0 & 0 \end{pmatrix}$$

取 x_3, x_4 为自由未知量,则方程组的全部解为

$$\begin{cases} x_1 = \dfrac{13}{7} - \dfrac{3}{7}c_1 - \dfrac{13}{7}c_2 \\ x_2 = -\dfrac{4}{7} + \dfrac{2}{7}c_1 + \dfrac{4}{7}c_2 \quad (\text{其中 } c_1, c_2 \text{ 为任意常数}) \\ x_3 = c_1 \\ x_4 = c_2 \end{cases}$$

【例3】 当 a, b 为何值时,线性方程组

$$\begin{cases} x_1 + x_2 + x_3 + x_4 = 1 \\ x_2 - x_3 + 2x_4 = 1 \\ 2x_1 + 3x_2 + ax_3 + 4x_4 = b \\ 3x_1 + 5x_2 + x_3 + (a+6)x_4 = 5 \end{cases}$$

无解?有唯一解?有无穷多解?在方程组有无穷多解时,求出方程组的全部解.

解 对方程组的增广矩阵 $(A \vdots b)$ 施以初等行变换,化为阶梯型矩阵

$$(A \vdots b) = \begin{pmatrix} 1 & 1 & 1 & 1 & \vdots & 1 \\ 0 & 1 & -1 & 2 & \vdots & 1 \\ 2 & 3 & a & 4 & \vdots & b \\ 3 & 5 & 1 & a+6 & \vdots & 5 \end{pmatrix} \rightarrow \begin{pmatrix} 1 & 1 & 1 & 1 & \vdots & 1 \\ 0 & 1 & -1 & 2 & \vdots & 1 \\ 0 & 1 & a-2 & 2 & \vdots & b-2 \\ 0 & 2 & -2 & a+3 & \vdots & 2 \end{pmatrix}$$

$$\rightarrow \begin{pmatrix} 1 & 1 & 1 & 1 & \vdots & 1 \\ 0 & 1 & -1 & 2 & \vdots & 1 \\ 0 & 0 & a-1 & 0 & \vdots & b-3 \\ 0 & 0 & 0 & a-1 & \vdots & 0 \end{pmatrix}$$

由阶梯型矩阵可知：

当 $a = 1, b \neq 3$ 时，$r(A) = 2 \neq r(A \vdots b) = 3$，故方程组无解.

当 $a \neq 1, b$ 为任意实数时，$r(A) = r(A \vdots b) = 4$，故方程组有唯一解.

当 $a = 1, b = 3$ 时，$r(A) = r(A \vdots b) = 2 < 4$，故方程组有无穷多解，此时将阶梯型矩阵继续化为行最简形矩阵

$$\rightarrow \begin{pmatrix} 1 & 0 & 2 & -1 & \vdots & 0 \\ 0 & 1 & -1 & 2 & \vdots & 1 \\ 0 & 0 & 0 & 0 & \vdots & 0 \\ 0 & 0 & 0 & 0 & \vdots & 0 \end{pmatrix}$$

取 x_3, x_4 为自由未知量，则方程组的全部解为

$$\begin{cases} x_1 = -2c_1 + c_2 \\ x_2 = 1 + c_1 - 2c_2 \\ x_3 = c_1 \\ x_4 = c_2 \end{cases} \quad (\text{其中} c_1, c_2 \text{为任意常数})$$

对于齐次线性方程组

$$\begin{cases} a_{11}x_1 + a_{12}x_2 + \cdots + a_{1n}x_n = 0 \\ a_{21}x_1 + a_{22}x_2 + \cdots + a_{2n}x_n = 0 \\ \cdots \\ a_{m1}x_1 + a_{m2}x_2 + \cdots + a_{mn}x_n = 0 \end{cases} \quad (3.2)$$

因为 $r(A) = r(A \vdots 0)$ 总是成立的，所以齐次线性方程组(3.2)总是有解的，进一步可得定理 3.2.

定理 3.2 n 元齐次线性方程组 $Ax = 0$

(1)只有零解的充分必要条件是 $r(A) = n$；

(2)有非零解的充分必要条件是 $r(A) < n$.

推论 1 对于齐次线性方程组(3.2)，若 $m < n$，则其必有非零解.

推论 2 对于齐次线性方程组(3.2)，若 $m = n$，则其有非零解的充分必要条件是 $|A| = 0$.

【例4】 解线性方程组

$$\begin{cases} x_1 + x_2 + x_3 + x_4 = 0 \\ 3x_1 + 2x_2 + x_3 + x_4 = 0 \\ x_2 + 2x_3 + 2x_4 = 0 \\ 5x_1 + 4x_2 + 3x_3 + 3x_4 = 0 \end{cases}$$

解 对方程组的系数矩阵 A 施以初等行变换化为阶梯型矩阵，再化为行最简形

$$A = \begin{pmatrix} 1 & 1 & 1 & 1 \\ 3 & 2 & 1 & 1 \\ 0 & 1 & 2 & 2 \\ 5 & 4 & 3 & 3 \end{pmatrix} \rightarrow \begin{pmatrix} 1 & 1 & 1 & 1 \\ 0 & -1 & -2 & -2 \\ 0 & 1 & 2 & 2 \\ 0 & -1 & -2 & -2 \end{pmatrix} \rightarrow \begin{pmatrix} 1 & 1 & 1 & 1 \\ 0 & 1 & 2 & 2 \\ 0 & 0 & 0 & 0 \\ 0 & 0 & 0 & 0 \end{pmatrix} \rightarrow \begin{pmatrix} 1 & 0 & -1 & -1 \\ 0 & 1 & 2 & 2 \\ 0 & 0 & 0 & 0 \\ 0 & 0 & 0 & 0 \end{pmatrix}$$

这时,可以看到 $r(A) = 2 < n = 4$,故方程组有非零解,取 x_3, x_4 为自由未知量,则方程组的全部解为

$$\begin{cases} x_1 = c_1 + c_2 \\ x_2 = -2c_1 - 2c_2 \\ x_3 = c_1 \\ x_4 = c_2 \end{cases} \text{(其中 } c_1, c_2 \text{ 为任意常数)}$$

习题 3-1

1. 设 A 是 $m \times n$ 矩阵, $Ax = b$ 有解,则( ).

A. 当 $Ax = b$ 有唯一解时, $m = n$

B. 当 $Ax = b$ 有无穷多解时, $r(A) < m$

C. 当 $Ax = b$ 有唯一解时, $r(A) = n$

D. 当 $Ax = b$ 有无穷多解时, $Ax = 0$ 只有零解

2. 设 A 是 $m \times n$ 矩阵,如果 $m < n$,则( ).

A. $Ax = b$ 有无穷多解 B. $Ax = b$ 有唯一解

C. $Ax = 0$ 必有非零解 D. $Ax = 0$ 必有唯一解

3. 设 A 是 $m \times n$ 矩阵,齐次线性方程组 $Ax = 0$ 只有零解的充要条件是 $r(A)$ 满足( ).

A. 小于 m B. 小于 n C. 等于 m D. 等于 n

4. 用消元法解下列线性方程组.

(1) $\begin{cases} x_1 + x_2 + 2x_3 + x_4 = 1 \\ x_2 + x_3 - 4x_4 = 1 \\ x_1 + 2x_2 + 3x_3 - x_4 = 4 \\ 2x_1 + 3x_2 - x_3 - x_4 = -6 \end{cases}$

(2) $\begin{cases} x_1 - x_2 + 4x_3 - 2x_4 = 0 \\ x_1 - x_2 - x_3 + 2x_4 = 0 \\ 3x_1 + x_2 + 7x_3 - 2x_4 = 0 \\ x_1 - 3x_2 - 12x_3 + 6x_4 = 0 \end{cases}$

第二节　n 维向量

在中学数学和微积分中我们学习过向量的概念,向量为解决几何问题提供了一种新的途径.在这里我们需要用向量的概念和有关理论来讨论线性方程组解的结构问题.下面

我们要系统地学习向量的知识.

一、向量及其线性运算

定义 3.1 一个有序实数组 $(a_1, a_2, \cdots, a_n)$ 称为一个 n 维向量.其中的每个实数 a_i 叫作这个向量的分量,通常用希腊字母记作 $\alpha, \beta, \gamma, \cdots$,也可以用小写黑体字母记为 a, b, c 等.如 $\alpha = (a_1, a_2, \cdots, a_n)$, $\beta = (b_1, b_2, \cdots, b_n)$ 等,也可以称这样的向量 α, β 为 n 维行向量.若表示为

$$\alpha = \begin{pmatrix} a_1 \\ a_2 \\ \vdots \\ a_n \end{pmatrix}, \beta = \begin{pmatrix} b_1 \\ b_2 \\ \vdots \\ b_n \end{pmatrix}$$

称这样的向量 α, β 为 n 维列向量.此时的 α, β 方便书写时亦可记为

$$\alpha = (a_1, a_2, \cdots, a_n)^T, \beta = (b_1, b_2, \cdots, b_n)^T$$

来表示列向量.

n 维行(列)向量的写法和 $1 \times n$ ($n \times 1$) 的矩阵相同,因而可以看作是相同的,可以互相替代.

【例 1】 在计算机成像技术中,像的区域被分化为许多小区域.这些小区域称为像素,对每个像素可以利用向量将其数字化,方便计算机处理.比如,彩色图像的像素向量是一个五维列向量 $(x, y, r, g, b)^T$.其中的前两个分量 $(x, y)^T$ 表示像素的位置或坐标,而后三个分量 $(r, g, b)^T$ 表示三种基本颜色:红、绿、蓝的强度.

两个特殊的向量:每一个分量都为零的向量称为零向量,记作 0 ,即 $0 = (0, 0, \cdots, 0)^T$;若将向量 $\alpha = (a_1, a_2, \cdots, a_n)^T$ 的分量都变为相反数,所得的向量称为 α 的负向量,记作 $-\alpha$,即 $-\alpha = (-a_1, -a_2, \cdots, -a_n)^T$.

若两个 n 维向量 α, β 对应的分量都相等,则称这两个向量相等,记作 $\alpha = \beta$,即若 $\alpha = (a_1, a_2, \cdots, a_n)$, $\beta = (b_1, b_2, \cdots, b_n)$,则 $\alpha = \beta \Leftrightarrow a_i = b_i$ $(i = 1, 2, \cdots, n)$.

定义 3.2 若 $\alpha = (a_1, a_2, \cdots, a_n)$, $\beta = (b_1, b_2, \cdots, b_n)$,则向量 $(a_1 + b_1, a_2 + b_2, \cdots, a_n + b_n)$ 称为向量 α 与 β 的和,记为 $\alpha + \beta$,即向量 α 与 β 对应分量之和构成的向量就是它们的和.进而有 $\alpha + (-\beta) = (a_1 - b_1, a_2 - b_2, \cdots, a_n - b_n)$,称为 α 与 β 的差,记为 $\alpha - \beta$,则 $\alpha - \beta = (a_1 - b_1, a_2 - b_2, \cdots, a_n - b_n)$,即 α 与 β 对应分量之差构成的向量就是它们的差.

定义 3.3 若有数 k 和向量 $\alpha = (a_1, a_2, \cdots, a_n)^T$,则向量 $(ka_1, ka_2, \cdots, ka_n)^T$ 称为数 k 与向量 α 的乘积,简称数乘,记为 $k\alpha$,则 $k\alpha = (ka_1, ka_2, \cdots, ka_n)^T$,即数 k 乘以向量 α 的每一个分量就构成数 k 与向量 α 的数乘向量.

向量的加法和数乘运算,统称为向量的线性运算.

【例 2】 已知 $\alpha = (1, 2, 5, 1)$, $\beta = (-1, 3, 2, 0)$, $\gamma = (0, 4, -1, -2)$,求 $2(\alpha - \beta) + 3\gamma$.

解 $\quad 2(\alpha - \beta) + 3\gamma$

$\quad\quad = 2\alpha - 2\beta + 3\gamma$

$$= 2(1,2,5,1) - 2(-1,3,2,0) + 3(0,4,-1,-2)$$
$$= (4,10,3,-4)$$

二、向量组的线性组合

定义 3.4 设一组向量 $\alpha_1, \alpha_2, \cdots, \alpha_s$ 和一个向量 β. 若存在数 k_1, $k_2, \cdots, k_s$ 使得 $\beta = k_1\alpha_1 + k_2\alpha_2 + \cdots + k_s\alpha_s$, 则称这个向量 β 是这一组向量 $\alpha_1, \alpha_2, \cdots, \alpha_s$ 的线性组合, 或称这个向量 β 可以由这组向量 $\alpha_1, \alpha_2, \cdots, \alpha_s$ 的线性表示.

向量与向量组的
线性组合

【例3】 证 n 维零向量是任意一组向量 $\alpha_1, \alpha_2, \cdots, \alpha_s$ 的线性组合.

解 因为 $0 = 0\alpha_1 + 0\alpha_2 + \cdots + 0\alpha_s$, 故零向量是任意一组向量的线性组合.

定义 3.5 n 维向量组 $\varepsilon_1 = (1,0,\cdots,0)$, $\varepsilon_2 = (0,1,\cdots,0)$, $\cdots$, $\varepsilon_n = (0,0,\cdots,n)$ 称为初始单位向量组. 若任给一个 n 维向量 $\alpha = (a_1, a_2, \cdots, a_n)$, 则 $\alpha = a_1\varepsilon_1 + a_2\varepsilon_2 + \cdots + a_n\varepsilon_n$, 故任一 n 维向量 α 是 n 维初始单位向量组 $\varepsilon_1, \varepsilon_2, \cdots, \varepsilon_n$ 的线性组合.

给定一个矩阵 $A = \begin{pmatrix} a_{11} & a_{12} & \cdots & a_{1n} \\ a_{21} & a_{22} & \cdots & a_{2n} \\ \cdots & \cdots & \cdots & \cdots \\ a_{m1} & a_{m2} & \cdots & a_{mn} \end{pmatrix}$. 若将其每一列看作一个向量, 分别记为 α_1, $\alpha_2, \cdots, \alpha_n$, 则 $A = (\alpha_1, \alpha_2, \cdots, \alpha_n)$, $\alpha_1, \alpha_2, \cdots, \alpha_n$ 可称为矩阵 A 的列向量组.

给定一个线性方程组 $Ax = b$, 记 $\beta = (b_1, b_2, \cdots, b_m)$, $x = (x_1, x_2, \cdots, x_n)$. 则线性方程组 $Ax = b$ 可写成 $x_1\alpha_1 + x_2\alpha_2 + \cdots + x_n\alpha_n = \beta$, 称为线性方程组的向量表达式.

由此可知. 若线性方程组 $Ax = b$ 有解, 则向量 β 就是向量组 $\alpha_1, \alpha_2, \cdots, \alpha_n$ 的线性组合; 反之, 若向量 β 可以表示成向量组 $\alpha_1, \alpha_2, \cdots, \alpha_n$ 的线性组合, 则线性方程组 $Ax = b$ 有解.

定理 3.3 向量 β 能用 $\alpha_1, \alpha_2, \cdots, \alpha_n$ 线性表示的充分必要条件是矩阵 $A = (\alpha_1, \alpha_2, \cdots, \alpha_n)$ 与矩阵 $(A, \beta) = (\alpha_1, \alpha_2, \cdots, \alpha_n, \beta)$ 的秩相等.

【例4】 已知向量组 $\alpha_1 = (1,2,3,-1)$, $\alpha_2 = (2,4,6,5)$, $\alpha_3 = (-1,-1,-3,-2)$, 向量 $\beta = (2,7,6,3)$, 试判断向量 β 是否是向量组 $\alpha_1, \alpha_2, \alpha_3$ 的线性组合, 如果是, 请写出表达式.

解 将 $\alpha_1, \alpha_2, \alpha_3, \beta$ 分别作为列向量组合成矩阵, 对其进行初等行变换化为阶梯形矩阵, 则 $(\alpha_1^T, \alpha_2^T, \alpha_3^T, \beta^T) = \begin{pmatrix} 1 & 2 & -1 & 2 \\ 2 & 4 & -1 & 7 \\ 3 & 6 & -3 & 6 \\ -1 & 5 & -2 & 3 \end{pmatrix}$

$$\rightarrow \begin{pmatrix} 1 & 2 & -1 & 2 \\ 0 & 0 & -1 & 7 \\ 0 & 0 & 0 & 0 \\ 0 & 7 & -3 & 5 \end{pmatrix} \rightarrow \begin{pmatrix} 1 & 2 & -1 & 2 \\ 0 & 7 & -3 & 5 \\ 0 & 0 & 1 & 3 \\ 0 & 0 & 0 & 0 \end{pmatrix}$$

所以 $r(\alpha_1^T, \alpha_2^T, \alpha_3^T) = r(\alpha_1^T, \alpha_2^T, \alpha_3^T, \beta^T)$

故向量 β 可以表示为 $\alpha_1, \alpha_2, \alpha_3$ 的线性组合.

进一步将阶梯形矩阵化为行最简形矩阵.

$$\begin{pmatrix} 1 & 2 & -1 & 2 \\ 0 & 7 & -3 & 5 \\ 0 & 0 & 1 & 3 \\ 0 & 0 & 0 & 0 \end{pmatrix} \rightarrow \begin{pmatrix} 1 & 2 & 0 & 5 \\ 0 & 7 & 0 & 14 \\ 0 & 0 & 1 & 3 \\ 0 & 0 & 0 & 0 \end{pmatrix} \rightarrow \begin{pmatrix} 1 & 2 & 0 & 5 \\ 0 & 1 & 0 & 2 \\ 0 & 0 & 1 & 3 \\ 0 & 0 & 0 & 0 \end{pmatrix} \rightarrow \begin{pmatrix} 1 & 0 & 0 & 1 \\ 0 & 1 & 0 & 2 \\ 0 & 0 & 1 & 3 \\ 0 & 0 & 0 & 0 \end{pmatrix}$$

所以 $\beta = 1\alpha_1 + 2\alpha_2 + 3\alpha_3 = \alpha_1 + 2\alpha_2 + 3\alpha_3$.

【例5】 已知向量组（Ⅰ）为 $\alpha_1 = (1,0,2)$，$\alpha_2 = (-1,1,-1)$，$\alpha_3 = (1,1,3)$，向量组（Ⅱ）为 $\beta_1 = (-1,1,2)$，$\beta_2 = (1,2,4)$，$\beta_3 = (0,1,5)$，试判断 β_1,β_2,β_3 是否是向量组（Ⅰ）的线性组合，如果是，请写出表达式.

解 为方便起见，将向量组（Ⅰ）和向量组（Ⅱ）作为列向量构成矩阵，再通过初等行变换化为阶梯形矩阵. 记 $A = (\alpha_1{}^T, \alpha_2{}^T, \alpha_3{}^T)$

$$(A, \beta_1{}^T, \beta_2{}^T, \beta_3{}^T) = \begin{pmatrix} 1 & -1 & 1 & \vdots & -1 & 1 & 0 \\ 0 & 1 & 1 & \vdots & 1 & 2 & 1 \\ 2 & -1 & -3 & \vdots & 2 & 4 & 5 \end{pmatrix} \rightarrow \begin{pmatrix} 1 & -1 & 1 & \vdots & -1 & 1 & 0 \\ 0 & 1 & 1 & \vdots & 1 & 2 & 1 \\ 0 & 1 & 1 & \vdots & 4 & 2 & 5 \end{pmatrix}$$

$$\rightarrow \begin{pmatrix} 1 & -1 & 1 & \vdots & -1 & 1 & 0 \\ 0 & 1 & 1 & \vdots & 1 & 2 & 1 \\ 0 & 0 & 0 & \vdots & 3 & 0 & 4 \end{pmatrix}$$

由阶梯形矩阵可知 $r(A) < r(A \vdots \beta_1) = r(A \vdots \beta_3) = 3$，故向量 β_1,β_3 不是向量组（Ⅰ）的线性组合.

$r(A) = r(A \vdots \beta_2) = 2$，故向量 β_2 不是向量组（Ⅰ）的线性组合.

进而将 $(A \vdots \beta_2)$ 再化为行最简形.

$$\begin{pmatrix} 1 & -1 & 1 & \vdots & 1 \\ 0 & 1 & 1 & \vdots & 2 \\ 0 & 0 & 0 & \vdots & 0 \end{pmatrix} \rightarrow \begin{pmatrix} 1 & 0 & 2 & \vdots & 3 \\ 0 & 1 & 1 & \vdots & 2 \\ 0 & 0 & 0 & \vdots & 0 \end{pmatrix}$$

设 $\beta_2 = x_1\alpha_1 + x_2\alpha_2 + x_3\alpha_3$

取 x_3 为自由未知量，得 $\begin{cases} x_1 = -2x_3 + 3 = 3 - 2c \\ x_2 = -x_3 + 2 = 2 - c \\ x_3 = c \end{cases}$ （其中 c 为任意常数）

三、向量组等价

定义3.6 设有两个向量组：（Ⅰ）$\alpha_1,\alpha_2,\cdots,\alpha_s$ 和（Ⅱ）$\beta_1,\beta_2,\cdots,\beta_t$，若向量组（Ⅰ）的每一向量 $\alpha_i(i=1,2,\cdots,s)$ 都可由向量组（Ⅱ）线性表示，则称向量组（Ⅰ）可由向量组（Ⅱ）线性表示.

若向量组（Ⅰ）和向量组（Ⅱ）可以互相线性表示，则称向量组（Ⅰ）和向量组（Ⅱ）等价，记作 $\{\alpha_1,\alpha_2,\cdots,\alpha_s\} \cong \{\beta_1,\beta_2,\cdots,\beta_t\}$ 或（Ⅰ）$\cong$（Ⅱ）.

由定义易证下述向量组等价的性质：

（1）反身性：任一向量组与自身等价；

（2）对称性：若 $\{\alpha_1,\alpha_2,\cdots,\alpha_s\} \cong \{\beta_1,\beta_2,\cdots,\beta_t\}$，则 $\{\beta_1,\beta_2,\cdots,\beta_t\} \cong \{\alpha_1,\alpha_2,\cdots,\alpha_s\}$；

（3）传递性：若 $\{\alpha_1,\alpha_2,\cdots,\alpha_s\} \cong \{\beta_1,\beta_2,\cdots,\beta_t\}$，$\{\beta_1,\beta_2,\cdots,\beta_t\} \cong \{\gamma_1,\gamma_2,\cdots,\gamma_p\}$，则 $\{\alpha_1,\alpha_2,\cdots,\alpha_s\} \cong \{\gamma_1,\gamma_2,\cdots,\gamma_p\}$．

定理 3.4 设有两个向量组：（Ⅰ）$\alpha_1,\alpha_2,\cdots,\alpha_s$ 和（Ⅱ）$\beta_1,\beta_2,\cdots,\beta_t$，向量组（Ⅱ）可以由向量组（Ⅰ）线性表示的充分必要条件是 $r(A) = r(A \vdots B)$，这里 $A = (\alpha_1,\alpha_2,\cdots,\alpha_s)$，$B = (\beta_1,\beta_2,\cdots,\beta_t)$（证略）．

推论 向量组（Ⅰ）和向量组（Ⅱ）等价的充分必要条件是 $r(A) = r(B) = r(A \vdots B)$．

证明 向量组（Ⅰ）能由向量组（Ⅱ）线性表示，由上述定理可知 $r(B) = r(B \quad A)$，

向量组（Ⅱ）能由向量组（Ⅰ）线性表示，由上述定理可知 $r(A) = r(A \vdots B)$，由 $r(A \vdots B) = r(B \vdots A)$ 可得 $r(A) = r(B) = r(A \vdots B)$，得证.

【例 6】 证明：向量组（Ⅰ）$\alpha_1 = (1,0,0)$，$\alpha_2 = (0,1,0)$ 和向量组（Ⅱ）$\beta_1 = (1,1,0)$，$\beta_2 = (1,-1,0)$ 等价.

证明一 因为 $\alpha_1 = \frac{1}{2}\beta_1 + \frac{1}{2}\beta_2$，$\alpha_2 = \frac{1}{2}\beta_1 - \frac{1}{2}\beta_2$，所以向量组（Ⅰ）可以由向量组（Ⅱ）线性表示.

又因为 $\beta_1 = \alpha_1 + \alpha_2$，$\beta_2 = \alpha_1 - \alpha_2$，所以向量组（Ⅱ）可以由向量组（Ⅰ）线性表示.

故由向量组等价的定义可知，向量组（Ⅰ）和向量组（Ⅱ）等价.

证明二 设矩阵 $A = ({\alpha_1}^T,{\alpha_2}^T)$，$B = ({\beta_1}^T,{\beta_2}^T)$，求 $(A \vdots B)$ 的秩.

$$(A \vdots B) = \begin{pmatrix} 1 & 0 & \vdots & 1 & 1 \\ 0 & 1 & \vdots & 1 & -1 \\ 0 & 0 & \vdots & 0 & 0 \end{pmatrix}$$

由此可以看出 $r(A) = r(B) = r(A \vdots B)$，故向量组（Ⅰ）和向量组（Ⅱ）等价.

习题 3-2

1. 设 $\alpha_1 = (1,1,1,-1)$，$\alpha_2 = (2,1,1,1)$，$\alpha_3 = (-1,0,-1,0)$，$\alpha_4 = (0,0,1,1)$，求：

（1）$2\alpha_1 + \alpha_2 - 3\alpha_3 - 4\alpha_4$；

（2）若 $5(\alpha_1 - \alpha_2) + \alpha_3 = 2(\alpha - \alpha_4)$，求 α.

2. 将下列各题中的向量 β 表示为其他向量的线性组合.

（1）$\beta = (3,5,-6)$，$\alpha_1 = (1,0,1)$，$\alpha_2 = (1,1,1)$，$\alpha_3 = (0,-1,-1)$

（2）$\beta = (4,3,-6,5)$，$\varepsilon_1 = (1,0,0,0)$，$\varepsilon_2 = (0,1,0,0)$，$\varepsilon_3 = (0,0,1,0)$，$\varepsilon_4 = (0,0,0,1)$

3. 已知向量 $\beta = (1,1,1)$ 可以由向量组 $\alpha_1 = (1+k,1,1)$，$\alpha_2 = (1,1+k,1)$，$\alpha_3 = (1,1,1+k)$ 线性表示且表示法唯一，求 k 满足的条件.

4. 已知向量组

A：$\alpha_1 = (0,1,1)^T$，$\alpha_2 = (1,1,0)^T$

B：$\beta_1 = (-1,0,1)^T$，$\beta_2 = (1,2,1)^T$，$\beta_3 = (3,2,-1)^T$

证明 A 组与 B 组等价.

第三节 向量组的线性关系

上一节学习了一个向量表示为一组向量的线性组合,如果这一个向量是零向量,我们来讨论一组向量和零向量的关系.

定义 3.7 设一组向量 $\alpha_1, \alpha_2, \cdots, \alpha_s$,若存在不全为零的数 $k_1, k_2, \cdots, k_s$,使得 $k_1\alpha_1 + k_2\alpha_2 + \cdots + k_s\alpha_s = 0$,则称该向量组线性相关.若只有当 $k_1, k_2, \cdots, k_s$ 全为零时, $k_1\alpha_1 + k_2\alpha_2 + \cdots + k_s\alpha_s = 0$ 才能成立,则称该向量组线性无关.

向量组的
线性相关性

【例1】 判断向量组 $\alpha_1, \alpha_2, \cdots, \alpha_s$,0 的线性相关性.

解 可取 $k_1 = k_2 = \cdots = k_s = 0$, $k \neq 0$,则有 $k_1\alpha_1 + k_2\alpha_2 + \cdots + k_s\alpha_s + k0 = 0$ 成立,故本组向量线性相关,即含有零向量的向量组线性相关.

【例2】 判断向量组 α ($\alpha \neq 0$) 的线性相关性.

解 若 $k\alpha = 0$,则必有 $k = 0$,故该向量组线性无关.即单个非零向量组线性无关,单个零向量组线性相关.

【例3】 判断 n 维初始单位向量组 $\varepsilon_1 = (1,0,\cdots,0)$, $\varepsilon_2 = (0,1,\cdots,0)$, $\cdots$, $\varepsilon_n = (0,0,\cdots,n)$ 的线性相关性.

解 设实数 $x_1, x_2, \cdots, x_n$,有 $x_1\varepsilon_1 + x_2\varepsilon_2 + \cdots + x_n\varepsilon_n = 0$,这是一个齐次线性方程组,它的系数矩阵 $A = E_n$, $|A| \neq 0$,所以该齐次线性方程组仅有零解,故 n 维初始单位向量组线性无关.

因而对于一组向量 $\alpha_1, \alpha_2, \cdots, \alpha_s$ 和一组实数 $x_1, x_2, \cdots, x_s$,判断其是否线性相关,可以转化为判断齐次线性方程组 $x_1\alpha_1 + x_2\alpha_2 + \cdots + x_s\alpha_s = 0$ 是否有非零解,故有如下定理.

定理 3.5 一组向量 $\alpha_1, \alpha_2, \cdots, \alpha_s$ 线性相关的充分必要条件是齐次线性方程组 $x_1\alpha_1 + x_2\alpha_2 + \cdots + x_s\alpha_s = 0$ 有非零解;一组向量 $\alpha_1, \alpha_2, \cdots, \alpha_s$ 线性无关的充分必要条件是齐次线性方程组 $x_1\alpha_1 + x_2\alpha_2 + \cdots + x_s\alpha_s = 0$ 仅有零解.

结合定理可得,一组向量 $\alpha_1, \alpha_2, \cdots, \alpha_s$ 线性相关的充分必要条件是以 $\alpha_1, \alpha_2, \cdots, \alpha_s$ 为列向量的矩阵的秩小于向量的个数 s;一组向量 $\alpha_1, \alpha_2, \cdots, \alpha_s$ 线性无关的充分必要条件是以 $\alpha_1, \alpha_2, \cdots, \alpha_s$ 为列向量的矩阵的秩等于向量的个数 s.若一组 n 维向量 $\alpha_1, \alpha_2, \cdots, \alpha_s$ 的 n 小于 s ,则该向量组线性相关.

【例4】 判断向量组 $\alpha_1 = (1,0,1,-2)$, $\alpha_2 = (2,-1,3,-6)$, $\alpha_3 = (3,4,7,2)$ 的线性相关性以及向量组 α_1, α_2 的线性相关性.

解 以 $\alpha_1, \alpha_2, \alpha_3$ 作为列构成矩阵 A ,对其进行初等行变换化成阶梯形矩阵,

$$A = \begin{pmatrix} 1 & 2 & 3 \\ 0 & -1 & 4 \\ 1 & 3 & 7 \\ -2 & -6 & 2 \end{pmatrix} \rightarrow \begin{pmatrix} 1 & 2 & 3 \\ 0 & -1 & 4 \\ 0 & 1 & 4 \\ 0 & -2 & 8 \end{pmatrix} \rightarrow \begin{pmatrix} 1 & 2 & 3 \\ 0 & -1 & 4 \\ 0 & 0 & 0 \\ 0 & 0 & 0 \end{pmatrix}$$

所以 $r(A) = 2 < n = 3$,故向量组 $\alpha_1, \alpha_2, \alpha_3$ 线性相关.

又因为 $r(\alpha_1, \alpha_2) = 2 = n$,所以向量组 α_1, α_2 线性无关.

【例5】 已知向量组 $\alpha_1,\alpha_2,\alpha_3$ 线性无关,试判断向量组 $\beta_1 = \alpha_1 + \alpha_2 + \alpha_3$, $\beta_2 = \alpha_1 - \alpha_2$, $\beta_3 = \alpha_2 + 2\alpha_3$ 的线性相关性.

解法一 设有实数 x_1,x_2,x_3 使 $x_1\beta_1 + x_2\beta_2 + x_3\beta_3 = 0$,将已知 β_1,β_2,β_3 代入得

$$(x_1 + x_2)\alpha_1 + (x_1 - x_2 + x_3)\alpha_2 + (x_1 + 2x_3)\alpha_3 = 0$$

因为向量组 $\alpha_1,\alpha_2,\alpha_3$ 线性无关,所以

$$\begin{cases} x_1 + x_2 = 0 \\ x_1 - x_2 + x_3 = 0 \\ x_1 + 2x_3 = 0 \end{cases}$$

该齐次线性方程组的系数行列式

$$\begin{vmatrix} 1 & 1 & 0 \\ 1 & -1 & 1 \\ 1 & 0 & 2 \end{vmatrix} = -3 \neq 0$$

所以该齐次线性方程组仅有零解, $x_1 = x_2 = x_3 = 0$,故向量组 β_1,β_2,β_3 线性无关.

解法二 记 $A = (\alpha_1,\alpha_2,\alpha_3)$, $B = (\beta_1,\beta_2,\beta_3)$,由已知可得

$$(\beta_1,\beta_2,\beta_3) = (\alpha_1,\alpha_2,\alpha_3)\begin{pmatrix} 1 & 1 & 0 \\ 1 & -1 & 1 \\ 1 & 0 & 2 \end{pmatrix}$$

因为 $\begin{vmatrix} 1 & 1 & 0 \\ 1 & -1 & 1 \\ 1 & 0 & 2 \end{vmatrix} = -3 \neq 0$,所以 $\begin{pmatrix} 1 & 1 & 0 \\ 1 & -1 & 1 \\ 1 & 0 & 2 \end{pmatrix}$ 是可逆矩阵,有 $r(A) = r(B)$,

又因为向量组 $\alpha_1,\alpha_2,\alpha_3$ 线性无关,所以 $r(B) = r(A) = 3$,即向量组 β_1,β_2,β_3 线性无关.

关于向量组的线性相关性有下列结论.

定理3.6 (1)向量组 $\alpha_1,\alpha_2,\cdots,\alpha_s(s \geq 2)$ 线性相关的充分必要条件是其中至少有一个向量是其余 $s - 1$ 个向量的线性组合;

(2)向量组 $\alpha_1,\alpha_2,\cdots,\alpha_s$ 线性无关的充分必要条件是向量组中的每一个向量都不能由其余向量线性表示;

(3)若向量组 $\alpha_1,\alpha_2,\cdots,\alpha_s$ 线性无关,而向量组 $\alpha_1,\alpha_2,\cdots,\alpha_s,\beta$ 线性相关,则向量 β 可由向量组 $\alpha_1,\alpha_2,\cdots,\alpha_s$ 线性表示,且表示法唯一.

(4)若一个向量组中有部分组线性相关,则整个向量组线性相关(证略).

习题 3-3

1. 判断下列向量组的线性相关性.

(1) $\alpha_1 = (1,2,3)$, $\alpha_2 = (1,1,1)$, $\alpha_3 = (0,0,0)$

(2) $\alpha_1 = (1,2,3,4)$, $\alpha_2 = (2,-3,5,1)$

2. a 取何值时,向量组 $\alpha_1 = (a,1,1)$, $\alpha_2 = (1,a,-1)$, $\alpha_3 = (1,-1,a)$ 线性相关? 线性无关?

3. 若向量组 α,β,γ 线性无关,向量组 α,β,δ 线性相关,则( ).

    A. δ 必可由 α,β,γ 线性表示

    B. δ 必不可由 α,β,γ 线性表示

C. α 必可由 β,γ,δ 线性表示

D. β 必不可由 α,γ,δ 线性表示

4. 已知任意向量组 $\alpha_1,\alpha_2,\alpha_3,\alpha_4$,试证明向量组 $\alpha_1+\alpha_2,\alpha_2+\alpha_3,\alpha_3+\alpha_4,\alpha_4+\alpha_1$ 线性相关.

5. 若向量组 $\alpha_1,\alpha_2,\cdots,\alpha_m$ 线性无关,$\beta_1=\alpha_1+\alpha_2,\beta_2=\alpha_2+\alpha_3,\cdots,\beta_m=\alpha_m+\alpha_1$,试判断向量组 $\beta_1,\beta_2,\cdots,\beta_m$ 的线性相关性,并证明.

第四节　向量组的秩

一、向量组的极大无关组

定义 3.8　一个向量组中含向量数目最多的线性无关组称为该向量组的极大线性无关组,简称极大无关组.即一个向量组中能保持线性无关性并且含向量数目最多的向量组即为它的极大线性无关组,简称极大无关组.

向量组的秩

也就是说,对于向量组 $\alpha_1,\alpha_2,\cdots,\alpha_s$ 的一个部分组 $\alpha_{i_1},\alpha_{i_2},\cdots,\alpha_{i_r}$ 能满足:

(1) $\alpha_{i_1},\alpha_{i_2},\cdots,\alpha_{i_r}\ (r\leqslant s)$ 线性无关;

(2) $\alpha_{i_1},\alpha_{i_2},\cdots,\alpha_{i_r},\alpha_j\ (j=1,2,\cdots,s)$ 都线性相关.

则向量组 $\alpha_{i_1},\alpha_{i_2},\cdots,\alpha_{i_r}$ 就是向量组 $\alpha_1,\alpha_2,\cdots,\alpha_s$ 的一个极大线性无关组.

【例1】　向量组 $\alpha_1=(2,0,0)$,$\alpha_2=(0,0,1)$,$\alpha_3=(2,0,1)$,可以判断该向量组 α_1,α_2 线性无关,而向量组 $\alpha_1,\alpha_2,\alpha_3$ 线性相关,并且 $\alpha_1=\alpha_1+0\alpha_2$,$\alpha_2=0\alpha_1+\alpha_2$,$\alpha_3=\alpha_1+\alpha_2$,则 α_1,α_2 是向量组 $\alpha_1,\alpha_2,\alpha_3$ 的极大无关组.即任意一个向量都可以用这个极大无关组线性表示.

可以验证,α_1,α_3 与 α_2,α_3 都是这个向量组 $\alpha_1,\alpha_2,\alpha_3$ 的极大无关组,故一个向量组的极大无关组可能不唯一.

三个特殊的向量组:(1)对于一个线性无关的向量组,它本身就是这个向量组的极大无关组;(2)一个仅有零向量的向量组,无极大无关组;(3)n 维初始单位向量组的极大无关组是其本身.

定理 3.7　若 $\alpha_{i_1},\alpha_{i_2},\cdots,\alpha_{i_r}\ (r\leqslant s)$ 是 $\alpha_1,\alpha_2,\cdots,\alpha_s$ 的线性无关部分组,它是极大无关组的充分必要条件是 $\alpha_1,\alpha_2,\cdots,\alpha_s$ 中每一个向量都可由 $\alpha_{i_1},\alpha_{i_2},\cdots,\alpha_{i_r}$ 线性表示.

证明　必要性:如果 $\alpha_{i_1},\alpha_{i_2},\cdots,\alpha_{i_r}\ (r\leqslant s)$ 是 $\alpha_1,\alpha_2,\cdots,\alpha_s$ 的极大无关组,则由定义,显然向量组 $\alpha_1,\alpha_2,\cdots,\alpha_s$ 中每个向量都可由部分组 $\alpha_{i_1},\alpha_{i_2},\cdots,\alpha_{i_r}$ 线性表示.

充分性:如果 $\alpha_1,\alpha_2,\cdots,\alpha_s$ 可由线性无关部分组 $\alpha_{i_1},\alpha_{i_2},\cdots,\alpha_{i_r}$ 线性表示,则 $\alpha_1,\alpha_2,\cdots,\alpha_s$ 中任何包含 $r+1\ (r\leqslant s)$ 个向量的部分组都线性相关,那么 $\alpha_{i_1},\alpha_{i_2},\cdots,\alpha_{i_r}$ 就是极大无关组.

显然一个向量组与其极大无关组可互相线性表示,即该向量组与其极大无关组等价.

【例2】　求向量组 $\alpha_1=(2,2,1)$,$\alpha_2=(-2,-1,-3)$,$\alpha_3=(-2,1,-7)$,$\alpha_4=$

$(-2,0,-5)$ 的一个极大无关组,并把其余向量用该极大无关组线性表示.

解 以 $\alpha_1,\alpha_2,\alpha_3,\alpha_4$ 作为列构成矩阵 A,对其进行初等行变换化成阶梯形矩阵,

$$A = \begin{pmatrix} 2 & -2 & -2 & -2 \\ 2 & -1 & 1 & 0 \\ 1 & -3 & -7 & -5 \end{pmatrix} \rightarrow \begin{pmatrix} 1 & -1 & -1 & -1 \\ 2 & -1 & 1 & 0 \\ 1 & -3 & -7 & -5 \end{pmatrix}$$

$$\rightarrow \begin{pmatrix} 1 & -1 & -1 & -1 \\ 0 & 1 & 3 & 2 \\ 0 & -2 & -6 & -4 \end{pmatrix} \rightarrow \begin{pmatrix} 1 & 0 & 2 & 1 \\ 0 & 1 & 3 & 2 \\ 0 & 0 & 0 & 0 \end{pmatrix}$$

由此阶梯形矩阵可知 α_1,α_2 为一个极大无关组,并可将其余向量用 α_1,α_2 表示为:

$$\alpha_3 = 2\alpha_1 + 3\alpha_2, \quad \alpha_4 = \alpha_1 + 2\alpha_2.$$

二、向量组的秩

定义 3.9 一个向量组的极大线性无关组所含向量的个数,称为这个向量组的秩,记为 r.

只有零向量的向量组,其秩规定为零;一个线性无关的向量组的秩即为其所含向量的个数;反之,也成立.

上述【例1】中的向量组 $\alpha_1,\alpha_2,\alpha_3,\alpha_4$ 的秩为 2,即 $r(\alpha_1,\alpha_2,\alpha_3,\alpha_4) = 2$

【例3】 n 维初始单位向量组 $\varepsilon_1 = (1,0,\cdots,0)$,$\varepsilon_2 = (0,1,\cdots,0)$,$\cdots$,$\varepsilon_n = (0,0,\cdots,1)$ 的秩为 n,因为其本身是线性无关的.

之前学习过矩阵的秩的概念和求法,那么向量组的秩和矩阵的秩有何联系呢? 我们先来看两个定义.

定义 3.10 矩阵的行向量组的秩称为该矩阵的行秩,矩阵的列向量组的秩称为该矩阵的列秩.

定理 3.8 矩阵的秩等于它的行秩和列秩.

证明 设 $\alpha_1,\alpha_2,\cdots,\alpha_n$ 是 n 维向量,以这一组向量为列作成矩阵 $A = (\alpha_1,\alpha_2,\cdots,\alpha_n)$,$r(A) = r$,并设 r 阶子式 $D_r \neq 0$.由此可知,D_r 所在的 r 行构成的 $r \times n$ 矩阵的秩为 r,故这 r 行线性无关;又由 A 中所有 $r+1$ 阶子式均为零可知 A 中任意 $r+1$ 个行向量构成的 $(r+1) \times n$ 矩阵的秩小于 $r+1$,故此,$r+1$ 行线性相关.因此 D_r 所在的 r 行是 A 的行向量组的一个极大无关组,所以行向量组的秩等于 r.

同理可证矩阵 A 的列向量组的秩也等于 $r(A)$.

推论 矩阵的行秩和列秩相等.

【例4】 已知向量组 $A : \alpha_1,\alpha_2,\cdots,\alpha_s$ 可以由向量组 $B : \beta_1,\beta_2,\cdots,\beta_t$ 线性表示,求证 $r(A) \leqslant r(B)$.

证明 记向量组 A,B 的秩分别为 r_1,r_2,设两个向量组 A,B 的极大无关组分别为 $\alpha_{i_1},\alpha_{i_2},\cdots,\alpha_{i_{r_1}}$ 和 $\beta_{j_1},\beta_{j_2},\cdots,\beta_{j_{r_2}}$,则向量组 $\alpha_1,\alpha_2,\cdots,\alpha_s$ 与 $\alpha_{i_1},\alpha_{i_2},\cdots,\alpha_{i_{r_1}}$ 等价,向量组 $\beta_1,\beta_2,\cdots,\beta_t$ 与 $\beta_{j_1},\beta_{j_2},\cdots,\beta_{j_{r_2}}$ 等价.

因为 $\alpha_1,\alpha_2,\cdots,\alpha_s$ 可以由 $\beta_1,\beta_2,\cdots,\beta_t$ 线性表示,所以 $\alpha_{i_1},\alpha_{i_2},\cdots,\alpha_{i_{r_1}}$ 必可由 $\beta_{j_1},\beta_{j_2},\cdots,\beta_{j_{r_2}}$ 线性表示,而 $\alpha_{i_1},\alpha_{i_2},\cdots,\alpha_{i_{r_1}}$ 线性无关,所以 $r_1 \leqslant r_2$,即 $r(A) \leqslant r(B)$.

由此有下述定理.

定理 3.9 设有两个向量组 $A : \alpha_1,\alpha_2,\cdots,\alpha_s$ 和 $B : \beta_1,\beta_2,\cdots,\beta_t$,若向量组 A 与 B 等

价,则 $r(A) = r(B)$.

证明 由于向量组 A 与 B 可以相互线性表示.结合上面例题,有 $r(A) \leqslant r(B)$,并且 $r(A) \geqslant r(B)$,故有 $r(A) = r(B)$.

习题 3-4

1. 已知向量组 $\alpha_1,\alpha_2,\cdots,\alpha_s$ 的秩为 $r(r < s)$,则(　　).

　　A. $\alpha_1,\alpha_2,\cdots,\alpha_s$ 中任意 r 个向量线性无关

　　B. $\alpha_1,\alpha_2,\cdots,\alpha_s$ 中任意 $r-1$ 个向量线性无关

　　C. $\alpha_1,\alpha_2,\cdots,\alpha_s$ 中任一向量可由其它 r 个向量线性表示

　　D. $\alpha_1,\alpha_2,\cdots,\alpha_s$ 中任意 $r+1$ 个向量线性相关

2. 求下列向量组的一个极大无关组,并将其余向量用该极大无关组线性表示.

(1) $\alpha_1 = (1, -2,5)$, $\alpha_2 = (3,2, -1)$, $\alpha_3 = (3,10, -17)$

(2) $\alpha_1 = (1,0,2,1)$, $\alpha_2 = (1,2,0,1)$, $\alpha_3 = (2,1,3,0)$, $\alpha_4 = (2,5, -1,4)$, $\alpha_5 = (1, -1,3, -1)$

3. 已知向量组 $\alpha_1 = (\lambda,0,1)$, $\alpha_2 = (0,1,\lambda)$, $\alpha_3 = (1,\lambda,0)$ 线性无关,求 λ 的值.

4. 已知向量组 $\alpha_1,\alpha_2,\alpha_3$ 线性无关,求向量组 $\beta_1 = \alpha_1 - \alpha_2, \beta_2 = \alpha_2 - \alpha_3, \beta_3 = \alpha_3 - \alpha_1$ 的极大无关组.

5. 已知 A , B 为同型矩阵,证明: $r(A + B) \leqslant r(A) + r(B)$.

第五节　线性空间

定义 3.11 设 V 是 n 维向量的一个集合, $V \neq \Phi$,集合 V 对向量的加法和数乘运算封闭,则称集合 V 为 n 维线性空间,也叫 n 维向量空间,简称线性空间或向量空间,记作 R^n .其中,封闭是指集合 V 中的任意两个向量相加后仍在 V 中, V 中任意一个向量与实数相乘后仍在集合 V 中.用数学符号表示就是 $\forall a,b \in V$,有 $a + b \in V$; $\forall a \in V$, $\forall \lambda \in R$,有 $\lambda a \in V$.

之前学习的向量运算都具有这种封闭性.在实数域上,对于所有 $m \times n$ 矩阵所组成的集合,关于矩阵的加法和数乘运算也是封闭的,所以也把所有 $m \times n$ 矩阵构成的集合看作一个矩阵空间.

一维向量的全体 R 是一个线性空间.它表示实数轴,一维向量即实数,它就表示数轴上的一点 a ,或表示以原点为起点到点 a 的有向线段,即向量.

二维向量的全体 R^2 是一个线性空间.二维向量 (a,b) 表示坐标平面上的一个点,或表示以原点为起点, (a,b) 为终点的有向线段.

三维向量的全体 R^3 是一个线性空间,有类似的几何意义.我们可以用有向线段形象的表示三维向量,从而线性空间 R^3 可形象地看作以坐标原点为起点的有向线段的全体.由于以原点为起点的有向线段与其终点一一对应,因此 R^3 也可以看作是取定坐标原点的点空间.

当 $n > 3$ 时, n 维线性空间 R^n 的向量没有直观的几何意义,但与 R^2 或 R^3 中的向量及

向量的运算具有相同的代数性质.

仅含 n 维零向量的集合是一个线性空间,称为零空间.

【例1】 集合 $V = \{\alpha = (0, x_2, \cdots, x_n) \mid x_2, \cdots, x_n \in R\}$ 是一个线性空间.

解 因为 V 中 $\forall \beta = (0, a_2, \cdots, a_n)$,$\forall \gamma = (0, b_2, \cdots, b_n)$,$\forall k \in R$,则 $\beta + \gamma = (0, a_2 + b_2, \cdots, a_n + b_n) \in V$,$k\beta = (0, ka_2, \cdots, ka_n) \in V$.

【例2】 n 元齐次线性方程组的解集

$$S = \{x \mid Ax = 0\}$$

是一个线性空间,称其为齐次线性方程组的解空间.其解集对向量的线性运算是封闭的,这个可由 §3.6 中齐次线性方程组的解的性质 1 和性质 2 得到.

【例3】 n 元非齐次线性方程组的解集

$$S = \{x \mid Ax = b\}$$

不是线性空间.因为当 S 为空集时,S 不是线性空间;当 S 非空时,若 $\eta \in S$,则 $A(2\eta) = 2b \neq b$,故 $2\eta \notin S$.

定义 3.12 设 V_1,V_2 是两个线性空间,若 $V_1 \subseteq V_2$,则称 V_1 是 V_2 的子空间.

在 R^3 中,过原点的平面是 R^3 的子空间,过原点的直线是平面的子空间,也是 R^3 的子空间.

【例4】 证明:(1)集合 $W = \{\alpha = (x_1, x_2, x_3) \mid x_1 - x_2 = 0\}$ 是 R^3 的一个子空间;

(2)集合 $V = \{\alpha = (x_1, x_2, x_3) \mid x_1 - x_2 = 1\}$ 不是 R^3 的一个向量空间.

证明 (1)任取 $\alpha = (a_1, a_2, a_3)$、$\beta = (b_1, b_2, b_3) \in W$,由已知 $a_1 = a_2$,$b_1 = b_2$,可得 $a_1 + b_1 = a_2 + b_2$,故 $\alpha + \beta = (a_1 + b_1, a_2 + b_2, a_3 + b_3) \in W$.

设 $k \in R$,则 $k\alpha = (ka_1, ka_2, ka_3)$,由已知 $ka_1 = ka_2$,可得 $k\alpha \in W$,故 W 是 R^3 的一个子空间.

(2)在 $k\alpha$ 中,若 $k = 0$,则 $k\alpha = 0 = (0, 0, 0) \notin V$,故 V 不是 R^3 的一个向量空间.

定义 3.13 设 V 是一个向量空间,若 V 中 s 个向量 $\alpha_1, \alpha_2, \cdots, \alpha_s$,满足 $\alpha_1, \alpha_2, \cdots, \alpha_s$ 线性无关且 V 中任意一个向量都可由这 s 个向量线性表示,则称向量组 $\alpha_1, \alpha_2, \cdots, \alpha_s$ 是向量空间 V 的一个基,s 称为向量空间 V 的维数,并称 V 为 s 维向量空间.

若向量空间 V 没有基,则 V 的维数为 0,0 维向量空间只含一个向量0.

若向量空间 V 看作向量组,则由极大无关组的等价定义可知,V 的基就是向量组的极大无关组,V 的维数就是向量组的秩.

【例5】 n 维向量组 $\varepsilon_1 = (1, 0, \cdots, 0)$,$\varepsilon_2 = (0, 1, \cdots, 0)$,$\cdots$,$\varepsilon_n = (0, 0, \cdots, 1)$ 就是 R^n 的一个基,R^n 中的任意向量 $\alpha = (a_1, a_2, \cdots, a_n)$,则 $\alpha = a_1\varepsilon_1 + a_2\varepsilon_2 + \cdots + a_n\varepsilon_n$,$R^n$ 的维数为 n.

【例6】 设 $W = \{\alpha = (x_1, x_2, x_3) \mid x_1 - x_2 = 0\}$,求 W 的一个基和维数.

解 在 W 中任取一向量 $\alpha = (a_1, a_2, a_3)$,因为 $a_1 = a_2 = 0$,所以 $(a_1, a_2, a_3) = (a_1, a_1, a_3) = a_1(1, 1, 0) + a_3(0, 0, 1)$,因为向量 $(1, 1, 0)$ 和 $(0, 0, 1)$ 线性无关,故它们就是 W 的一个基,W 的维数为 2.

定理 3.10 n 维向量空间 V 中任意 n 个线性无关的向量都是空间 V 的基.

证明 设向量组 $\alpha_1, \alpha_2, \cdots, \alpha_n$ 是向量空间 V 中任意 n 个线性无关的向量,在 V 中任取一向量 α,则向量组 $\alpha, \alpha_1, \alpha_2, \cdots, \alpha_n$ 线性相关,$\alpha_1, \alpha_2, \cdots, \alpha_n$ 是向量组 $\alpha, \alpha_1, \alpha_2, \cdots, \alpha_n$

的一个极大无关组,故存在 $k_1, k_2, \cdots, k_n \in R$,使得 $\alpha = k_1\alpha_1 + k_2\alpha_2 + \cdots + k_n\alpha_n$,则由基的定义可知 $\alpha_1, \alpha_2, \cdots, \alpha_n$ 即为 V 的一个基.

【例7】 证明向量组 $\alpha_1 = (1,3,2,1)^T$, $\alpha_2 = (1,0,1,0)^T$, $\alpha_3 = (2,1,1,0)^T$, $\alpha_4 = (1,2,2,0)^T$ 是 R^4 的一个基.

证明 因

$$\begin{vmatrix} \alpha_1 & \alpha_2 & \alpha_3 & \alpha_4 \end{vmatrix} = \begin{vmatrix} 1 & 1 & 2 & 1 \\ 3 & 0 & 1 & 2 \\ 2 & 1 & 1 & 2 \\ 1 & 0 & 0 & 0 \end{vmatrix} = 3 \neq 0$$

所以 $\alpha_1, \alpha_2, \alpha_3, \alpha_4$ 线性无关,即为 R^4 的一个基.

$L = \{\beta = k_1\alpha_1 + k_2\alpha_2 + \cdots + k_n\alpha_n \,|\, k_1, k_2, \cdots, k_n \in R\}$ 是由向量组 $\alpha_1, \alpha_2, \cdots, \alpha_n$ 所生成的向量空间,此向量空间 L 与向量组 $\alpha_1, \alpha_2, \cdots, \alpha_n$ 等价,向量组 $\alpha_1, \alpha_2, \cdots, \alpha_n$ 的极大无关组就是 L 的一个基,向量组 $\alpha_1, \alpha_2, \cdots, \alpha_n$ 的秩就是 L 的维数.

若向量组 $\alpha_1, \alpha_2, \cdots, \alpha_r$ 是向量空间 V 的一个基,则 V 可表示为 $V = \{\beta = k_1\alpha_1 + k_2\alpha_2 + \cdots + k_r\alpha_r \,|\, k_1, k_2, \cdots, k_r \in R\}$,即 V 是由基 $\alpha_1, \alpha_2, \cdots, \alpha_r$ 生成的向量空间,向量空间的结构就是如此.

对齐次线性方程组的解空间 $S = \{x \,|\, Ax = 0\}$,若能找到解空间的一个基 $\xi_1, \xi_2, \cdots, \xi_{n-r}$,则解空间就可表示为 $S = \{x = c_1\xi_1 + c_2\xi_2 + \cdots + c_{n-r}\xi_{n-r} \,|\, c_1, \cdots, c_{n-r} \in R\}$,解空间 S 的维数是 $n - r$.

【例8】 对齐次线性方程组

$$\begin{cases} x_1 - x_2 - x_3 + x_4 = 0 \\ x_1 + x_3 + 2x_4 = 0 \\ x_1 - x_2 - 2x_3 + 3x_4 = 0 \\ 3x_1 - 3x_2 - 5x_3 + 7x_4 = 0 \end{cases}$$

求其解空间 S 的一个基及维数.

解 对齐次线性方程组的系数矩阵进行初等行变换化为阶梯形矩阵:

$$A = \begin{pmatrix} 1 & -1 & -1 & 1 \\ 1 & 0 & 1 & 2 \\ 1 & -1 & -2 & 3 \\ 3 & -3 & -5 & 7 \end{pmatrix} \rightarrow \begin{pmatrix} 1 & -1 & -1 & 1 \\ 1 & 0 & 1 & 2 \\ 0 & 0 & -1 & 2 \\ 0 & 0 & -2 & 4 \end{pmatrix} \rightarrow \begin{pmatrix} 1 & -1 & -1 & 1 \\ 0 & 1 & 2 & 1 \\ 0 & 0 & 1 & -2 \\ 0 & 0 & 0 & 0 \end{pmatrix} \rightarrow \begin{pmatrix} 1 & 0 & 0 & 4 \\ 0 & 1 & 0 & 5 \\ 0 & 0 & 1 & -2 \\ 0 & 0 & 0 & 0 \end{pmatrix}$$

所以 $r(A) = 3$,取自由未知量 $x_4 = 1$,得 $\xi = \begin{pmatrix} -4 \\ -5 \\ 2 \\ 1 \end{pmatrix}$.

所以解空间为 $S = \{x \,|\, x = c\xi, c \in R\}$.

故 S 的维数为 $n - r(A) = 1$,一个基为 $(-4, -5, 2, 1)$.

定义3.14 若向量组 $\alpha_1, \alpha_2, \cdots, \alpha_r$ 是向量空间 V 的一个基,则 V 中任一向量 x 可唯一地表示为 $x = k_1\alpha_1 + k_2\alpha_2 + \cdots + k_r\alpha_r$,其中的数组 $k_1, k_2, \cdots, k_r$ 称为向量 x 在基 $\alpha_1, \alpha_2,$

$\cdots,\alpha_r$ 下的坐标.

【例9】 设向量 $\alpha_1 = (1, -3, 4)^T$，$\alpha_2 = (-1, -1, 1)^T$，$\alpha_3 = (2, -2, 5)^T$，集合
$$L = \{\beta = k_1\alpha_1 + k_2\alpha_2 + k_3\alpha_3 \mid k_1, k_2, k_3 \in R\}$$

（1）验证 L 是一个向量空间；

（2）求向量空间 L 的一个基，并求下列 $\gamma = (1, 3, -1)^T$ 在该基下的坐标.

解 （1）设 $x_1 \in L$，$x_2 \in L$，则有数 $s_i \in R (i = 1, 2, 3)$ 和 $t_j \in R (j = 1, 2, 3)$，使得
$$x_1 = s_1\alpha_1 + s_2\alpha_2 + s_3\alpha_3 ，\quad x_2 = t_1\alpha_1 + t_2\alpha_2 + t_3\alpha_3$$

则有
$$x_1 + x_2 = (s_1 + t_1)\alpha_1 + (s_2 + t_2)\alpha_2 + (s_3 + t_3)\alpha_3 \in L$$

对于 $\forall k \in R$，有
$$kx_1 = (ks_1)\alpha_1 + (ks_2)\alpha_2 + (ks_3)\alpha_3 \in L$$

即集合 L 对于向量的线性运算是封闭的，所以 L 是一个向量空间.

（2）设矩阵 $A = (\alpha_1, \alpha_2, \alpha_3, \gamma)$，对 A 施以初等行变换，化为简化的阶梯型矩阵：

$$A = (\alpha_1, \alpha_2, \alpha_3, \gamma) = \begin{pmatrix} 1 & -1 & 2 & 1 \\ -3 & -1 & -2 & 3 \\ 4 & 1 & 5 & -1 \end{pmatrix} \rightarrow \begin{pmatrix} 1 & -1 & 2 & 1 \\ 0 & -4 & 4 & 6 \\ 0 & 5 & -3 & -5 \end{pmatrix}$$

$$\rightarrow \begin{pmatrix} 1 & 0 & 1 & -\dfrac{1}{2} \\ 0 & 1 & -1 & -\dfrac{3}{2} \\ 0 & 0 & 2 & \dfrac{5}{2} \end{pmatrix} \rightarrow \begin{pmatrix} 1 & 0 & 0 & -\dfrac{7}{4} \\ 0 & 1 & 0 & -\dfrac{1}{4} \\ 0 & 0 & 1 & \dfrac{5}{4} \end{pmatrix}$$

由此可知，$\alpha_1, \alpha_2, \alpha_3$ 是空间向量 L 的一个基，L 的维数为 2，由 $\gamma = -\dfrac{7}{4}\alpha_1 - \dfrac{1}{4}\alpha_2 + \dfrac{5}{4}\alpha_3$ 可得，向量 γ 在基 $\alpha_1, \alpha_2, \alpha_3$ 下的坐标为 $\left(-\dfrac{7}{4}, -\dfrac{1}{4}, \dfrac{5}{4}\right)^T$.

习题 3-5

1. 试判断下列集合是否为向量空间.

（1）$V_1 = \{(x, y, z) \mid x, y, z \in R, xy = 0\}$

（2）$V_2 = \{(x, y, z) \mid x, y, z \in R, x + 2y + 3z = 0\}$

（3）$V_3 = \{(x, y, z) \mid x, y, z \in R, x^2 = 1\}$

2. 已知 α, β 是两个 n 维向量，证明集合 $V = \{x = \lambda\alpha + \mu\beta \mid \lambda, \mu \in R\}$ 是一个向量空间.

3. 证明向量组 $\alpha_1 = (1, 0, 1)^T$，$\alpha_2 = (2, 1, 1)^T$，$\alpha_3 = (1, -1, 0)^T$ 是 R^3 的一个基，并求向量 $\alpha = (3, 2, 1)^T$ 在这个基下的坐标.

4. 空间 $V = \{(0, x_2, x_3, \cdots x_{n-1}, 0) \mid x_2, x_3, \cdots x_{n-1} \in R\}$ 的维数是（　　）.

  A. $n - 2$ B. $n - 1$ C. n D. $n + 1$

5. 设 $\alpha_1 = (1, 2, -1, 0)^T$, $\alpha_2 = (1, 1, 0, 2)^T$, $\alpha_3 = (2, 1, 1, a)^T$, 若由 $\alpha_1, \alpha_2, \alpha_3$ 生成的向量空间的维数是 2, 则 $a = \underline{\qquad}$.

第六节　齐次线性方程组解的结构

在本章第一节中, 在解线性方程组时, 通过对其系数矩阵的初等变换求线性方程组的解. 在本节及下一节中, 我们将用向量组线性相关的理论来处理线性方程组的解.

线性方程组
解的结构

对于齐次线性方程组
$$\begin{cases} a_{11}x_1 + a_{12}x_2 + \cdots + a_{1n}x_n = 0 \\ a_{21}x_1 + a_{22}x_2 + \cdots + a_{2n}x_n = 0 \\ \cdots \\ a_{m1}x_1 + a_{m2}x_2 + \cdots + a_{mn}x_n = 0 \end{cases} \quad (3.2)$$

若 $A = \begin{pmatrix} a_{11} & a_{12} & \cdots & a_{1n} \\ a_{21} & a_{22} & \cdots & a_{2n} \\ \cdots & \cdots & \cdots & \cdots \\ a_{m1} & a_{m2} & \cdots & a_{mn} \end{pmatrix}$, $x = \begin{pmatrix} x_1 \\ x_2 \\ \cdots \\ x_n \end{pmatrix}$, $b = \begin{pmatrix} 0 \\ 0 \\ \cdots \\ 0 \end{pmatrix}$,

则线性方程组 (3.2) 的矩阵形式或向量形式为
$$Ax = 0$$

若 $x_1 = \xi_{11}$, $x_2 = \xi_{21}$, $\cdots$, $x_n = \xi_{n1}$ 为方程组 (3.2) 的解, 则

$x = \xi_1 = \begin{pmatrix} \xi_{11} \\ \xi_{21} \\ \vdots \\ \xi_{n1} \end{pmatrix}$ 称为方程组 (3.2) 的解或解向量, 全体解或解向量的集合, 称为方程组

(3.2) 的解集.

下面来讨论齐次线性方程组解的性质.

性质 1 若 $x_1 = \xi_1$, $x_2 = \xi_2$ 为方程组 (3.2) 的解, 则 $x = \xi_1 + \xi_2$ 也是方程组 (3.2) 的解.

证明 只要验证 $x = \xi_1 + \xi_2$ 满足方程 (3.2), 由 $A(\xi_1 + \xi_2) = A\xi_1 + A\xi_2 = 0 + 0 = 0$, 得证.

性质 2 若 $x = \xi$ 为方程组 (3.2) 的解, k 为实数, 则 $x = k\xi$ 也是方程组 (3.2) 的解.

证明 只要验证 $x = k\xi$ 满足方程组 (3.2), 由 $A(k\xi) = k(A\xi) = k0 = 0$, 得证.

由此齐次线性方程组 (3.2) 的所有解构成的集合记作 S. 若能求出 S 的一个极大无关组 $S_0 : \xi_1, \xi_2, \cdots, \xi_t$, 则方程组 (3.2) 的任意一解都可由该极大无关组 S_0 线性表示; 另一方面, 由性质 1 和性质 2 可知极大无关组 S_0 的任何线性组合 $x = k_1\xi_1 + k_2\xi_2 + \cdots + k_t\xi_t$ (k_1, $k_2, \cdots, k_t$ 为任意常数) 都是方程组 (3.2) 的解, 因此它就是方程组 (3.2) 的通解.

定义 3.14 若齐次线性方程组 $Ax = 0$ 的一组解 $\xi_1, \xi_2, \cdots, \xi_t$ 满足:

(1) $\xi_1, \xi_2, \cdots, \xi_t$ 线性无关;

(2) $Ax = 0$ 任意一个解都可由 $\xi_1, \xi_2, \cdots, \xi_t$ 线性表示.

则称 $\xi_1, \xi_2, \cdots, \xi_t$ 是齐次线性方程组 $Ax = 0$ 的一个基础解系.

即齐次线性方程组解集的极大无关组就是它的基础解系,所以我们要求齐次线性方程组的所有解,只要能求出它的基础解系就可以表示所有解.

当齐次线性方程组仅有零解时,它没有基础解系.

下面用之前初等变换的方法来求齐次线性方程组的基础解系.

设齐次线性方程组(3.2)的 $r(A) = r$,对系数矩阵 A 施以初等行变换化为行最简型:

$$B = \begin{pmatrix} 1 & 0 & \cdots & 0 & b_{11} & \cdots & b_{1,n-r} \\ 0 & 1 & \cdots & 0 & b_{21} & \cdots & b_{2,n-r} \\ \vdots & \vdots & & \vdots & \vdots & & \vdots \\ 0 & 0 & \cdots & 1 & b_{r1} & \cdots & b_{r,n-r} \\ 0 & 0 & \cdots & 0 & 0 & \cdots & 0 \\ 0 & 0 & \cdots & 0 & 0 & \cdots & 0 \\ \vdots & \vdots & & \vdots & \vdots & & \vdots \\ 0 & 0 & \cdots & 0 & 0 & \cdots & 0 \end{pmatrix}$$

B 对应的方程组为

$$\begin{cases} x_1 = -b_{11}x_{r+1} - \cdots - b_{1,n-r}x_n \\ x_2 = -b_{21}x_{r+1} - \cdots - b_{2,n-r}x_n \\ \qquad\qquad \cdots\cdots \\ x_r = -b_{r1}x_{r+1} - \cdots - b_{r,n-r}x_n \end{cases}$$

取 $x_{r+1}, \cdots, x_n$ 为自由未知量,分别取

$$\begin{pmatrix} x_{r+1} \\ x_{r+2} \\ \cdots \\ x_n \end{pmatrix} = \begin{pmatrix} 1 \\ 0 \\ \cdots \\ 0 \end{pmatrix}, \begin{pmatrix} 0 \\ 1 \\ \cdots \\ 0 \end{pmatrix}, \cdots, \begin{pmatrix} 0 \\ 0 \\ \cdots \\ 1 \end{pmatrix}$$

将其代入上式得

$$\begin{pmatrix} x_1 \\ \vdots \\ x_r \\ x_{r+1} \\ x_{r+2} \\ \vdots \\ x_n \end{pmatrix} = \begin{pmatrix} -b_{11} \\ \vdots \\ -b_{r1} \\ 1 \\ 0 \\ \vdots \\ 0 \end{pmatrix}, \begin{pmatrix} -b_{12} \\ \vdots \\ -b_{r2} \\ 0 \\ 1 \\ \vdots \\ 0 \end{pmatrix}, \cdots, \begin{pmatrix} -b_{1,n-r} \\ \vdots \\ -b_{r,n-r} \\ 0 \\ 0 \\ \vdots \\ 1 \end{pmatrix}$$

即为方程组(3.2)的基础解系.

将其分别记为 $\xi_1, \xi_2, \cdots, \xi_{n-r}$,则 $x = c_1\xi_1 + c_2\xi_2 + \cdots + c_{n-r}\xi_{n-r}$ ($c_1, \cdots, c_{n-r}$ 为任意常数)即为齐次线性方程组(3.2)的通解.

由上述过程可得如下定理.

定理 3.11 n 元齐次线性方程组的系数矩阵 A 的秩 $r(A) = r$,则它的解集的秩为 n

$-r$,即其基础解系所含解向量为 $n-r$ 个.

【例1】 求齐次线性方程组

$$\begin{cases} x_1 + x_2 - x_3 - x_4 = 0 \\ 2x_1 - 4x_2 + 3x_3 + 2x_4 = 0 \\ 3x_1 - 3x_2 + 2x_3 + x_4 = 0 \end{cases}$$

的基础解系,并用其表示通解.

解法一 对齐次线性方程组的系数矩阵进行初等行变换化为行最简型:

$$A = \begin{pmatrix} 1 & 1 & -1 & -1 \\ 2 & -4 & 3 & 2 \\ 3 & -3 & 2 & 1 \end{pmatrix} \to \begin{pmatrix} 1 & 1 & -1 & -1 \\ 0 & -6 & 5 & 4 \\ 0 & -6 & 5 & 4 \end{pmatrix} \to \begin{pmatrix} 1 & 1 & -1 & -1 \\ 0 & -6 & 5 & 4 \\ 0 & 0 & 0 & 0 \end{pmatrix}$$

$$\to \begin{pmatrix} 1 & 1 & -1 & -1 \\ 0 & 1 & -\dfrac{5}{6} & -\dfrac{2}{3} \\ 0 & 0 & 0 & 0 \end{pmatrix} \to \begin{pmatrix} 1 & 0 & -\dfrac{1}{6} & -\dfrac{1}{3} \\ 0 & 1 & -\dfrac{5}{6} & -\dfrac{2}{3} \\ 0 & 0 & 0 & 0 \end{pmatrix}$$

与之对应的方程组为

$$\begin{cases} x_1 = \dfrac{1}{6}x_3 + \dfrac{1}{3}x_4 \\ x_2 = \dfrac{6}{5}x_3 + \dfrac{2}{3}x_4 \end{cases}$$

分别取 $\begin{pmatrix} x_3 \\ x_4 \end{pmatrix} = \begin{pmatrix} 1 \\ 0 \end{pmatrix}$ 和 $\begin{pmatrix} 0 \\ 1 \end{pmatrix}$ 得 $\begin{pmatrix} x_1 \\ x_2 \\ x_3 \\ x_4 \end{pmatrix} = \begin{pmatrix} \dfrac{1}{6} \\ \dfrac{5}{6} \\ 1 \\ 0 \end{pmatrix}$ 和 $\begin{pmatrix} x_1 \\ x_2 \\ x_3 \\ x_4 \end{pmatrix} = \begin{pmatrix} \dfrac{1}{3} \\ \dfrac{2}{3} \\ 0 \\ 1 \end{pmatrix}$

即 $\xi_1 = \begin{pmatrix} \dfrac{1}{6} \\ \dfrac{5}{6} \\ 1 \\ 0 \end{pmatrix}$, $\xi_2 = \begin{pmatrix} \dfrac{1}{3} \\ \dfrac{2}{3} \\ 0 \\ 1 \end{pmatrix}$ 为所求基础解系.

故原方程组的通解为 $\begin{pmatrix} x_1 \\ x_2 \\ x_3 \\ x_4 \end{pmatrix} = c_1 \begin{pmatrix} \dfrac{1}{6} \\ \dfrac{5}{6} \\ 1 \\ 0 \end{pmatrix} + c_2 \begin{pmatrix} \dfrac{1}{3} \\ \dfrac{2}{3} \\ 0 \\ 1 \end{pmatrix}$ (c_1, c_2 为任意常数).

解法二 对齐次线性方程组的系数矩阵进行初等行变换化为行最简型之后,若取自由未知量

$$\begin{pmatrix} x_3 \\ x_4 \end{pmatrix} = \begin{pmatrix} 6 \\ 0 \end{pmatrix} \text{ 和 } \begin{pmatrix} 0 \\ 3 \end{pmatrix} \text{ 得 } \begin{pmatrix} x_1 \\ x_2 \\ x_3 \\ x_4 \end{pmatrix} = \begin{pmatrix} 1 \\ 5 \\ 6 \\ 0 \end{pmatrix} \text{ 和 } \begin{pmatrix} x_1 \\ x_2 \\ x_3 \\ x_4 \end{pmatrix} = \begin{pmatrix} 1 \\ 2 \\ 0 \\ 3 \end{pmatrix}$$

即 $\xi_1 = \begin{pmatrix} 1 \\ 5 \\ 6 \\ 0 \end{pmatrix}$, $\xi_2 = \begin{pmatrix} 1 \\ 2 \\ 0 \\ 3 \end{pmatrix}$ 为所求基础解系.

故原方程组的通解为 $\begin{pmatrix} x_1 \\ x_2 \\ x_3 \\ x_4 \end{pmatrix} = c_1 \begin{pmatrix} 1 \\ 5 \\ 6 \\ 0 \end{pmatrix} + c_2 \begin{pmatrix} 1 \\ 2 \\ 0 \\ 3 \end{pmatrix}$ （c_1, c_2 为任意常数）.

综上,一个齐次线性方程组的基础解系存在的话,那么它是不唯一的.

【例2】 求齐次线性方程组

$$\begin{cases} 2x_1 - 4x_2 + 5x_3 + 3x_4 = 0 \\ 3x_1 - 6x_2 + 4x_3 + 2x_4 = 0 \\ 4x_1 - 8x_2 + 17x_3 + 11x_4 = 0 \end{cases}$$

用基础解系表示的通解.

解法一 对齐次线性方程组的系数矩阵进行初等行变换化为行最简型.

$$A = \begin{pmatrix} 2 & -4 & 5 & 3 \\ 3 & -6 & 4 & 2 \\ 4 & -8 & 17 & 11 \end{pmatrix} \rightarrow \begin{pmatrix} -1 & 2 & 1 & 1 \\ 3 & -6 & 4 & 2 \\ 4 & -8 & 17 & 11 \end{pmatrix} \rightarrow \begin{pmatrix} -1 & 2 & 1 & 1 \\ 0 & 0 & 7 & 5 \\ 0 & 0 & 21 & 15 \end{pmatrix}$$

$$\rightarrow \begin{pmatrix} -1 & 2 & 0 & \dfrac{2}{7} \\ 0 & 0 & 7 & 5 \\ 0 & 0 & 0 & 0 \end{pmatrix} \rightarrow \begin{pmatrix} 1 & -2 & 0 & -\dfrac{2}{7} \\ 0 & 0 & 1 & \dfrac{5}{7} \\ 0 & 0 & 0 & 0 \end{pmatrix}$$

取 x_2, x_4 为自由未知量,则原方程组的同解方程组为

$$\begin{cases} x_1 = 2x_2 + \dfrac{2}{7}x_4 \\ x_3 = -\dfrac{5}{7}x_4 \end{cases}$$

分别取 $\begin{pmatrix} x_2 \\ x_4 \end{pmatrix} = \begin{pmatrix} 1 \\ 0 \end{pmatrix}$ 和 $\begin{pmatrix} 0 \\ 7 \end{pmatrix}$ 得 $\begin{pmatrix} x_1 \\ x_2 \\ x_3 \\ x_4 \end{pmatrix} = \begin{pmatrix} 2 \\ 1 \\ 0 \\ 0 \end{pmatrix}$ 和 $\begin{pmatrix} x_1 \\ x_2 \\ x_3 \\ x_4 \end{pmatrix} = \begin{pmatrix} 2 \\ 0 \\ -5 \\ 7 \end{pmatrix}$

即 $\xi_1 = \begin{pmatrix} 2 \\ 1 \\ 0 \\ 0 \end{pmatrix}$，$\xi_2 = \begin{pmatrix} 2 \\ 0 \\ -5 \\ 7 \end{pmatrix}$ 为所求基础解系.

故原方程组的用基础解系表示的通解为 $\begin{pmatrix} x_1 \\ x_2 \\ x_3 \\ x_4 \end{pmatrix} = c_1 \begin{pmatrix} 2 \\ 1 \\ 0 \\ 0 \end{pmatrix} + c_2 \begin{pmatrix} 2 \\ 0 \\ -5 \\ 7 \end{pmatrix}$（$c_1, c_2$ 为任意

常数）.

习题 3-6

1. 齐次线性方程组 $x_1 + x_2 + \cdots + x_n = 0$ 的基础解系中所含解向量的个数是（　　）.

    A.0   B.1   C. $n - 1$ D. n

2. 设齐次线性方程组 $Ax = 0$ 的系数矩阵 $A_{m \times n}$ 的秩 $r(A) = n - 3$.若 ξ_1, ξ_2, ξ_3 是方程组 $Ax = 0$ 的三个线性无关的解向量，则方程组 $Ax = 0$ 的基础解系是（　　）.

    A. $\xi_1, \xi_1 + \xi_2, \xi_1 + \xi_2 + \xi_3$

    B. $\xi_1 - \xi_2, \xi_2 - \xi_3, \xi_3 - \xi_1$

    C. $\xi_1, \xi_2 + \xi_3$

    D. $\xi_1 - \xi_2 + \xi_3, \xi_1 + \xi_2 - \xi_3, \xi_1$

3. 求下列齐次线性方程组的通解,并用其基础解系表示.

（1）$\begin{cases} x_1 + 2x_2 - x_3 - 2x_4 = 0 \\ 2x_1 - x_2 - x_3 + x_4 = 0 \\ 3x_1 + x_2 - 2x_3 - x_4 = 0 \end{cases}$

（2）$\begin{cases} x_1 + x_2 + x_3 + x_4 + x_5 = 0 \\ 3x_1 + 2x_2 + x_3 + x_4 - 3x_5 = 0 \\ x_2 + 2x_3 + 2x_4 + 6x_5 = 0 \\ 5x_1 + 4x_2 + 3x_3 + 3x_4 - x_5 = 0 \end{cases}$

4. 已知 n 阶矩阵 A 各行的元素之和均为零, $r(A) = n - 1$,求齐次线性方程组 $Ax = 0$ 的通解.

5. 求一个齐次线性方程组,使它的基础解系为

$$\xi_1 = \begin{pmatrix} 0 \\ 1 \\ 2 \\ 3 \end{pmatrix}, \quad \xi_2 = \begin{pmatrix} 3 \\ 2 \\ 1 \\ 0 \end{pmatrix}$$

第七节　非齐次线性方程组解的结构

类似于上节齐次线性方程组解的处理方法,本节用向量组线性相关的理论来处理非齐次线性方程组的解.

非齐次线性方程组

$$\begin{cases} a_{11}x_1 + a_{12}x_2 + \cdots + a_{1n}x_n = b_1 \\ a_{21}x_1 + a_{22}x_2 + \cdots + a_{2n}x_n = b_2 \\ \quad\quad\quad \cdots\cdots \\ a_{m1}x_1 + a_{m2}x_2 + \cdots + a_{mn}x_n = b_m \end{cases} \quad (3.1)$$

其中 $b_i(i = 1,2,\cdots,m)$ 不全为零,方程组(3.1)的矩阵形式为

$$Ax = b$$

其中 $A = \begin{pmatrix} a_{11} & a_{12} & \cdots & a_{1n} \\ a_{21} & a_{22} & \cdots & a_{2n} \\ \cdots & \cdots & \cdots & \cdots \\ a_{m1} & a_{m2} & \cdots & a_{mn} \end{pmatrix}$, $x = \begin{pmatrix} x_1 \\ x_2 \\ \cdots \\ x_n \end{pmatrix}$, $b = \begin{pmatrix} b_1 \\ b_2 \\ \cdots \\ b_m \end{pmatrix}$.

非齐次线性方程组 $Ax = b$ 对应的齐次线性方程组 $Ax = 0$ 称为非齐次线性方程组(3.1)的导出组.方程组(3.1)的解与其导出组的解有如下性质.

性质 1　若 $x = \eta$ 是非齐次线性方程组 $Ax = b$ 的一个解,$x = \xi$ 是其导出组 $Ax = 0$ 的一个解,则 $x = \eta + \xi$ 是非齐次性方程组 $Ax = b$ 的解.

证明　由题设知 $A\eta = b$, $A\xi = 0$,故 $A(\eta + \xi) = A\eta + A\xi = b + 0 = b$,所以 $x = \eta + \xi$ 是非齐次线性方程组 $Ax = b$ 的解.

性质 2　若 $x = \eta_1$, $x = \eta_2$ 是非齐次线性方程组 $Ax = b$ 的两个解,则 $x = \eta_1 - \eta_2$ 是其导出组 $Ax = 0$ 的解.

证明　由题设知 $A\eta_1 = b$, $A\eta_2 = b$,故有 $A(\eta_1 - \eta_2) = A\eta_1 - A\eta_2 = b - b = 0$,所以 $x = \eta_1 - \eta_2$ 是导出组齐次线性方程组 $Ax = 0$ 的解.

由此,有以下关于非齐次线性方程组解的结构定理.

定理 3.12　若 $x = \eta$ 是非齐次线性方程组 $Ax = b$ 的解,$x = \xi$ 是其导出组 $Ax = 0$ 的通解,则 $x = \eta + \xi$ 是非齐次线性方程组 $Ax = b$ 的通解.

证明　由性质 1 可知,$x = \eta + \xi$ 是非齐次线性方程组 $Ax = b$ 的解.下证非齐次线性方程组的任意一个解 η^* 一定可以表示为 η 与其导出组的某一解 ξ^* 的和,可以取 $\xi_1 = \eta^* - \eta$,由性质 2 可知,ξ_1 是其导出组的一个解.这样 $\eta^* = \eta + \xi_1$ 就表示非齐次线性方程组任意一个解都可以表示为它的一个解与其导出组的某一解之和,即 $x = \eta + \xi$ 是非齐次线性方程组的通解.

由此我们要求非齐次线性方程组 $Ax = b$ 的通解,可以求出它的一个特解 η ,求出其导出组 $Ax = 0$ 的一个基础解系 $\xi_1, \xi_2, \cdots, \xi_{n-r}$.那么非齐次线性方程组 $Ax = b$ 的通解即可表示为 $x = \eta + c_1\xi_1 + c_2\xi_2 + \cdots + c_{n-r}\xi_{n-r}$ ($c_1, \cdots, c_{n-r}$ 为任意常数).

当然,若其导出组 $Ax = 0$ 仅有零解的话,则非齐次线性方程组 $Ax = b$ 只有唯一解.

【例1】 求如下非齐次线性方程组用基础解系表示的通解.

$$\begin{cases} x_1 + 2x_2 - x_3 - x_4 = 3 \\ 2x_1 - x_2 + 4x_3 - 2x_4 = 3 \\ 2x_1 + 4x_2 + x_3 - 2x_4 = 4 \end{cases}$$

解法一 对齐次线性方程组的系数矩阵进行初等行变换化为行最简型.

$$A = \begin{pmatrix} 1 & 2 & -1 & -1 & 3 \\ 2 & -1 & 4 & -2 & 3 \\ 2 & 4 & 1 & -2 & 4 \end{pmatrix} \rightarrow \begin{pmatrix} 1 & 2 & -1 & -1 & 3 \\ 0 & -5 & 6 & 0 & -3 \\ 0 & 0 & 3 & 0 & -2 \end{pmatrix} \rightarrow \begin{pmatrix} 1 & 2 & -1 & -1 & 3 \\ 0 & 1 & -\dfrac{6}{5} & 0 & \dfrac{3}{5} \\ 0 & 0 & 1 & 0 & -\dfrac{2}{3} \end{pmatrix}$$

$$\rightarrow \begin{pmatrix} 1 & 2 & 0 & -1 & \dfrac{7}{3} \\ 0 & 1 & 0 & 0 & -\dfrac{1}{5} \\ 0 & 0 & 1 & 0 & -\dfrac{2}{3} \end{pmatrix} \rightarrow \begin{pmatrix} 1 & 0 & 0 & -1 & \dfrac{41}{15} \\ 0 & 1 & 0 & 0 & -\dfrac{1}{5} \\ 0 & 0 & 1 & 0 & -\dfrac{2}{3} \end{pmatrix}$$

由此与之等价的方程组为

$$\begin{cases} x_1 = \dfrac{41}{15} + x_4 \\ x_2 = -\dfrac{1}{5} \\ x_3 = -\dfrac{2}{3} \end{cases}$$

令 $x_4 = 0$,得原方程的一个特解为 $\eta = \begin{pmatrix} \dfrac{41}{15} \\ -\dfrac{1}{5} \\ -\dfrac{2}{3} \\ 0 \end{pmatrix}$.

令自由未知量 $x_4 = 1$,得原方程组的导出组的一个基础解系为 $\xi = \begin{pmatrix} \dfrac{56}{15} \\ -\dfrac{1}{5} \\ -\dfrac{2}{3} \\ 1 \end{pmatrix}$.

于是原方程组的通解为 $x = \eta + c\xi = \begin{pmatrix} \dfrac{41}{15} \\ -\dfrac{1}{5} \\ -\dfrac{2}{3} \\ 0 \end{pmatrix} + c \begin{pmatrix} \dfrac{56}{15} \\ -\dfrac{1}{5} \\ -\dfrac{2}{3} \\ 1 \end{pmatrix}$（$c$ 为任意常数）.

【例2】 设四元非齐次线性方程组 $Ax = b$ 的系数矩阵 A 的秩为3,已知它的三个解向

量 η_1, η_2, η_3,其中 $\eta_1 + \eta_2 = \begin{pmatrix} 2 \\ 4 \\ 6 \\ 8 \end{pmatrix}$, $\eta_3 = \begin{pmatrix} 2 \\ -3 \\ 0 \\ 1 \end{pmatrix}$,求该方程组的通解.

解 由题设可知非齐次线性方程组 $Ax = b$ 的导出组的基础解系含 4-3 个解向量,这样导出组的任意一个非零向量即为其基础解系.

$$\eta_3 - \frac{1}{2}(\eta_1 + \eta_2) = \begin{pmatrix} 2 \\ -3 \\ 0 \\ 1 \end{pmatrix} - \frac{1}{2}\begin{pmatrix} 2 \\ 4 \\ 6 \\ 8 \end{pmatrix} = \begin{pmatrix} 1 \\ -5 \\ -3 \\ -3 \end{pmatrix} \neq 0$$

就是其导出组的一个非零解,即为导出组的基础解系.

所以方程组 $Ax = b$ 的通解为

$$x = \eta_3 + c\left[\eta_3 - \frac{1}{2}(\eta_1 + \eta_2)\right] = \begin{pmatrix} 2 \\ -3 \\ 0 \\ 1 \end{pmatrix} + c\begin{pmatrix} 1 \\ -5 \\ -3 \\ -3 \end{pmatrix}$$（c 为任意常数）.

习题 3-7

1. 设 η_1, η_2 非齐次线性方程组 $Ax = b$ 的任意两个解,则下列结论错误的是( ).

A. $\eta_1 + \eta_2$ 是 $Ax = 0$ 的一个解

B. $\dfrac{1}{2}\eta_1 + \dfrac{1}{2}\eta_2$ 是 $Ax = b$ 的一个解

C. $\eta_1 - \eta_2$ 是 $Ax = 0$ 的一个解

D. $2\eta_1 - \eta_2$ 是 $Ax = b$ 的一个解

2. 三元非齐次线性方程组 $Ax = b$ 的两个特解为

$$\eta_1 = \begin{pmatrix} 1 \\ 2 \\ 3 \end{pmatrix}, \quad \eta_2 = \begin{pmatrix} 0 \\ 4 \\ 6 \end{pmatrix}$$

且 $r(A) = 2$,则方程组 $Ax = b$ 的全部解为( ).

A. $x = c_1\eta_1 + c_2\eta_2$（$c_1, c_2$ 为任意常数）

B. $x = \eta_1 + c\eta_2$（c 为任意常数）

C. $x = \eta_2 + c(\eta_1 - \eta_2)$ （c 为任意常数）

D. $x = \eta_1 - c\eta_2$（c 为任意常数）

3. 求下列非齐次线性方程组的通解,并用其导出组的基础解系表示.

（1）$\begin{cases} x_1 + x_2 - 2x_3 + 4x_4 = 0 \\ 2x_1 + 5x_2 - 4x_3 + 11x_4 = -3 \\ x_1 + 2x_2 - 2x_3 + 5x_4 = -1 \end{cases}$

（2）$\begin{cases} x_1 + 3x_2 + 3x_3 - 2x_4 + x_5 = 3 \\ 2x_1 + 6x_2 + x_3 - 3x_4 = 2 \\ x_1 + 3x_2 - 2x_3 - x_4 - x_5 = -1 \\ 3x_1 + 9x_2 + 4x_3 - 5x_4 + x_5 = 5 \end{cases}$

4. 已知线性方程组

$$\begin{cases} x_1 + x_2 + x_3 + x_4 + x_5 = a \\ 3x_1 + 2x_2 + x_3 + x_4 - 3x_5 = 0 \\ x_2 + 2x_3 + 2x_4 + 6x_5 = b \\ 5x_1 + 4x_2 + 3x_3 + 3x_4 - x_5 = 2 \end{cases}$$

（1）a,b 为何值时,方程组有解?

（2）方程组有解时,求出其导出组的一个基础解系;

（3）方程组有解时,求出其全部解.

总习题三

1. 用消元法解下列齐次线性方程组.

（1）$\begin{cases} x_1 - x_2 + 5x_3 - x_4 = 0 \\ x_1 + 3x_2 - 9x_3 + 7x_4 = 0 \\ 2x_1 - 2x_2 + 10x_3 - 2x_4 = 0 \\ 3x_1 - x_2 + 8x_3 + x_4 = 0 \end{cases}$

（2）$\begin{cases} x_1 + x_2 - 3x_4 - x_5 = 0 \\ x_1 - x_2 + 2x_3 - x_4 = 0 \\ 4x_1 - 2x_2 + 6x_3 + 3x_4 - 4x_5 = 0 \\ 2x_1 + 4x_2 - 2x_3 + 4x_4 - 7x_5 = 0 \end{cases}$

2. 用消元法解下列非齐次线性方程组.

（1）$\begin{cases} x_1 + 2x_2 - x_3 + x_4 = 1 \\ -2x_1 + 3x_2 + x_3 - 3x_4 = 4 \\ 4x_1 + x_2 - 3x_3 + 5x_4 = -2 \end{cases}$

$(2)\begin{cases} x_1 + x_2 + 2x_3 + 3x_4 = 1 \\ x_1 + 2x_2 + 3x_3 - x_4 = -4 \\ 3x_1 - x_2 - x_3 - 2x_4 = -4 \\ 2x_1 + 3x_2 - x_3 - x_4 = -6 \end{cases}$

3. 设 $A = \begin{pmatrix} 1 & 2 & 1 \\ 2 & 3 & a+2 \\ 1 & a & -2 \end{pmatrix}$, $b = \begin{pmatrix} 1 \\ 3 \\ 0 \end{pmatrix}$, $x = \begin{pmatrix} x_1 \\ x_2 \\ x_3 \end{pmatrix}$.

(1) 齐次线性方程组 $Ax = 0$ 只有零解,则 a 满足的条件是_____.

(2) 非齐次线性方程组 $Ax = b$ 无解,则 $a =$ _____.

4. 已知向量 $\beta = (0, 11, 5)$, $\alpha_1 = (1, 2, 2)$, $\alpha_2 = (-3, -1, 1)$, $\alpha_3 = (5, -3, -3)$, 试判断 β 能否由 $\alpha_1, \alpha_2, \alpha_3$ 线性表示,若可以,请写出表达式.

5. 若 α_1, α_2 线性相关,β_1, β_2 线性相关,则 $\alpha_1 + \beta_1$, $\alpha_2 + \beta_2$ 是否线性相关.

6. 求向量组 $\alpha_1 = (1, -1, 2, 4)$, $\alpha_2 = (0, 3, 2, 1)$, $\alpha_3 = (3, 0, 7, 14)$, $\alpha_4 = (1, -2, 2, 0)$, $\alpha_5 = (2, 1, 5, 10)$ 的一个极大无关组,并将其余向量用该极大无关组线性表示.

7. 证明向量组 $\alpha_1 = (5, 1, 4, 1)$, $\alpha_2 = (0, -1, 1, 1)$, $\alpha_3 = (4, 2, 2, 1)$, $\alpha_4 = (2, 1, 0, 1)$ 是 R^4 的一组基.

8. 判断下列集合定义的加法和数乘运算是否构成实数域上的线性空间,试证明.

(1) 全体 n 阶实对称矩阵,对于矩阵的加法和数乘运算.

(2) n 维向量 $V = \{\alpha = (x_1, x_2, \cdots, x_n) \mid \sum_{i=1}^{n} x_i = 1, x_i \in R\}$,对于向量的加法和数乘运算.

9. 求下列齐次线性方程组的一个基础解系及其通解.

$(1)\begin{cases} x_1 + x_2 - x_3 + 2x_4 - x_5 = 0 \\ x_1 + x_2 + x_3 + 3x_5 = 0 \\ x_3 + 3x_4 + 6x_5 = 0 \end{cases}$

$(2)\begin{cases} x_1 + x_2 + x_3 + 4x_4 - 3x_5 = 0 \\ 2x_1 + x_2 + 3x_3 + 5x_4 - 5x_5 = 0 \\ x_1 - x_2 + 3x_3 - 2x_4 - x_5 = 0 \\ 3x_1 + x_2 + 5x_3 + 6x_4 - 7x_5 = 0 \end{cases}$

10. 下列非齐次线性方程组若有无穷多解,则用其导出组的基础解系表示其通解.

$(1)\begin{cases} 2x_1 + x_2 - x_3 + x_4 = 1 \\ 3x_1 - 2x_2 + x_3 - 3x_4 = 4 \\ x_1 + 4x_2 - 3x_3 + 5x_4 = -2 \end{cases}$

$(2)\begin{cases} 2x_1 + 3x_2 - x_3 - 5x_4 = -2 \\ x_1 + 2x_2 - x_3 + x_4 = -2 \\ x_1 + x_2 + x_3 + x_4 = 5 \\ 3x_1 + x_2 + 2x_3 + 3x_4 = 4 \end{cases}$

11. 已知四阶方阵 $A = (\alpha_1, \alpha_2, \alpha_3, \alpha_4)$，$\alpha_1, \alpha_2, \alpha_3, \alpha_4$ 均为 4 维列向量，其中 $\alpha_2, \alpha_3, \alpha_4$ 线性无关，$\alpha_1 = 2\alpha_2 - \alpha_3$，如果 $\beta = \alpha_1 + \alpha_2 + \alpha_3 + \alpha_4$，求线性方程组 $Ax = \beta$ 的通解.

12. 已知四元非齐次线性方程组的系数矩阵的秩为 3，$\alpha_1, \alpha_2, \alpha_3$ 是它的 3 个解向量，

其中 $\alpha_1 + \alpha_2 = \begin{pmatrix} 1 \\ 1 \\ 0 \\ 2 \end{pmatrix}$，$\alpha_2 + \alpha_3 = \begin{pmatrix} 1 \\ 0 \\ 1 \\ 3 \end{pmatrix}$，试求该非齐次线性方程组的通解.

13. 证明：与基础解系等价的线性无关向量组也是基础解系.

14. 设四元齐次线性方程组（Ⅰ）为 $\begin{cases} 2x_1 + 3x_2 - x_3 = 0 \\ x_1 + 2x_2 + x_3 - x_4 = 0 \end{cases}$

且已知另一四元齐次线性方程组（Ⅱ）的一个基础解系为

$$\alpha_1 = \begin{pmatrix} 2 \\ -1 \\ a+2 \\ 1 \end{pmatrix}, \quad \alpha_2 = \begin{pmatrix} -1 \\ 2 \\ 4 \\ a+8 \end{pmatrix}$$

（1）求方程组（Ⅰ）的一个基础解系.

（2）当 a 为何值时，方程组（Ⅰ）和（Ⅱ）有非零公共解？在有非零公共解时，求出全部非零公共解.

【人文数学】

中国数学家苏步青简介

苏步青 1902 年 9 月出生在浙江省平阳县的一个山村里.虽然家境清贫，可他父母省吃俭用也要供他上学.苏步青在读初中时，对数学并不感兴趣，觉得数学太简单，一学就懂.可是，后来的一堂数学课影响了他一生的道路.

苏步青上初三时，他就读的浙江省六十中来了一位刚从东京留学归来的教数学课的杨老师.第一堂课杨老师没有讲数学，而是讲故事.他说："当今世界，弱肉强食，世界列强依仗船坚炮利，都想蚕食瓜分中国.中华亡国灭种的危险迫在眉睫，振兴科学，发展实业，救亡图存，在此一举.'天下兴亡，匹夫有责'，在座的每一位同学都有责任."杨老师旁征博引，讲述了数学在现代科学技术发展中的巨大作用.这堂课上杨老师的最后一句话是："为了救亡图存，必须振兴科学.数学是科学的开路先锋，为了发展科学，必须学好数学."苏步青一生不知听过多少堂课，但这一堂课令他终生难忘.

杨老师的课深深地打动了苏步青，给他的思想注入了新的兴奋剂.读书，不仅是为了摆脱个人困境，更是要拯救中国广大的苦难民众；读书，不仅是为了个人找出路，更是为中华民族求新生.当天晚上，苏步青辗转反侧，彻夜难眠.在杨老师的影响下，苏步青的兴趣从文学转向了数学，并从此立下了"读书不忘救国，救国不忘读书"的座右铭.一迷上数学，不管是酷暑隆冬，霜晨雪夜，苏步青专注于读书、思考、解题、演算，4 年中演算了上万道数学习题.现在温州一中（即当时浙江省六十中）还珍藏着苏步青当时的一本几何练习簿，用毛笔书写，工工整整.中学毕业时，苏步青门门功课都在 90 分以上.

17 岁时，苏步青赴日本留学，以第一名的成绩考取东京高等工业学校，在那里他如饥

似渴地学习.为国争光的信念驱使苏步青较早地进入了数学的研究领域,在完成学业的同时,写了 30 多篇论文,在微分几何方面取得了令人瞩目的成果,并于 1931 年获得理学博士学位.获得博士学位之前,苏步青已在日本帝国大学数学系当讲师.正当日本一个大学准备聘他去任教时,苏步青却决定回国,回到抚育他成长的祖国任教.回到浙江大学任教的苏步青,生活十分艰苦.面对困境,苏步青的回答是:"吃苦算得了什么? 我甘心情愿! 因为我选择了一条正确的道路,这是一条爱国的光明之路啊!"

虽然阔别祖国 12 年,苏步青依然时刻记着自己离开祖国时的志向.苏步青于 1931 年回国,那时候正是国内局势动荡之际,他依然带着曾经的"救国梦"归来了.学成归国之后,苏步青选择了在浙江大学任教.他带领浙江大学的师生们克服了战争时期的种种困难,在山洞里办讨论班,在防空洞里保证研究进度,为祖国培养了一大批数学人才.

1942 年,剑桥大学教授在参观浙江大学数学系时,将浙江大学誉为"东方剑桥".1949 年,国民党给苏步青送来飞往台湾的飞机票,苏步青毅然选择留在杭州,迎接解放军入城.此后,他又任复旦大学校长、名誉校长、教授.

苏步青就像中国数学界的一缕春风,为中国数学界培养了万千人才.2019 年 8 月,国际天文学联合会第 118220—118221 号《小行星通告》新增了四颗中文小行星名称.其中第 297161 号小行星正是以苏步青的名字来命名的,那颗夜空中的"苏步青星",将为中国数学人才指引新的前进道路.

第四章

矩阵的特征值与特征向量

第一节　概念及基本性质

一、矩阵的特征值与特征向量的概念

矩阵 A 与向量 x 相乘相当于对 x 进行了一次线性变换,得到的仍然是一个向量.若这种线性变换特殊一些,这就是我们本节要学习的内容.

定义 4.1　设 A 为 n 阶矩阵,若存在实数 λ 和 n 维非零列向量 x ,使得

矩阵的特征值与
特征向量

$$Ax = \lambda x \tag{5.1}$$

则称 λ 为矩阵 A 的一个特征值, x 为矩阵 A 对应于 λ 的特征向量.

在此:

(1)只有方阵才有特征值和特征向量;

(2)特征向量是非零向量;

(3)特征向量是与特征值对应的.

【例1】　设 $A = \begin{pmatrix} 1 & 3 \\ 2 & 2 \end{pmatrix}$, $x = \begin{pmatrix} 1 \\ 1 \end{pmatrix}$, $y = \begin{pmatrix} -3 \\ 2 \end{pmatrix}$,易知 $Ax = 4x$, $Ay = -y$,由定义可得,4 是 A 的一个特征值, x 是 A 的对应于 4 的特征向量. -1 是 A 的一个特征值, y 是 A 的对应于 -1 的特征向量.

由式(5.1)可得

$$(\lambda E - A)\, x = 0 \tag{5.2}$$

这是一个齐次线性方程组,这个齐次线性方程组如果有非零解,则它的系数行列式

$$|\lambda E - A| = 0$$

而 $|\lambda E - A| = \begin{vmatrix} \lambda - a_{11} & -a_{12} & \cdots & -a_{1n} \\ -a_{21} & \lambda - a_{22} & \cdots & -a_{2n} \\ \cdots & \cdots & \cdots & \cdots \\ -a_{n1} & -a_{n2} & \cdots & \lambda - a_{nn} \end{vmatrix}$ 将是一个关于 λ 的 n 次多项式,求

解出来即可得特征值.因此将 $|\lambda E - A|$ 称为矩阵 A 的特征多项式,将 $|\lambda E - A| = 0$ 称为矩阵 A 的特征方程,特征方程的根称为矩阵 A 的特征值,将 $(\lambda E - A)$ 称为矩阵 A 的特征矩阵.齐次线性方程组(5.2)的非零解即为对应于特征值 λ 的矩阵 A 的特征向量.

【例2】 求矩阵 $A = \begin{pmatrix} 4 & 1 \\ 6 & -1 \end{pmatrix}$ 的特征值和特征向量.

解 矩阵 A 的特征方程为

$$|\lambda E - A| = \begin{vmatrix} \lambda - 4 & -1 \\ -6 & \lambda + 1 \end{vmatrix} = 0$$

整理得 $(\lambda - 5)(\lambda + 2) = 0$,所以 $\lambda_1 = 5, \lambda_2 = -2$ 是矩阵 A 的两个特征值.

当 $\lambda_1 = 5$ 时,解齐次线性方程组 $(5E - A)x = \mathbf{0}$,由

$$5E - A = \begin{pmatrix} 1 & -1 \\ -6 & 6 \end{pmatrix} \rightarrow \begin{pmatrix} 1 & -1 \\ 0 & 0 \end{pmatrix}$$

可得它的基础解系为 $\alpha_1 = \begin{pmatrix} 1 \\ 1 \end{pmatrix}$,所以矩阵 A 的对应于 $\lambda_1 = 5$ 的全部特征向量为 $c_1\alpha_1 = c_1\begin{pmatrix} 1 \\ 1 \end{pmatrix}$(其中 c_1 为任意非零常数).

当 $\lambda_2 = -2$ 时,解齐次线性方程组 $(-2E - A)x = 0$,由

$$-2E - A = \begin{pmatrix} -6 & -1 \\ -6 & -1 \end{pmatrix} \rightarrow \begin{pmatrix} 6 & 1 \\ 0 & 0 \end{pmatrix}$$

可得它的基础解系为 $\alpha_2 = \begin{pmatrix} 1 \\ -6 \end{pmatrix}$,所以矩阵 A 的对应于 $\lambda_2 = -2$ 的全部特征向量为 $c_2\alpha_2 = c_2\begin{pmatrix} 1 \\ -6 \end{pmatrix}$(其中 c_2 为任意非零常数).

由上述定义 4.1 及【例2】可知,求 n 阶矩阵 A 的特征值与特征向量的步骤为:

(1)写出 A 的特征方程 $|\lambda E - A| = 0$,解之得 A 的 n 个特征值 $\lambda_1, \lambda_2, \cdots, \lambda_n$,其中可能有重根;

(2)对每一个特征值 λ_i,解齐次线性方程组 $(\lambda_i E - A)x = \mathbf{0}$,得到其基础解系 $\alpha_1, \alpha_2, \cdots, \alpha_s$,则 A 的对应于 λ_i 的全部特征向量为 $c_1\alpha_1 + c_2\alpha_2 + \cdots + c_s\alpha_s$(其中 $c_1, c_2, \cdots, c_s$ 为任意不全为零常数).

【例3】 求矩阵 $A = \begin{pmatrix} 3 & 2 & -1 \\ -2 & -2 & 2 \\ 3 & 6 & -1 \end{pmatrix}$ 的特征值与特征向量.

解 矩阵 A 的特征方程为

$$|\lambda E - A| = \begin{vmatrix} \lambda - 3 & -2 & 1 \\ 2 & \lambda + 2 & -2 \\ -3 & -6 & \lambda + 1 \end{vmatrix} = 0$$

整理得 $(\lambda - 2)^2(\lambda + 4) = 0$,所以 $\lambda_1 = \lambda_2 = 2$, $\lambda_3 = -4$ 是矩阵 A 的特征值.

当 $\lambda_1 = \lambda_2 = 2$ 时,解齐次线性方程组 $(2E - A)x = 0$,由

$$2E - A = \begin{pmatrix} -1 & -2 & 1 \\ 2 & 4 & -2 \\ -3 & -6 & 3 \end{pmatrix} \rightarrow \begin{pmatrix} 1 & 2 & -1 \\ 0 & 0 & 0 \\ 0 & 0 & 0 \end{pmatrix}$$

可得它的基础解系为 $\alpha_1 = \begin{pmatrix} -2 \\ 1 \\ 0 \end{pmatrix}$, $\alpha_2 = \begin{pmatrix} 1 \\ 0 \\ 1 \end{pmatrix}$,所以矩阵 A 的对应于 $\lambda_1 = \lambda_2 = 2$ 的全部特

征向量为 $c_1\alpha_1 + c_2\alpha_2 = c_1 \begin{pmatrix} -2 \\ 1 \\ 0 \end{pmatrix} + c_2 \begin{pmatrix} 1 \\ 0 \\ 1 \end{pmatrix}$(其中 c_1, c_2 为任意不全为零常数).

当 $\lambda_3 = -4$ 时,解齐次线性方程组 $(-4E - A)x = 0$,由

$$-4E - A = \begin{pmatrix} -7 & -2 & 1 \\ 2 & -2 & -2 \\ -3 & -6 & -3 \end{pmatrix} \rightarrow \begin{pmatrix} 1 & 0 & -\dfrac{1}{3} \\ 0 & 1 & \dfrac{2}{3} \\ 0 & 0 & 0 \end{pmatrix}$$

可得它的基础解系为 $\alpha_3 = \begin{pmatrix} 1 \\ -2 \\ 3 \end{pmatrix}$,所以矩阵 A 的对应于 $\lambda_3 = -4$ 的全部特征向量为

$c_3\alpha_3 = c_3 \begin{pmatrix} 1 \\ -2 \\ 3 \end{pmatrix}$(其中 c_2 为任意非零常数).

【例4】 求矩阵 $A = \begin{pmatrix} 1 & -2 \\ 2 & 3 \end{pmatrix}$ 的特征值和特征向量.

解 矩阵 A 的特征方程为

$$|\lambda E - A| = \begin{vmatrix} \lambda - 1 & 2 \\ -2 & \lambda - 3 \end{vmatrix} = 0$$

整理得 $\lambda^2 - 4\lambda + 7 = 0$,因为其在实数域内无根,所以矩阵 A 在实数域内无特征值和特征向量.

【例5】 求矩阵 $A = \begin{pmatrix} a & 0 & 0 & 0 \\ 0 & a & 0 & 0 \\ 0 & 0 & a & 0 \\ 0 & 0 & 0 & a \end{pmatrix}$ 的特征值与特征向量.

解 矩阵 A 的特征方程为

$$|\lambda E - A| = \begin{vmatrix} \lambda - a & 0 & 0 & 0 \\ 0 & \lambda - a & 0 & 0 \\ 0 & 0 & \lambda - a & 0 \\ 0 & 0 & 0 & \lambda - a \end{vmatrix} = 0$$

整理得 $(\lambda - a)^4 = 0$

所以 $\lambda_1 = \lambda_2 = \lambda_3 = \lambda_4 = a$ 是矩阵 A 的特征值.

当 $\lambda_1 = \lambda_2 = \lambda_3 = \lambda_4 = a$ 时,解齐次线性方程组 $(aE - A)x = 0$,由

$$aE - A = \begin{pmatrix} 0 & 0 & 0 & 0 \\ 0 & 0 & 0 & 0 \\ 0 & 0 & 0 & 0 \\ 0 & 0 & 0 & 0 \end{pmatrix}$$

可得它的基础解系为任意四个线性无关的四维列向量,可以取单位向量组

$$\varepsilon_1 = \begin{pmatrix} 1 \\ 0 \\ 0 \\ 0 \end{pmatrix}, \varepsilon_2 = \begin{pmatrix} 0 \\ 1 \\ 0 \\ 0 \end{pmatrix}, \varepsilon_3 = \begin{pmatrix} 0 \\ 0 \\ 1 \\ 0 \end{pmatrix}, \varepsilon_4 = \begin{pmatrix} 0 \\ 0 \\ 0 \\ 1 \end{pmatrix}$$

为基础解系,所以矩阵 A 的对应于 $\lambda_1 = \lambda_2 = \lambda_3 = \lambda_4 = a$ 的全部特征向量为:$c_1\varepsilon_1 + c_2\varepsilon_2 + c_3\varepsilon_3 + c_4\varepsilon_4$(其中 c_1, c_2, c_3, c_4 为任意不全为零常数).

【例6】 设 λ_0 是 n 阶矩阵 A 的一个特征值,试证:

(1) λ_0^2 是 A^2 的一个特征值.

(2)对任意数 k ,$k - \lambda_0$ 是矩阵 $kE - A$ 的一个特征值.

证明 由已知,存在 n 维非零列向量 α ,使得 $A\alpha = \lambda_0\alpha$.

(1)对上式两边左乘矩阵 A ,得

$$A^2\alpha = \lambda_0 A\alpha = \lambda_0^2 \alpha$$

即 λ_0^2 是 A^2 的一个特征值.

(2)因为 $A\alpha = \lambda_0\alpha$,则有 $k\alpha - A\alpha = k\alpha - \lambda_0\alpha$,整理得

$$(kE - A)\alpha = (k - \lambda_0)\alpha$$

即 $k - \lambda_0$ 是矩阵 $kE - A$ 的一个特征值.

一般地,对于正整数 m ,可以证明:若 λ_0 是矩阵 A 的特征值,则 λ_0^m 是 A^m 的特征值;若 $f(x) = a_0 + a_1x + \cdots + a_mx^m$ 是关于 x 的 m 次多项式,记 $f(A) = a_0E + a_1A + \cdots + a_mA^m$ 称为矩阵 A 的多项式,则 $f(\lambda_0)$ 是矩阵 $f(A)$ 的特征值.

二、特征值与特征向量的基本性质

定理 4.1 n 阶矩阵 A 与其转置矩阵 A^T 有相同的特征值.

证明 因为 $|\lambda E - A^T| = |(\lambda E - A)^T| = |\lambda E - A|$,所以 A 与 A^T 的特征多项式相同,故 A 与 A^T 有相同的特征值.

定理 4.2 n 阶矩阵 A 非奇异的充分必要条件是其任意特征值不为零.

证明 矩阵 A 非奇异的充分必要条件是 $|A| \neq 0$,又因为 $|0E - A| = |-A| = (-1)^n|A|$,即 $|A| \neq 0$ 的充分必要条件是数 0 不是 A 的特征值,所以矩阵 A 可逆的充分必要条件是其任意特征值不为零.

定理 4.3 n 阶矩阵 A 互不相同的特征值 $\lambda_1, \lambda_2, \cdots, \lambda_m (m \leq n)$ 对应的特征向量

特征值与
特征向量的性质

$\alpha_1, \alpha_2, \cdots, \alpha_m$ 线性无关.

证明 用数学归纳法.

当 $m = 1$ 时,因为特征向量不是 0,所以定理成立.

设矩阵 A 的 $m - 1$ 个互不相同的特征值为 $\lambda_1, \lambda_2, \cdots, \lambda_{m-1}$,其对应的特征向量 $\alpha_1, \alpha_2, \cdots, \alpha_{m-1}$ 线性无关.下证对 m 个互不相同的特征值 $\lambda_1, \lambda_2, \cdots, \lambda_{m-1}, \lambda_m$,其对应的特征向量 $\alpha_1, \alpha_2, \cdots, \alpha_{m-1}, \alpha_m$ 线性无关.设

$$k_1 \alpha_1 + k_2 \alpha_2 + \cdots + k_{m-1} \alpha_{m-1} + k_m \alpha_m = 0 \qquad ①$$

成立,用矩阵 A 乘①式两端,因 $A\alpha_i = \lambda_i \alpha_i$,可得

$$k_1 (\lambda_1 - \lambda_m) \alpha_1 + \cdots + k_{m-1} (\lambda_{m-1} - \lambda_m) \alpha_{m-1} = 0 \qquad ②$$

联立①式和②式消去 α_m,得

$$k_1 \lambda_1 \alpha_1 + \cdots + k_{m-1} \lambda_{m-1} \alpha_{m-1} + k_m \lambda_m \alpha_m = 0$$

由于归纳假设 $\alpha_1, \alpha_2, \cdots, \alpha_{m-1}$ 线性无关,于是

$$k_i (\lambda_i - \lambda_m) = 0 \ (i = 1, 2, \cdots, m - 1)$$

因 $\lambda_i - \lambda_m \neq 0 \ (i = 1, 2, \cdots, m - 1)$,则 $k_1 = k_2 = \cdots = k_{m-1} = 0$,于是①式化为 $k_m \alpha_m = 0$,又因 $\alpha_m \neq 0$,这样 $k_m = 0$,故 $\alpha_1, \alpha_2, \cdots, \alpha_{m-1}, \alpha_m$ 线性无关.

定理4.4 设 n 阶矩阵 $A = (a_{ij})_{n \times n}$,$A$ 的全部特征值为 $\lambda_1, \lambda_2, \cdots, \lambda_n$,其中可能有重根、复根,则 $\sum\limits_{i=1}^{n} \lambda_i = \sum\limits_{i=1}^{n} a_{ii}$,$\prod\limits_{i=1}^{n} \lambda_i = |A|$.

*证明 设矩阵 A 的特征多项式为 $f(\lambda)$,有

$$f(\lambda) = |\lambda E - A| = \begin{vmatrix} \lambda - a_{11} & -a_{12} & \cdots & -a_{1n} \\ -a_{21} & \lambda - a_{22} & \cdots & -a_{2n} \\ \cdots & \cdots & \cdots & \cdots \\ -a_{n1} & -a_{n2} & \cdots & \lambda - a_{nn} \end{vmatrix}$$

$$= \lambda^n - (a_{11} + a_{22} + \cdots + a_{nn}) \lambda^{n-1} + \cdots + c_n \qquad ①$$

其中 c_n 是 $f(\lambda)$ 中的常数项,且 $c_n = f(0) = |0E - A| = (-1)^n |A|$.

由于 $\lambda_1, \lambda_2, \cdots, \lambda_n$ 是矩阵 A 的全部特征值,可知

$$f(\lambda) = (\lambda - \lambda_1)(\lambda - \lambda_2) \cdots (\lambda - \lambda_n) \qquad ②$$

对比①式和②式,可得

$$\lambda_1 + \lambda_2 + \cdots + \lambda_n = a_{11} + a_{22} + \cdots + a_{nn}, \quad \lambda_1 \lambda_2 \cdots \lambda_n = |A|$$

即 $\sum\limits_{i=1}^{n} \lambda_i = \sum\limits_{i=1}^{n} a_{ii}$,$\prod\limits_{i=1}^{n} \lambda_i = |A|$.

本例中,n 阶矩阵 $A = (a_{ij})_{n \times n}$ 的主对角线上元之和 $\sum\limits_{i=1}^{n} a_{ii}$ 称为矩阵 A 的迹.

【例7】 设三阶矩阵 A 的特征值为 $\lambda_1 = -1, \lambda_2 = 1, \lambda_3 = 2$,矩阵 $B = A^2 + 2A - E$,求矩阵 B 的特征值和行列式 $|B|$.

解 设矩阵 B 的特征值为 μ_1, μ_2, μ_3,由【例6】的一般性结论可知 $\mu_i = \lambda_i^2 + 2\lambda_i - 1$ $(i = 1, 2, 3)$,分别代入 $\lambda_1 = -1, \lambda_2 = 1, \lambda_3 = 2$ 得 $\mu_1 = -2, \mu_2 = 2, \mu_3 = 7$,进而 $|B| = \mu_1 \mu_2 \mu_3 = (-2) \times 2 \times 7 = -28$.

【例8】 设矩阵 $A = \begin{pmatrix} 1 & 0 & 1 \\ 2 & x & 1 \\ 3 & 0 & 2 \end{pmatrix}$,已知矩阵 A 有特征值 $\lambda_1 = 1, \lambda_2 = 3$,求 x 的值和矩阵 A 的另一个特征值 λ_3.

解 由已知条件和定理 4.4 可知

$$\lambda_1 + \lambda_2 + \lambda_3 = 1 + 3 + \lambda_3 = 4 + \lambda_3 = 3 + x$$

$$\lambda_1 \lambda_2 \lambda_3 = 1 \times 3 \times \lambda_3 = 3\lambda_3 = |A| = -x$$

整理得方程组

$$\begin{cases} \lambda_3 = -1 + x \\ 3\lambda_3 = -x \end{cases}$$

解之得 $\begin{cases} \lambda_3 = -\dfrac{1}{4} \\ x = \dfrac{3}{4} \end{cases}$.

习题 4-1

1. 已知三阶矩阵 A 的特征值为 $1,2,3$ 则下列矩阵中可逆的矩阵是( ).

   A. $A - E$ B. $E - A$ C. $2E - A$ D. $2E + A$

2. 已知 $\lambda_1 = -2, \lambda_2 = 1, \lambda_3 = 3$ 是三阶矩阵 A 的特征值,则 $|A| = ($ $)$.

   A. 0 B. 1 C. 2 D. -6

3. 已知三阶矩阵 A , $A - E$ 和 $2E - A$ 都是奇异矩阵,则 $|A + E| = ($ $)$.

   A. 0 B. 1 C. 2 D. 6

4. 求下列矩阵的特征值和特征向量.

  (1) $A = \begin{pmatrix} 1 & 2 \\ -1 & 4 \end{pmatrix}$ (2) $A = \begin{pmatrix} 2 & 2 & 0 \\ -3 & -5 & 0 \\ -1 & -2 & 1 \end{pmatrix}$

5. 设 $\alpha = \begin{pmatrix} 1 \\ k \\ 1 \end{pmatrix}$ 是矩阵 $A = \begin{pmatrix} 2 & 1 & 1 \\ 1 & 2 & 1 \\ 1 & 1 & 2 \end{pmatrix}$ 的特征向量,求该特征向量对应的特征值 λ 和 k 的值.

第二节　相似矩阵与矩阵对角化

一、相似矩阵及其性质

定义 4.2 设 A, B 都是 n 阶矩阵,若有可逆矩阵 P 使 $P^{-1}AP = B$,则称矩阵 A 与 B 相似,记作 $A \sim B$.

例如，$A = \begin{pmatrix} 1 & 2 \\ -4 & 2 \end{pmatrix}$，$B = \begin{pmatrix} 15 & 19 \\ -10 & -12 \end{pmatrix}$，$P = \begin{pmatrix} 1 & 1 \\ 2 & 3 \end{pmatrix}$，则 $P^{-1} = \begin{pmatrix} 3 & -1 \\ -2 & 1 \end{pmatrix}$

相似矩阵与
矩阵对角化

$$P^{-1}AP = \begin{pmatrix} 3 & -1 \\ -2 & 1 \end{pmatrix}\begin{pmatrix} 1 & 2 \\ -4 & 2 \end{pmatrix}\begin{pmatrix} 1 & 1 \\ 2 & 3 \end{pmatrix} = \begin{pmatrix} 15 & 19 \\ -10 & -12 \end{pmatrix}$$

故 $A \sim B$.

相似矩阵具有如下性质：

(1) 自反性：$A \sim A$；

(2) 对称性：若 $A \sim B$，则 $B \sim A$；

(3) 传递性：若 $A \sim B$，$B \sim C$，则 $A \sim C$（请读者自证）.

相似矩阵还具有如下常用结论：

定理 4.5 若 n 阶矩阵 $A \sim B$，则

(1) $r(A) = r(B)$；

(2) $A^T \sim B^T$；

(3) $|A| = |B|$；

(4) A，B 有相同的特征值，相同的迹；

(5) $A^k \sim B^k$；

(6) 记 $f(x) = a_0 + a_1 x + \cdots + a_m x^m$，有 $f(A) \sim f(B)$.

以上结论请读者自证.

【例1】 已知 n 阶矩阵 A 与对角矩阵 $\Lambda = \begin{pmatrix} \lambda_1 & & & \\ & \lambda_2 & & \\ & & \ddots & \\ & & & \lambda_n \end{pmatrix}$ 相似，求矩阵 A 的全部特征值.

解 由已知 $A \sim \Lambda$，则 A 与 Λ 有完全相同的特征值，而 $\lambda_1, \lambda_2, \cdots, \lambda_n$ 是 Λ 的全部特征值，所以 $\lambda_1, \lambda_2, \cdots, \lambda_n$ 即为矩阵 A 的全部特征值.

二、矩阵对角化

定义 4.3 A 是 n 阶矩阵，若存在 n 阶可逆矩阵 P，使 $P^{-1}AP = \Lambda$（Λ 是 n 阶对角矩阵），则称 n 阶矩阵 A 可相似对角化，简称为 n 阶矩阵 A 可对角化.

由此，我们想知道：

(1) 是否所有矩阵都可对角化？

(2) 矩阵可对角化的条件是什么？

(3) 若矩阵可对角化，可逆矩阵 P 是怎样构成的？

定理 4.6 n 阶矩阵 A 可对角化的充分必要条件是 A 有 n 个线性无关的特征向量.

证明 必要性：

因 A 可对角化，则存在可逆矩阵 P 和对角矩阵 Λ，使

$$P^{-1}AP = \Lambda = \begin{pmatrix} \lambda_1 & & & \\ & \lambda_2 & & \\ & & \ddots & \\ & & & \lambda_n \end{pmatrix}$$

将上式左乘 P 得

$$AP = P \begin{pmatrix} \lambda_1 & & & \\ & \lambda_2 & & \\ & & \ddots & \\ & & & \lambda_n \end{pmatrix}$$

设 $P = (\alpha_1, \alpha_2, \cdots, \alpha_n)$ ，则

$$A(\alpha_1, \alpha_2, \cdots, \alpha_n) = (\alpha_1, \alpha_2, \cdots, \alpha_n) \begin{pmatrix} \lambda_1 & & & \\ & \lambda_2 & & \\ & & \ddots & \\ & & & \lambda_n \end{pmatrix}$$

即 $A\alpha_i = \lambda_i \alpha_i$ $(i = 1, 2, \cdots, n)$ ，因矩阵 P 可逆，$\alpha_i \neq 0$ $(i = 1, 2, \cdots, n)$ ，所以 α_i $(i = 1, 2, \cdots, n)$ 是矩阵的对应于特征值 λ_i $(i = 1, 2, \cdots, n)$ 的特征向量,且 $\alpha_1, \alpha_2, \cdots, \alpha_n$ 是线性无关的.

充分性：

设 $\alpha_1, \alpha_2, \cdots, \alpha_n$ 是矩阵 A 对应于特征值 $\lambda_1, \lambda_2, \cdots, \lambda_n$ 的 n 个线性无关的特征向量，则 $A\alpha_i = \lambda_i \alpha_i$ $(i = 1, 2, \cdots, n)$ ，若取 $P = (\alpha_1, \alpha_2, \cdots, \alpha_n)$ ，则 P 可逆,且有

$$AP = P \begin{pmatrix} \lambda_1 & & & \\ & \lambda_2 & & \\ & & \ddots & \\ & & & \lambda_n \end{pmatrix}$$

进而有

$$P^{-1}AP = \begin{pmatrix} \lambda_1 & & & \\ & \lambda_2 & & \\ & & \ddots & \\ & & & \lambda_n \end{pmatrix}$$

故矩阵 A 可对角化.

这样我们可以通过该定理来判断 n 阶矩阵是否可逆,同时在证明过程中也知道了这个可逆变换 P 是怎样构成的了.

推论 若 n 阶矩阵 A 有 n 个互不相同的特征值,则 A 可对角化.

【例2】 已知矩阵 $A = \begin{pmatrix} 0 & 1 & -1 \\ -2 & 0 & 2 \\ -1 & 1 & 0 \end{pmatrix}$ 判断其是否可对角化.若可以,求可逆相似变换矩阵 P .

解 矩阵 A 的特征方程为

$$|\lambda E - A| = \begin{vmatrix} \lambda & -1 & 1 \\ 2 & \lambda & -2 \\ 1 & -1 & \lambda \end{vmatrix} = 0$$

整理得 $\lambda(\lambda + 1)(\lambda - 1) = 0$，所以 $\lambda_1 = -1$，$\lambda_2 = 0$，$\lambda_3 = 1$ 是矩阵 A 的特征值.

因 $\lambda_1 \neq \lambda_2 \neq \lambda_3$，由上述推理可知矩阵 A 可对角化.

当 $\lambda_1 = -1$ 时，解齐次线性方程组 $(-E - A)x = 0$，可得它的基础解系为

$$\alpha_1 = \begin{pmatrix} 1 \\ 0 \\ 1 \end{pmatrix}$$

当 $\lambda_2 = 0$ 时，解齐次线性方程组 $(-A)x = 0$，可得它的基础解系为

$$\alpha_2 = \begin{pmatrix} 1 \\ 1 \\ 1 \end{pmatrix}$$

当 $\lambda_3 = 1$ 时，解齐次线性方程组 $(E - A)x = 0$，可得它的基础解系为

$$\alpha_3 = \begin{pmatrix} 1 \\ 4 \\ 3 \end{pmatrix}$$

这时取

$$P = (\alpha_1, \alpha_2, \alpha_3) \begin{pmatrix} 1 & 1 & 1 \\ 0 & 1 & 4 \\ 1 & 1 & 3 \end{pmatrix}$$

则

$$P^{-1}AP = \begin{pmatrix} -1 & & \\ & 0 & \\ & & 1 \end{pmatrix}$$

【例3】 已知矩阵 $A = \begin{pmatrix} 0 & 0 & 1 \\ 1 & 1 & t \\ 1 & 0 & 0 \end{pmatrix}$，判断其是否可对角化？

解 矩阵 A 的特征方程为

$$|\lambda E - A| = \begin{vmatrix} \lambda & 0 & -1 \\ -1 & \lambda - 1 & -t \\ -1 & 0 & \lambda \end{vmatrix} = 0$$

整理得 $(\lambda - 1)^2(\lambda + 1) = 0$，所以 $\lambda_1 = -1$，$\lambda_2 = \lambda_3 = 1$ 是矩阵 A 的特征值.

当 $\lambda_1 = -1$ 时，解齐次线性方程组 $(-E - A)x = \mathbf{0}$，

$$-E - A = \begin{pmatrix} -1 & 0 & -1 \\ -1 & -2 & -t \\ -1 & 0 & -1 \end{pmatrix} \rightarrow \begin{pmatrix} 1 & 0 & 1 \\ 0 & -2 & 1-t \\ 0 & 0 & 0 \end{pmatrix}$$

可得它的线性无关的特征向量恰有 1 个，由定理可知，矩阵可对角化的充分必要条件是

重根 $\lambda_2 = \lambda_3 = 1$ 对应的特征向量恰有 2 个线性无关,即齐次线性方程组 $(E - A)x = 0$ 恰有 2 个线性无关的解,也就是说系数矩阵 $E - A$ 的秩 $r(E - A) = 1$,

因系数矩阵

$$E - A = \begin{pmatrix} 1 & 0 & -1 \\ -1 & 0 & -t \\ -1 & 0 & 1 \end{pmatrix} \rightarrow \begin{pmatrix} 1 & 0 & -1 \\ 0 & 0 & -1-t \\ 0 & 0 & 0 \end{pmatrix},$$

要使秩 $r(E - A) = 1$,则 $-1 - t = 0$,即 $t = -1$,此时矩阵可对角化.

通过【例 3】,我们进一步有如下定理.

定理 4.7 设 n 阶矩阵 A 的互不相同的特征值 $\lambda_1, \lambda_2, \cdots, \lambda_m$,则矩阵 A 可对角化的充分必要条件是对 A 的每一 n_i 重特征值 λ_i $(i = 1, 2, \cdots, m)$,特征矩阵 $(\lambda_i E - A)$ 的秩为 $n - n_i$(证明略).

从基础解系的角度即为:

推论 n 阶矩阵 A 可对角化的充分必要条件是对 A 的每一 n_i 重特征值 λ_i $(i = 1, 2, \cdots, m)$,齐次线性方程组 $(\lambda_i E - A)x = 0$ 的基础解系恰含有 n_i 个线性无关的解向量.

习题 4-2

1. 若 n 阶矩阵 $A \sim B$,则下列结论中不正确的是(   ).

    A. A 与 B 有相同的特征值和特征向量

    B. $r(A) = r(B)$

    C. $|A| = |B|$

    D. $A^{-1} \sim B^{-1}$

2. 若 n 阶矩阵 $A \sim B$,则下列结论中不正确的是(   ).

    A. 存在可逆矩阵 P,使 $P^{-1}AP = B$

    B. 存在对角矩阵 Λ,使 A,B 都相似于 Λ

    C. $A^T \sim B^T$

    D. $|\lambda E - A| = |\lambda E - B|$

3. 若 n 阶矩阵 A 可逆,求证:$AB \sim BA$.

4. 若 n 阶矩阵 $A \sim B$,求证:$A^k \sim B^k$(k 为正整数).

5. 判断矩阵 A 是否可对角化,其中

$$A = \begin{pmatrix} 4 & 2 & 3 \\ 2 & 1 & 2 \\ -1 & -2 & 0 \end{pmatrix}.$$

第三节　实对称矩阵的对角化

上一节我们学习了一般矩阵相似对角化的条件,如果是一个实对称矩阵,那么要相似对角化的话需要什么条件呢?这是我们这一节要讨论的问题.

一、向量的内积

向量的内积是一个我们不陌生的概念,即 $a \cdot b = |a||b|\cos\theta$,$\theta$ 是向量 a,b 的夹角. 还可以通过坐标形式来表示两向量的内积 $(x_1,y_1,z_1) \cdot (x_2,y_2,z_2) = x_1x_2 + y_1y_2 + z_1z_2$,接下来在 R^n 中来讨论相关问题.

定义4.4 设 n 维向量 $\alpha = \begin{pmatrix} a_1 \\ a_2 \\ \vdots \\ a_n \end{pmatrix}$,$\beta = \begin{pmatrix} b_1 \\ b_2 \\ \vdots \\ b_n \end{pmatrix}$,则 $[\alpha,\beta] = a_1b_1 + a_2b_2 + \cdots + a_nb_n$ 称为

向量 α 与 β 的内积.

若将 α 与 β 看作矩阵形式,则 $[\alpha,\beta] = \alpha^T\beta$.

内积运算满足如下性质:

(1) $[\alpha,\beta] = [\beta,\alpha]$;

(2) $[\lambda\alpha,\beta] = \lambda[\alpha,\beta]$;

(3) $[\alpha + \beta,\gamma] = [\alpha,\gamma] + [\beta,\gamma]$;

(4)若 $\alpha = 0$,则 $[\alpha,\alpha] = 0$;若 $\alpha \neq 0$,则 $[\alpha,\alpha] > 0$.

其中 α,β,γ 为向量,λ 为实数,以上性质不难验证.

定理4.8 (施瓦茨(Schward)不等式) $[\alpha,\beta]^2 \leq [\alpha,\alpha][\beta,\beta]$ (证明略).

定义4.5 设 $\alpha = \begin{pmatrix} a_1 \\ a_2 \\ \vdots \\ a_n \end{pmatrix}$,令 $\|\alpha\| = \sqrt{[\alpha,\alpha]} = \sqrt{a_1^2 + a_2^2 + \cdots + a_n^2}$,称 $\|\alpha\|$ 为

n 维向量 α 的长度或范数.

向量的长度有如下性质:

(1)若 $\alpha = 0$,则 $\|\alpha\| = 0$;若 $\alpha \neq 0$,则 $\|\alpha\| > 0$;

(2) $\|\lambda\alpha\| = |\lambda|\|\alpha\|$.

以上性质请读者自证.

例如,设向量 $\alpha = \begin{pmatrix} 1 \\ 2 \\ -1 \end{pmatrix}$,则向量 α 的长度 $\|\alpha\| = \sqrt{1^2 + 2^2 + (-1)^2} = \sqrt{6}$.

若把 $\alpha = \begin{pmatrix} 1 \\ 2 \\ -1 \end{pmatrix}$ 看作三维空间中的一个点的坐标,则 $\|\alpha\|$ 就是该点到原点的距离,

n 维向量的长度是这一概念的推广.

长度为1的向量称为单位向量;若 $\alpha \neq 0$,则通过式子 $\dfrac{1}{\|\alpha\|}\alpha$ 就可以将向量 α 单位

化,由 $\left\|\dfrac{1}{\|\alpha\|}\alpha\right\| = \dfrac{1}{\|\alpha\|}\|\alpha\| = 1$ 易知.

由定理可得,$-1 \leq \dfrac{[\alpha,\beta]}{\|\alpha\|\|\beta\|} \leq 1$($\alpha,\beta$ 均为非零向量).

二、正交向量组

定义 4.6 设 α,β 为两个 n 维非零向量,称 $\theta = \arccos \dfrac{[\alpha,\beta]}{\|\alpha\|\ \|\beta\|}$ 为向量 α 与 β 的夹角.

定义 4.7 设 α,β 为两个 n 维向量,若 $[\alpha,\beta] = 0$,则称向量 α 与 β 正交.

例如,零向量与任意向量正交.

由以上两个定义,向量 α,β 正交,此时 α,β 夹角 $\theta = \dfrac{\pi}{2}$,在 R^2 中,向量 α,β 的两条有向线段相互垂直,在 R^n 中,两个向量正交的概念是其在几何空间的推广.

定义 4.8 若向量 $\alpha_1,\alpha_2,\cdots,\alpha_s$ ($\alpha_i \neq 0$, $i = 1,2,\cdots,s$) 两两正交,即 $[\alpha_i,\alpha_t] = 0$ ($i \neq t, i\ \ t = 1,2,\cdots,s$),则称 $\alpha_1,\alpha_2,\cdots,\alpha_s$ 为正交向量组.

例如,在 R^n 中,初始单位向量组

$$\varepsilon_1 = \begin{pmatrix} 1 \\ 0 \\ 0 \\ 0 \end{pmatrix}, \ \varepsilon_2 = \begin{pmatrix} 0 \\ 1 \\ 0 \\ 0 \end{pmatrix}, \ \cdots, \ \varepsilon_n = \begin{pmatrix} 0 \\ 0 \\ 0 \\ 1 \end{pmatrix}$$

是一个正交向量组.

定理 4.9 若 $\alpha_1,\alpha_2,\cdots,\alpha_s$ 是正交向量组,则向量组 $\alpha_1,\alpha_2,\cdots,\alpha_s$ 线性无关.

证明 设存在数 $k_1,k_2,\cdots,k_s$,使 $k_1\alpha_1 + k_2\alpha_2 + \cdots + k_s\alpha_s = \mathbf{0}$,

上式两边同时与 α_i 作内积得

$$k_1[\alpha_i,\alpha_1] + k_2[\alpha_i,\alpha_2] + \cdots + k_s[\alpha_i,\alpha_s] = [\alpha_i,0]$$

因为 $i \neq t$ ($i\ \ t = 1,2,\cdots,s$) 时 $k_t[\alpha_i,\alpha_t] = 0$,这样有 $k_i\|\alpha_i\|^2 = 0$,而 $\|\alpha_i\| \neq 0$,所以 $k_i = 0$ ($i = 1,2,\cdots,s$),故向量组 $\alpha_1,\alpha_2,\cdots,\alpha_s$ 线性无关.

一组向量线性无关,却未必正交,对于一个线性无关的向量组,如何求出一个与其等价的正交向量组呢? 我们将这一过程称之为将该向量组正交化.

下面介绍施密特正交化法,其步骤如下:

设 $\alpha_1,\alpha_2,\cdots,\alpha_s$ 是线性无关的向量组,令

$\beta_1 = \alpha_1$

$\beta_2 = \alpha_2 - \dfrac{[\alpha_2,\beta_1]}{[\beta_1,\beta_1]}\beta_1$

$\beta_3 = \alpha_3 - \dfrac{[\alpha_3,\beta_1]}{[\beta_1,\beta_1]}\beta_1 - \dfrac{[\alpha_3,\beta_2]}{[\beta_2,\beta_2]}\beta_2$

$\cdots$

$\beta_s = \alpha_s - \dfrac{[\alpha_s,\beta_1]}{[\beta_1,\beta_1]}\beta_1 - \dfrac{[\alpha_s,\beta_2]}{[\beta_2,\beta_2]}\beta_2 - \cdots - \dfrac{[\alpha_s,\beta_{s-1}]}{[\beta_{s-1},\beta_{s-1}]}\beta_{s-1}$

可以验证,所得向量组 $\beta_1,\beta_2,\cdots,\beta_s$ 是正交向量组,且与向量组 $\alpha_1,\alpha_2,\cdots,\alpha_s$ 等价.

【例1】 设线性无关的向量组 $\alpha_1 = (1,1,1)^T$,$\alpha_2 = (1,2,1)^T$,$\alpha_3 = (0,-1,1)^T$,试将 $\alpha_1,\alpha_2,\alpha_3$ 正交化.

解 利用施密特正交化法,令

$$\beta_1 = \alpha_1 = (1,1,1)^T$$

$$\beta_2 = \alpha_2 - \frac{[\alpha_2,\beta_1]}{[\beta_1,\beta_1]}\beta_1 = (1,2,1)^T - \frac{4}{3}(1,1,1)^T = \left(-\frac{1}{3},\frac{2}{3},-\frac{1}{3}\right)^T$$

$$\beta_3 = \alpha_3 - \frac{[\alpha_3,\beta_1]}{[\beta_1,\beta_1]}\beta_1 - \frac{[\alpha_3,\beta_2]}{[\beta_2,\beta_2]}\beta_2 = (0,-1,1)^T - \frac{0}{3}(1,1,1)^T + \frac{3}{2}$$

$$\left(-\frac{1}{3},\frac{2}{3},-\frac{1}{3}\right)^T = \left(-\frac{1}{2},0,\frac{1}{2}\right)^T$$

不难验证,所得向量组 β_1,β_2,β_3 是正交向量组,且与向量组 $\alpha_1,\alpha_2,\alpha_3$ 等价.

三、正交矩阵

对于矩阵 $A = \begin{pmatrix} \frac{1}{\sqrt{3}} & \frac{1}{\sqrt{3}} & \frac{1}{\sqrt{3}} \\ -\frac{1}{\sqrt{2}} & 0 & \frac{1}{\sqrt{2}} \\ -\frac{1}{\sqrt{6}} & \frac{2}{\sqrt{6}} & -\frac{1}{\sqrt{6}} \end{pmatrix}$,$A$ 的列(行)向量组是正交向量组,这是一类重要的矩阵.

定义 4.9 n 阶实矩阵 Q 满足 $Q^TQ = E$,则称 Q 为正交矩阵.

上述矩阵 A 即为一个正交矩阵.

n 阶正交矩阵 P,Q 有如下性质:

(1) $|Q| = 1$ 或 -1;

(2) Q 可逆且 $Q^{-1} = Q^T$;

(3) PQ 是正交矩阵.

以上性质,请读者自证.

下面是关于正交矩阵的一个结论.

定理 4.10 设 Q 为 n 阶实矩阵,Q 为正交矩阵的充分必要条件是其列(行)向量组是单位正交向量组.

证明 将 n 阶实矩阵 Q 分块为 $(\alpha_1,\alpha_2,\cdots,\alpha_n)$,这里 α_i 是矩阵 Q 的第 i 列 $(i = 1,2,\cdots,n)$.

Q 为正交矩阵 $\Leftrightarrow Q^TQ = E$

$$\Leftrightarrow Q^TQ = \begin{pmatrix} \alpha_1^T \\ \alpha_2^T \\ \vdots \\ \alpha_n^T \end{pmatrix}(\alpha_1,\alpha_2,\cdots,\alpha_n) = \begin{pmatrix} \alpha_1^T\alpha_1 & \alpha_1^T\alpha_2 & \cdots & \alpha_1^T\alpha_n \\ \alpha_2^T\alpha_1 & \alpha_2^T\alpha_2 & \cdots & \alpha_2^T\alpha_n \\ \vdots & \vdots & \vdots & \vdots \\ \alpha_n^T\alpha_1 & \alpha_n^T\alpha_2 & \cdots & \alpha_n^T\alpha_n \end{pmatrix} = E$$

$$\Leftrightarrow \begin{cases} \alpha_i^T\alpha_i = 1 & (i = 1,2,\cdots,n) \\ \alpha_i^T\alpha_j = 0 & (i \neq j, i,j = 1,2,\cdots,n) \end{cases}$$

$\Leftrightarrow$ 矩阵 Q 列(行)向量组是单位正交向量组.

四、实对称矩阵的对角化

回到本节开始提出的问题,之前我们已经学习了一个 n 阶矩阵能够对角化是需要条件的,那么对于实对称矩阵来说有更好的结论,即它是一定能够对角化的.先来看关于实对称矩阵的特征值和特征向量的结论.

实对称矩阵的
特征值与特征向量

定理 4.11 实对称矩阵的特征值都是实数(证明略).

定理 4.12 实对称矩阵的对应于不同特征值的特征向量是正交的.

证明 设 A 是 n 阶实对称矩阵,α_1,α_2 分别是 A 的对应于特征值 λ_1,λ_2 的特征向量,则 $A\alpha_1 = \lambda_1\alpha_1$,$A\alpha_2 = \lambda_2\alpha_2$,于是 $\alpha_1{}^T A\alpha_2 = \alpha_1{}^T \lambda_2\alpha_2 = \lambda_2\alpha_1{}^T\alpha_2$,又因为 $\alpha_1{}^T A\alpha_2 = \alpha_1{}^T A^T\alpha_2 = (A\alpha_1)^T\alpha_2 = \lambda_1\alpha_1{}^T\alpha_2$,所以 $\lambda_1\alpha_1{}^T\alpha_2 = \lambda_2\alpha_1{}^T\alpha_2$,即 $\lambda_1\alpha_1{}^T\alpha_2 - \lambda_2\alpha_1{}^T\alpha_2 = 0$,由于 $\lambda_1 \neq \lambda_2$,则 $\alpha_1{}^T\alpha_2 = 0$,即 α_1,α_2 正交.

之前我们学习的是 n 阶矩阵对应于不同特征值的特征向量是线性无关的,对于实对称矩阵可以得到更为具体的结论.

要将实对称矩阵对角化,再通过下述两个定理即可理清.

定理 4.13 设 λ 是 n 阶实对称矩阵 A 的 k 重特征值,若矩阵 $(\lambda E - A)$ 的秩等于 $n - k$,则矩阵 A 对应于 k 重特征值 λ 的线性无关的特征向量恰有 k 个.

定理 4.14 对于 n 阶实对称矩阵 A,存在正交矩阵 Q,使 $Q^T AQ = Q^{-1}AQ$ 为对角矩阵,此对角矩阵的对角线元是 A 的 n 个特征值(重根按重数计数).

以上两个定理证明略.

通过以上过程可总结出将一个 n 阶实对称矩阵 A 对角化的步骤.

(1)求出 A 的全部特征值 $\lambda_1,\lambda_2,\cdots,\lambda_m$,$\lambda_i$ 的重数为 k_i $(i = 1,2,\cdots,m)$;

(2)对每一特征值 λ_i $(i = 1,2,\cdots,m)$ 求出对应的线性无关的 k_i 个特征向量;

(3)将所得特征向量正交化、单位化;

(4)将上述正交化的单位向量按列组成正交矩阵 Q,即有 $Q^T AQ = Q^{-1}AQ$ 为对角矩阵.

【例2】 设矩阵 $A = \begin{pmatrix} 2 & -1 & -1 \\ -1 & 2 & 1 \\ -1 & 1 & 2 \end{pmatrix}$,求正交矩阵 Q,使 $Q^{-1}AQ$ 为对角矩阵.并求 A^5.

解 矩阵 A 的特征方程为

$$|\lambda E - A| = \begin{vmatrix} \lambda - 2 & 1 & 1 \\ 1 & \lambda - 2 & -1 \\ 1 & -1 & \lambda - 2 \end{vmatrix} = 0$$

整理得 $(\lambda - 1)^2(\lambda - 4) = 0$,所以 $\lambda_1 = \lambda_2 = 1$,$\lambda_3 = 4$ 是矩阵 A 的特征值.

当 $\lambda_1 = \lambda_2 = 1$ 时,解齐次线性方程组 $(E - A)x = 0$,

可得它的线性无关的特征向量为 $\alpha_1 = \begin{pmatrix} 1 \\ 1 \\ 0 \end{pmatrix}$,$\alpha_2 = \begin{pmatrix} 1 \\ 0 \\ 1 \end{pmatrix}$,

因为 α_1, α_2 不是正交的,利用施密特正交化法将其正交化,令

$$\beta_1 = \alpha_1 = \begin{pmatrix} 1 \\ 1 \\ 0 \end{pmatrix},$$

$$\beta_2 = \alpha_2 - \frac{[\alpha_2, \beta_1]}{[\beta_1, \beta_1]}\beta_1 = \alpha_2 - \frac{1}{2}\beta_1 = \begin{pmatrix} \dfrac{1}{2} \\ -\dfrac{1}{2} \\ 1 \end{pmatrix}.$$

再将 β_1, β_2 单位化得

$$\gamma_1 = \frac{1}{\|\beta_1\|}\beta_1 = \begin{pmatrix} \dfrac{1}{\sqrt{2}} \\ \dfrac{1}{\sqrt{2}} \\ 0 \end{pmatrix}$$

$$\gamma_2 = \frac{1}{\|\beta_2\|}\beta_2 = \begin{pmatrix} \dfrac{1}{\sqrt{6}} \\ -\dfrac{1}{\sqrt{6}} \\ \dfrac{2}{\sqrt{6}} \end{pmatrix}$$

当 $\lambda_3 = 4$ 时,解齐次线性方程组 $(4E - A)x = 0$,

可得它的特征向量为 $\alpha_3 = \begin{pmatrix} -1 \\ 1 \\ 1 \end{pmatrix}$,只要对其进行单位化得

$$\gamma_3 = \frac{1}{\|\alpha_3\|}\alpha_3 = \begin{pmatrix} -\dfrac{1}{\sqrt{3}} \\ \dfrac{1}{\sqrt{3}} \\ \dfrac{1}{\sqrt{3}} \end{pmatrix}$$

进而取矩阵

$$Q = (\gamma_1, \gamma_2, \gamma_3) = \begin{pmatrix} \dfrac{1}{\sqrt{2}} & \dfrac{1}{\sqrt{6}} & -\dfrac{1}{\sqrt{3}} \\ \dfrac{1}{\sqrt{2}} & -\dfrac{1}{\sqrt{6}} & \dfrac{1}{\sqrt{3}} \\ 0 & \dfrac{2}{\sqrt{6}} & \dfrac{1}{\sqrt{3}} \end{pmatrix} \qquad \Lambda = \begin{pmatrix} 1 & 0 & 0 \\ 0 & 1 & 0 \\ 0 & 0 & 4 \end{pmatrix}$$

Q 即为所求正交矩阵,且 $Q^{-1}AQ = Q^TAQ = \Lambda$,由此有 $A = Q\Lambda Q^{-1}$,所以

$$A^5 = Q\Lambda^5 Q^{-1}$$

$$= \begin{pmatrix} \dfrac{1}{\sqrt{2}} & \dfrac{1}{\sqrt{6}} & -\dfrac{1}{\sqrt{3}} \\ \dfrac{1}{\sqrt{2}} & -\dfrac{1}{\sqrt{6}} & \dfrac{1}{\sqrt{3}} \\ 0 & \dfrac{2}{\sqrt{6}} & \dfrac{1}{\sqrt{3}} \end{pmatrix} \begin{pmatrix} 1^5 & 0 & 0 \\ 0 & 1^5 & 0 \\ 0 & 0 & 4^5 \end{pmatrix} \begin{pmatrix} \dfrac{1}{\sqrt{2}} & \dfrac{1}{\sqrt{2}} & 0 \\ \dfrac{1}{\sqrt{6}} & -\dfrac{1}{\sqrt{6}} & \dfrac{2}{\sqrt{6}} \\ -\dfrac{1}{\sqrt{3}} & \dfrac{1}{\sqrt{3}} & \dfrac{1}{\sqrt{3}} \end{pmatrix} = \begin{pmatrix} 342 & -341 & -341 \\ -341 & 342 & 341 \\ -341 & 341 & 342 \end{pmatrix}$$

习题 4-3

1. 已知 $\alpha = \begin{pmatrix} 1 \\ 2 \\ -2 \end{pmatrix}, \beta = \begin{pmatrix} 3 \\ 0 \\ 1 \end{pmatrix}$,则 $[\alpha, \beta] =$ _____ .

2. 已知 $\alpha = \begin{pmatrix} 0 \\ x \\ -\dfrac{1}{\sqrt{2}} \end{pmatrix}, \beta = \begin{pmatrix} y \\ \dfrac{1}{2} \\ \dfrac{1}{2} \end{pmatrix}$ 是单位正交向量组,则 $x =$ _____ , $y =$ _____ .

3. 判断矩阵 A 是否为正交矩阵,其中

$$A = \frac{1}{\sqrt{2}} \begin{pmatrix} 1 & 0 & 1 \\ -1 & 0 & 1 \\ 0 & \sqrt{2} & 0 \end{pmatrix}.$$

4. 设 A 是 n 阶实对称矩阵,则(   ).

A. A 的 n 个特征向量两两正交

B. A 的 n 个特征向量构成单位正交向量组

C. 对 A 的 k 重特征值 λ ,有 $r(\lambda E - A) = n - k$

D. 对 A 的 k 重特征值 λ ,有 $r(\lambda E - A) = k$

5. 设矩阵 $A = \begin{pmatrix} 1 & 0 & 1 \\ 0 & 2 & 0 \\ 1 & 0 & 1 \end{pmatrix}$,求正交矩阵 Q ,使 $Q^{-1}AQ$ 为对角矩阵.

总习题四

1. 求下列矩阵的特征值和特征向量.

(1) $A = \begin{pmatrix} 2 & 1 \\ 1 & 2 \end{pmatrix}$

$$(2) A = \begin{pmatrix} 2 & 1 & 1 \\ 0 & 2 & 0 \\ 0 & -1 & 1 \end{pmatrix}$$

$$(3) A = \begin{pmatrix} 0 & 0 & 1 \\ 0 & 1 & 0 \\ 1 & 0 & 0 \end{pmatrix}$$

2. 已知 λ 是 n 阶可逆矩阵 A 的特征值,求证:

(1) $\dfrac{1}{\lambda}$ 是 A^{-1} 的特征值;

(2) $\dfrac{|A|}{\lambda}$ 是 A^* 的特征值.

3. 记 $f(x) = a_0 + a_1 x + \cdots + a_m x^m$,若 n 阶矩阵 $A \sim B$,求证:$f(A) \sim f(B)$.

4. 设矩阵 $A = \begin{pmatrix} 0 & 0 & 1 \\ 1 & 1 & a \\ 1 & 0 & 0 \end{pmatrix}$ 与对角矩阵相似,试求常数 a 的值.

5. 判断矩阵 A 是否对角化,其中

$$A = \begin{pmatrix} 1 & 1 & -1 \\ -2 & 4 & 2 \\ -2 & 2 & 0 \end{pmatrix}.$$

6. 用施密特正交化法将下列向量组正交化.

$(1) \alpha_1 = \begin{pmatrix} 1 \\ 0 \end{pmatrix}$, $\alpha_2 = \begin{pmatrix} 2 \\ 2 \end{pmatrix}$

$(2) \alpha_1 = \begin{pmatrix} 1 \\ 0 \\ 0 \end{pmatrix}$, $\alpha_2 = \begin{pmatrix} 0 \\ 1 \\ 1 \end{pmatrix}$, $\alpha_3 = \begin{pmatrix} 1 \\ 2 \\ 1 \end{pmatrix}$

7. 设 Q 是正交矩阵,求证:$|Q| = 1$ 或 -1.

8. 设 Q 是正交矩阵,它有实特征值,求证该特征值只能是 1 或 -1.

9. 对下列矩阵 A,求正交矩阵 Q,使 $Q^{-1}AQ$ 为对角矩阵.

$(1) A = \begin{pmatrix} 3 & 1 \\ 1 & 1 \end{pmatrix}$

$(2) A = \begin{pmatrix} 1 & -2 & 0 \\ -2 & 2 & -2 \\ 0 & -2 & 3 \end{pmatrix}$

$(3) A = \begin{pmatrix} 1 & -1 & 1 \\ -1 & 0 & 1 \\ 1 & 1 & 0 \end{pmatrix}$

10. 设三阶实对称矩阵 A 的特征值为 $\lambda_1 = 1$,$\lambda_2 = 2$,$\lambda_3 = 3$,已知矩阵 A 的属于 λ_1,λ_2 的特征向量分别是 $\alpha_1 = \begin{pmatrix} -1 \\ -1 \\ 1 \end{pmatrix}$,$\alpha_2 = \begin{pmatrix} 1 \\ -2 \\ -1 \end{pmatrix}$,求矩阵 A 的属于 λ_3 的特征向量.

陈景润简介

1933 年,陈景润出生于福建福州.在陈景润很小的时候,他的身体就十分虚弱,总是生病.尽管如此,陈景润学习成绩优异,他在高中都没有读完的情况下,就考上了厦门大学,进入了厦门大学的数理系.

大学毕业之后,陈景润本来被分配到北京教书,但是因为他在福建长大,普通话并不标准,再加上性格内向,不懂得怎样与学生相处,学生们十分不满.无奈之下,学校只能将他停职.陈景润回到了厦门,没有生计的他只能在街上摆摊,勉强维持生活.一次偶然的机会,厦门大学一个老师发现了他,就介绍他到厦门大学当了数学系的资料员,陈景润十分高兴.因为表现很好,一年之后,陈景润做了数学系的助教.

1954 年,厦门大学提出数学系在 12 年内赶上或超过世界先进水平的目标.此目标一出,人才缺乏是个大问题.陈景润从厦门大学毕业,人们自然知道他在数学方面的天赋,于是就让他边工作边研究数学.得到了大力支持的陈景润心中有了底气,他将所有的精力都放到了数学研究上,专注于计算、推导,日夜加班加点.当时的人们看到痴迷于数学研究中的陈景润,都称呼他为"数学狂魔".

陈景润的研究课题为数论,但是尽管他做了大量的研究与努力,依旧收获不大.于是,在别人的推荐之下,陈景润开始从华罗庚的《堆垒素数论》入手,来解决数学上尚未解决的难题.陈景润在自己仅仅 6 平方米的房间内,开始了不眠不休的工作.他的屋内堆满了数学书籍,还有演算过的草稿纸,整个房间几乎没有落脚之地.

终日不休息,虽然令陈景润感到疲惫,但他迫切地想感受到成功的喜悦,于是他依旧废寝忘食.终于,经过夜以继日的努力,他成功解决了《堆垒素数论》中"至善的指数"这一难题.

几经辗转,华罗庚终于知道了陈景润的研究成果。华罗庚审核了陈景润的研究之后大吃一惊,因为陈景润的计算完全正确.一时之间,整个数学界沸腾了,因为中国在数学的研究上又前进了一大步.

受华罗庚邀请,陈景润来到了中国科学院数学研究所,成为一名实习研究员.来到了更大的舞台,陈景润十分感谢华罗庚.在中国科学院这个知识殿堂中,陈景润发现了很多他没有读过的外文数学著作,于是他自学外语,以便读懂这些数学书籍.

陈景润进入数学研究所之后,本来被分配到一个四人间的宿舍,但是他担心自己晚上学习吵到室友,就跟领导说要搬到厕所里住.终于,陈景润住进了 3 平方米的厕所中.在那里,他又进入了忘我研究的境界.他日日夜夜进行研究,攻坚克难,功夫不负有心人,他攻克了很多的数学难题,发表了很多数学论文,在数学史上拥有了自己的一席之地.

取得了一系列成绩的陈景润开始将目光瞄向了"哥德巴赫猜想".这个数学界最难证明的猜想,令许多人望而却步,就连哥德巴赫自己都无法证实.华罗庚曾经组织研究员证明了哥德巴赫猜想中的"3+4""2+3""1+4",至于最难的"1+2""1+1"却始终没有被攻破,陈景润迎难而上,开始了自己的研究和证明.

1966 年,陈景润发表了《表达偶数为一个素数及一个不超过两个素数的乘积之和》,也就是俗称的"1+2".他成功证明了这个猜想,令数学界无比惊叹.

在外国数学家用电子计算机进行计算的时候,陈景润仍然靠手工计算.环境艰苦,陈景润平时省吃俭用,节衣缩食,身体因为过度劳累和营养不良而垮掉了.1977 年,陈景润被迫住院治疗,遇到了自己后来的妻子由昆,两个人在相处过程中产生了感情.1980 年,他们结婚了,婚后由昆生下了他们的儿子陈由伟.

不幸的是,几年后,陈景润被诊断为帕金森综合征,又因为车祸,陈景润只能躺在医院的病床上.可是"1+1"猜想还没有被证实,陈景润必须分秒必争,于是陈景润在医院又开始了研究.可是,他的身体无法承受如此高强度的工作,1996 年,那个曾经被称为"怪人"的数学天才陈景润离开了,年仅 63 岁.

陈景润的一生,是与数学相伴的一生,也是奋斗的一生,更是劳累的一生,日日夜夜,不知疲倦.陈景润每一个成就的背后,都是他靠着一双手和一支笔还有无数的草稿纸换来的.我们甚至可以说,陈景润在数学上的成就,是他通过透支生命换来的.

第五章

二次型

二次型的问题源于化二次曲线和二次曲面为标准形.在解析几何中,为了便于研究二次曲线(二元二次方程所表示的曲线)的几何性质,例如,平面上以原点为中心的二次曲线的方程为

$$ax^2 + bxy + cy^2 = d, \ (\ a,b,c \ 不全为零),$$

我们可以选择适当的角度 θ ,作转轴(反时针方向转轴)

$$\begin{cases} x = x'\cos\theta - y'\sin\theta \\ y = x'\sin\theta + y'\cos\theta \end{cases}$$

把二次曲线方程化为标准方程

$$mx'^2 + ny'^2 = d'.$$

从代数的观点看,化标准方程就是化简一个二次齐次多项式,使它只含有平方项.这类问题具有普遍性,不但在几何中出现,而且在数学的其他分支以及物理、力学中也常常会碰到.本章将把这类问题一般化,介绍 n 个变量的二次齐次多项式的一些重要性质.

第一节 二次型及其矩阵表示

一、二次型及其矩阵

定义 5.1 含有 n 个变量 $x_1, x_2, \cdots, x_n$ 的二次齐次多项式

$$\begin{aligned} f(x_1, x_2, \cdots, x_n) = \ & a_{11}x_1^2 + 2a_{12}x_1x_2 + \cdots + 2a_{1n}x_1x_n \\ & + a_{22}x_2^2 + 2a_{23}x_2x_3 + \cdots + 2a_{2n}x_2x_n \\ & + \cdots \\ & + a_{nn}x_n^2 \end{aligned} \tag{5.1}$$

二次型与对称矩阵

称为 $x_1, x_2, \cdots, x_n$ 的一个 n 元二次型,或者,在不致引起混淆时,简称二次型.例如

$$3x_1^2 + 2x_1x_2 + x_1x_3 + x_2^2 + x_2x_3 + 4x_3^2$$

是一个三元二次型.

当 $a_{ij}(i,j=1,2,\cdots,n)$ 为复数时, f 称为复二次型;当 $a_{ij}(i,j=1,2,\cdots,n)$ 为实数时, f 称为实二次型,本章只讨论实二次型.为了以后讨论方便,把(5.1)式中的系数 x_ix_j 写成 $2a_{ij}$,而不简单的写成 a_{ij} .

利用矩阵,二次型(5.1)可以表示为

$$f(x_1,x_2,\cdots,x_n)=a_{11}x_1^2+a_{12}x_1x_2+\cdots+a_{1n}x_1x_n+a_{12}x_2x_1+a_{22}x_2^2+\cdots+a_{2n}x_2x_n$$
$$+\cdots+a_{1n}x_1x_n+a_{2n}x_2x_n+\cdots+a_{nn}x_n^2$$
$$=x_1(a_{11}x_1+a_{12}x_2+\cdots+a_{1n}x_n)+x_2(a_{12}x_1+a_{22}x_2+\cdots+a_{2n}x_n)$$
$$+\cdots+x_n(a_{1n}x_1+a_{2n}x_n+\cdots+a_{nn}x_n)=\sum_{i=1}^n\sum_{j=1}^n a_{ij}x_ix_j$$
$$=(x_1,x_2,\cdots,x_n)\begin{pmatrix}a_{11}x_1+a_{12}x_2+\cdots+a_{1n}x_n\\a_{12}x_1+a_{22}x_2+\cdots+a_{2n}x_n\\\vdots\\a_{1n}x_1+a_{2n}x_n+\cdots+a_{nn}x_n\end{pmatrix}$$
$$=(x_1,x_2,\cdots,x_n)\begin{pmatrix}a_{11}&a_{12}&\cdots&a_{1n}\\a_{12}&a_{22}&\cdots&a_{2n}\\\vdots&\vdots&\cdots&\vdots\\a_{1n}&a_{2n}&\cdots&a_{nn}\end{pmatrix}\begin{pmatrix}x_1\\x_2\\\vdots\\x_n\end{pmatrix}$$

这里记

$$A=\begin{pmatrix}a_{11}&a_{12}&\cdots&a_{1n}\\a_{12}&a_{22}&\cdots&a_{2n}\\\vdots&\vdots&\cdots&\vdots\\a_{1n}&a_{2n}&\cdots&a_{nn}\end{pmatrix},\quad X=\begin{pmatrix}x_1\\x_2\\\vdots\\x_n\end{pmatrix}$$

则二次型可用矩阵表示为

$$f(x)=X^TAX \tag{5.2}$$

其中 A 为对称矩阵, $A=A^T$.

例如,二次型

$$f(x_1,x_2,x_3)=x_1^2+x_1x_2-3x_1x_3+x_2^2+2x_2x_3-x_3^2$$

的矩阵形式为

$$\begin{pmatrix}1&\dfrac{1}{2}&-\dfrac{3}{2}\\[2mm]\dfrac{1}{2}&1&1\\[2mm]-\dfrac{3}{2}&1&-1\end{pmatrix}$$

可以看出,任给一个二次型就唯一地确定一个对称矩阵;反之,任给一个对称矩阵也可以唯一地确定一个二次型.这样,二次型与对称之间就存在着一一对应的关系.因此,我们把对称矩阵 A 叫作二次型 f 的矩阵,也把 f 叫作对称矩阵 A 的二次型,对称矩阵 A 的秩

就叫作二次型 f 的秩.

二、线性变换

与在几何中一样,讨论二次型问题的主要内容是:用变量的线性变换来化简二次型.为此,首先引入下述定义.

定义 5.2 称两组变量 $x_1, x_2, \cdots, x_n$ 和 $y_1, y_2, \cdots, y_n$ 的一组关系式

$$
\begin{cases}
x_1 = c_{11}y_1 + c_{12}y_2 + \cdots + c_{1n}y_n \\
x_2 = c_{21}y_1 + c_{22}y_2 + \cdots + c_{2n}y_n \\
\qquad\qquad\qquad \vdots \\
x_1 = c_{n1}y_1 + c_{n2}y_2 + \cdots + c_{nn}y_n
\end{cases}
\tag{5.3}
$$

为 $x_1, x_2, \cdots, x_n$ 到 $y_1, y_2, \cdots, y_n$ 的一个线性变换,简称线性变换.矩阵

$$
C = \begin{pmatrix}
c_{11} & c_{12} & \cdots & c_{1n} \\
c_{21} & c_{22} & \cdots & c_{2n} \\
\vdots & \vdots & \cdots & \vdots \\
c_{n1} & c_{n2} & \cdots & c_{nn}
\end{pmatrix}
$$

称为线性变换(5.3)的矩阵,$|C| \neq 0$ 时,称线性变换(5.3)是非退化的或可逆的. 如果矩阵 C 是正交矩阵,就称线性变换(5.3)是正交的.正交的线性变换简称为正交变换.

线性变换可以用矩阵来表示.令

$$
X = \begin{pmatrix} x_1 \\ x_2 \\ \vdots \\ x_n \end{pmatrix} \qquad
Y = \begin{pmatrix} y_1 \\ y_2 \\ \vdots \\ y_n \end{pmatrix}
$$

那么线性变换(5.3)就可以写成

$$
\begin{pmatrix} x_1 \\ x_2 \\ \vdots \\ x_n \end{pmatrix} =
\begin{pmatrix}
c_{11} & c_{12} & \cdots & c_{1n} \\
c_{21} & c_{22} & \cdots & c_{2n} \\
\vdots & \vdots & \cdots & \vdots \\
c_{n1} & c_{n2} & \cdots & c_{nn}
\end{pmatrix}
\begin{pmatrix} y_1 \\ y_2 \\ \vdots \\ y_n \end{pmatrix}
$$

即

$$
X = CY \tag{5.4}
$$

如果(5.3)式是一个可逆的线性变换,那么它的系数矩阵 C 是可逆的,用 C^{-1} 乘 (5.3)式的两边,得

$$
Y = C^{-1}X
$$

设

$$
C^{-1} = \begin{pmatrix}
c'_{11} & c'_{12} & \cdots & c'_{1n} \\
c'_{21} & c'_{22} & \cdots & c'_{2n} \\
\vdots & \vdots & \cdots & \vdots \\
c'_{n1} & c'_{n2} & \cdots & c'_{nn}
\end{pmatrix}
$$

那么 $y_1, y_2, \cdots, y_n$ 也可以由 $x_1, x_2, \cdots, x_n$ 表示

$$\begin{cases} y_1 = c'_{11}x_1 + c'_{12}x_2 + \cdots + c'_{1n}x_n \\ y_2 = c'_{21}x_1 + c'_{22}x_2 + \cdots + c'_{2n}x_n \\ \qquad\qquad \vdots \\ y_n = c'_{n1}x_1 + c'_{n2}x_2 + \cdots + c'_{nn}x_n \end{cases} \qquad (5.5)$$

(5.5)式和(5.3)式表示同一个线性变换.

三、矩阵的合同

对于一般二次型 $f = X^T A X$，经可逆线性变换 $X = CY$，将其化为

$$f = X^T A X = (CY)^T A (CY) = Y^T (C^T A C) Y$$

可以看出,二次型经过线性变换后仍是二次型.其中, $Y^T(C^T A C)Y$ 为关于 $y_1, y_2, \cdots, y_n$ 的二次型,对应的矩阵为 $C^T A C$.

定义 5.3 设 A , B 为两个 n 阶方阵,如果存在 n 阶可逆矩阵 C ,使得 $C^T A C = B$,则称矩阵 A 合同于矩阵 B ,或者 A 与 B 合同,记为

$$A \simeq B$$

因此,经过非退化的线性变换后,新二次型的矩阵 B 与原二次型的矩阵 A 是合同的.

合同是矩阵之间的一种关系,这种关系具有如下性质.

(1)自反性:对于任意方阵 A ,都有 $A \simeq A$.

因为 $I_n^T A I_n = A$.

(2)对称性:若 $A \simeq B$,则 $B \simeq A$.

因为 $B = C^T A C$,则 $(C^{-1})^T B (C^{-1}) = A$.

(3)传递性:若 $A \simeq B$, $B \simeq C$,则 $A \simeq C$.

因为 $C_1^T A C_1 = B$, $C_2^T B C_2 = C$,且 $|C_1 C_2| = |C_1| \cdot |C_2| \neq 0$,则 $(C_1 C_2)^T A (C_1 C_2) = C$.

由于 C 是可逆的,新二次型的矩阵 B 与原二次型的矩阵 A 具有相同的秩,即可逆线性变换不改变二次型的秩.这样我们可以从新二次型的性质推出原来二次型的一些性质.

【例1】 求二次型 $f(x_1, x_2, x_3) = x_1^2 + 2x_1 x_2 + 2x_1 x_3 + x_2^2 + 4x_2 x_3 + x_3^2$ 的秩.

解 写出二次型的矩阵.由 $f(x_1, x_2, x_3) = x_1^2 + 2x_1 x_2 + 2x_1 x_3 + x_2^2 + 4x_2 x_3 + x_3^2$,得对应的矩阵为

$$A = \begin{pmatrix} 1 & 1 & 1 \\ 1 & 1 & 2 \\ 1 & 2 & 1 \end{pmatrix}$$

对 A 作初等变换:

$$A = \begin{pmatrix} 1 & 1 & 1 \\ 1 & 1 & 2 \\ 1 & 2 & 1 \end{pmatrix} \rightarrow \begin{pmatrix} 1 & 1 & 1 \\ 0 & 0 & 1 \\ 0 & 1 & 0 \end{pmatrix} \rightarrow \begin{pmatrix} 1 & 1 & 1 \\ 0 & 1 & 0 \\ 0 & 0 & 0 \end{pmatrix}$$

即 $r(A) = 3$,所以二次型的秩为 3.

习题 5-1

1. 若 n 阶矩阵 A,B 合同,则(　　)

    A. $A = B$ B. $A \sim B$

    C. $|A| = |B|$ D. $r(A) = r(B)$

2. 写出下列二次型的矩阵.

(1) $f(x_1, x_2) = 4x_1^2 - 2x_1 x_2 - x_2^2$

(2) $f(x_1, x_2, x_3) = x_1 x_2 - x_1 x_3 + 2x_2 x_3 - x_3^2$

(3) $f(x_1, x_2, x_3) = (a_1 x_1 + a_2 x_2 + a_3 x_3)^2$

3. 写出下列二次型的矩阵.

(1) $f(x_1, x_2) = X^T \begin{pmatrix} 1 & -2 \\ -6 & 2 \end{pmatrix} X$

(2) $f(x_1, x_2, x_3) = X^T \begin{pmatrix} 1 & 2 & 3 \\ 4 & 5 & 6 \\ 7 & 8 & 9 \end{pmatrix} X$

4. 求二次型 $f(x_1, x_2, \cdots, x_n) = \sum_{i=1}^{m} (a_{i1} x_1 + a_{i2} x_2 + \cdots + a_{in} x_n)^2$ 的矩阵.

5. 求下列二次型的秩.

(1) $f(x_1, x_2, x_3) = x_1^2 - 3x_2^2 - 2x_1 x_2 + 2x_1 x_3 - 6x_2 x_3$

(2) $f(x_1, x_2, x_3) = 4x_1 x_2 - 2x_1 x_3 - 2x_2 x_3$

(3) $f(x_1, x_2, x_3, x_4) = 2x_1^2 + 2x_1 x_2 + 2x_1 x_3 + 4x_2 x_4 + x_3^2 - 4x_4^2$

6. 已知二次型 $f(x_1, x_2, x_3) = 5x_1^2 + 5x_2^2 + cx_3^2 - 2x_1 x_2 + 6x_1 x_3 - 6x_2 x_3$ 的秩为 2,求 c 的值.

7. 已知两个线性变换

$$\begin{cases} x_1 = y_1 + y_2 + y_3 \\ x_2 = y_2 - y_3 \\ x_3 = y_3 \end{cases} \quad 和 \quad \begin{cases} z_1 = y_1 + y_3 \\ z_2 = y_2 \\ z_3 = y_3 \end{cases}$$

试求由变量 x_1, x_2, x_3 到 z_1, z_2, z_3 的线性变换.

8. 已知矩阵

$$A = \begin{pmatrix} 1 & 1 & 1 \\ 1 & 1 & 1 \\ 1 & 1 & 1 \end{pmatrix} \quad B = \begin{pmatrix} 1 & 0 & 0 \\ 0 & 0 & 0 \\ 0 & 0 & 0 \end{pmatrix} \quad C = \begin{pmatrix} 3 & 0 & 0 \\ 0 & 0 & 0 \\ 0 & 0 & 0 \end{pmatrix}$$

判断矩阵 A, B, C 是否相似,是否合同,并说明理由.

第二节　化二次型为标准形

定义 5.4　二次型 $f(x_1, x_2, \cdots, x_n) = X^T A X$，经过可逆线性变换 $X = CY$ 可化为只含平方项的形式：

$$d_1 y_1^2 + d_2 y_2^2 + \cdots + d_n y_n^2, \tag{5.6}$$

称为二次型的一个标准形.

一、用配方法化二次型为标准形

定理 5.1　任意一个二次型都可以通过可逆线性变换化为标准形.

证明　这个证明实际上是一个具体的将二次型化为平方和的方法，也即中学学过的配方法.

对变量的个数 n 用归纳法.

当 $n = 1$ 时，二次型就是 $f(x_1) = a_{11} x_1^2$，显然成立.

假设对 $n - 1$ 元的二次型结论成立，下面证明 n 个变量的二次型

二次型与对称
矩阵的标准形

$$f(x_1, x_2, \cdots, x_n) = \sum_{i=1}^{n} \sum_{j=1}^{n} a_{ij} x_i x_j \qquad (a_{ij} = a_{ji})$$

分三种情况来讨论：

（1）$a_{ii}(i = 1, 2, \cdots, n)$ 不全为零，不妨设 $a_{11} \neq 0$. 这时

$$
\begin{aligned}
f(x_1, x_2, \cdots, x_n) &= a_{11} x_1^2 + \sum_{j=2}^{n} a_{1j} x_1 x_j + \sum_{i=2}^{n} a_{i1} x_i x_1 + \sum_{i=2}^{n} \sum_{j=2}^{n} a_{ij} x_i x_j \\
&= a_{11} x_1^2 + 2 \sum_{j=2}^{n} a_{1j} x_1 x_j + \sum_{i=2}^{n} \sum_{j=2}^{n} a_{ij} x_i x_j \\
&= a_{11} \left(x_1 + \sum_{j=2}^{n} a_{11}^{-1} a_{1j} x_j \right)^2 - a_{11}^{-1} \left(\sum_{j=2}^{n} a_{1j} x_j \right)^2 + \sum_{i=2}^{n} \sum_{j=2}^{n} a_{ij} x_i x_j \\
&= a_{11} \left(x_1 + \sum_{j=2}^{n} a_{11}^{-1} a_{1j} x_j \right)^2 + \sum_{i=2}^{n} \sum_{j=2}^{n} b_{ij} x_i x_j
\end{aligned}
$$

其中

$$\sum_{i=2}^{n} \sum_{j=2}^{n} b_{ij} x_i x_j = - a_{11}^{-1} \left(\sum_{j=2}^{n} a_{1j} x_j \right)^2 + \sum_{i=2}^{n} \sum_{j=2}^{n} a_{ij} x_i x_j$$

是一个 $x_1, x_2, \cdots, x_n$ 的二次型. 令

$$
\begin{cases}
y_1 = x_1 + \sum_{j=2}^{n} a_{11}^{-1} a_{1j} x_j \\
y_2 = x_2 \\
\qquad \cdots \\
y_n = x_n
\end{cases}
$$

即

$$\begin{cases} x_1 = y_1 - \sum_{j=2}^{n} a_{11}^{-1} a_{1j} y_j \\ x_2 = y_2 \\ \qquad \cdots \\ x_n = y_n \end{cases}$$

这是一个可逆线性变换. $f(x_1, x_2, \cdots, x_n)$ 经过这个变换后,化为

$$f(x_1, x_2, \cdots, x_n) = a_{11} y_1^2 + \sum_{i=2}^{n} \sum_{j=2}^{n} b_{ij} y_i y_j$$

根据归纳法假设,有可逆的线性变换

$$\begin{cases} z_2 = c_{22} y_2 + c_{23} y_3 + \cdots + c_{2n} y_n \\ z_3 = c_{32} y_2 + c_{33} y_3 + \cdots + c_{3n} y_n \\ \qquad\qquad\qquad\vdots \\ z_n = c_{n2} y_2 + c_{n3} y_3 + \cdots + c_{nn} y_n \end{cases}$$

把二次型 $\sum_{i=2}^{n} \sum_{j=2}^{n} b_{ij} y_i y_j$ 化为平方和

$$d_2 z_2^2 + d_3 z_3^2 + \cdots + d_n z_n^2.$$

于是可逆线性变换

$$\begin{cases} z_1 = y_1 \\ z_2 = c_{22} y_2 + c_{23} y_3 + \cdots + c_{2n} y_n \\ \vdots \\ z_n = c_{n2} y_2 + c_{n3} y_3 + \cdots + c_{nn} y_n \end{cases}$$

就使

$$f(x_1, x_2, \cdots, x_n) = d_1 z_1^2 + d_2 z_2^2 + \cdots + d_n z_n^2 ,$$

即变成平方和了.根据归纳法原理,定理得证.

(2)所有 $a_{ii} = 0$,但是至少有一个 $a_{1j} \neq 0 (j > 1)$,不失普遍性,设 $a_{12} \neq 0$,令

$$\begin{cases} x_1 = z_1 + z_2 \\ x_2 = z_1 + z_2 \\ x_3 = z_3 \\ \cdots \\ x_n = y_n \end{cases}$$

它是可逆线性变换,且使

$$f(x_1, x_2, \cdots, x_n) = 2a_{12} x_1 x_2 + \cdots = 2a_{12}(z_1 + z_2)(z_1 - z_2) + \cdots = 2a_{12} z_1^2 - 2a_{12} z_2^2 + \cdots ,$$

这时上式右端是 $z_1, z_2, \cdots, z_n$ 的二次型,且 z_1^2 的系数不为零,属于第一种情况,定理成立.

(3) $a_{11} = a_{12} = \cdots = a_{1n} = 0$.由于对称性,有

$$a_{21} = a_{31} = \cdots = a_{n1} = 0$$

这时

$$f(x_1, x_2, \cdots, x_n) = \sum_{i=2}^{n} \sum_{j=2}^{n} a_{ij} x_i x_j$$

是 $n-1$ 元二次型, 根据归纳法假定, 它能用可逆线性变换变成平方和.

这样我们就完成了定理的证明.

【例1】 将二次型 $f(x_1, x_2, x_3) = x_1^2 + 2x_2^2 + 5x_3^2 + 2x_1x_2 + 2x_1x_3 + 6x_2x_3$ 化为标准形, 并给出所用可逆线性变换.

解
$$
\begin{aligned}
f(x_1, x_2, x_3) &= x_1^2 + 2x_2^2 + 5x_3^2 + 2x_1x_2 + 2x_1x_3 + 6x_2x_3 \\
&= x_1^2 + 2x_1x_2 + 2x_1x_3 + 2x_2^2 + 5x_3^2 + 6x_2x_3 \\
&= (x_1 + x_2 + x_3)^2 - x_2^2 - x_3^2 - 2x_2x_3 + 2x_2^2 + 5x_3^2 + 6x_2x_3 \\
&= (x_1 + x_2 + x_3)^2 + (x_2 + 2x_3)^2
\end{aligned}
$$

令 $\begin{cases} y_1 = x_1 + x_2 + x_3 \\ y_2 = x_2 + 2x_3 \\ y_3 = x_3 \end{cases}$, 可以得到 $\begin{cases} x_1 = y_1 - y_2 + y_3 \\ x_2 = y_2 - 2y_3 \\ x_3 = y_3 \end{cases}$,

即

$$
\begin{pmatrix} x_1 \\ x_2 \\ x_3 \end{pmatrix} = \begin{pmatrix} 1 & -1 & 1 \\ 0 & 1 & -2 \\ 0 & 0 & 1 \end{pmatrix} \begin{pmatrix} y_1 \\ y_2 \\ y_3 \end{pmatrix}
$$

标准形为 $f = y_1^2 + y_2^2$. 所用变换矩阵为

$$
C = \begin{pmatrix} 1 & -1 & 1 \\ 0 & 1 & -2 \\ 0 & 0 & 1 \end{pmatrix}, \quad (|C| = 1 \neq 0).
$$

【例2】 将二次型 $f(x_1, x_2, x_3) = 2x_1x_2 + 2x_1x_3 - 6x_2x_3$ 化为标准形, 并求所用的变换矩阵.

解 在二次型中不含平方项, 可以做可逆线性变换

$$
\begin{cases} x_1 = y_1 - y_2 \\ x_2 = y_1 + y_2 \\ x_3 = y_3 \end{cases}
$$

即

$$
\begin{pmatrix} x_1 \\ x_2 \\ x_3 \end{pmatrix} = \begin{pmatrix} 1 & -1 & 0 \\ 1 & 1 & 0 \\ 0 & 0 & 1 \end{pmatrix} \begin{pmatrix} y_1 \\ y_2 \\ y_3 \end{pmatrix}
$$

则

$$
\begin{aligned}
f(x_1, x_2, x_3) &= 2(y_1 + y_2)(y_1 - y_2) + 2(y_1 + y_2)y_3 - 6(y_1 - y_2)y_3 \\
&= 2y_1^2 - 2y_2^2 - 4y_1y_3 + 8y_2y_3 \\
&= 2(y_1 - y_3)^2 - 2(y_2 - 2y_3)^2 + 6y_3^2
\end{aligned}
$$

再令

$$
\begin{cases} z_1 = y_1 - y_3 \\ z_2 = y_2 - 2y_3 \\ z_3 = y_3 \end{cases}
$$

即

$$\begin{cases} y_1 = z_1 \quad + z_3 \\ y_2 = \quad z_2 + 2z_3 \\ y_3 = \quad z_3 \end{cases}$$

得到

$$\begin{pmatrix} y_1 \\ y_2 \\ y_3 \end{pmatrix} = \begin{pmatrix} 1 & 0 & 1 \\ 0 & 1 & 2 \\ 0 & 0 & 1 \end{pmatrix} \begin{pmatrix} z_1 \\ z_2 \\ z_3 \end{pmatrix}$$

故而所用变换矩阵为

$$C = \begin{pmatrix} 1 & -1 & 0 \\ 1 & 1 & 0 \\ 0 & 0 & 1 \end{pmatrix} \begin{pmatrix} 1 & 0 & 1 \\ 0 & 1 & 2 \\ 0 & 0 & 1 \end{pmatrix} = \begin{pmatrix} 1 & -1 & -1 \\ 1 & 1 & 3 \\ 0 & 0 & 1 \end{pmatrix} (\mid C \mid = 2 \neq 0)$$

二、用初等变换法化二次型为标准形

从定理 5.1 的证明,不难看出,二次型(5.6)的矩阵是对角矩阵,即

$$d_1 x_1^2 + d_2 x_2^2 + \cdots + d_n x_n^2 = (x_1, x_2, \cdots, x_n) \begin{pmatrix} d_1 & 0 & \cdots & 0 \\ 0 & d_2 & \cdots & 0 \\ \vdots & \vdots & \cdots & \vdots \\ 0 & 0 & \cdots & d_n \end{pmatrix} \begin{pmatrix} x_1 \\ x_2 \\ \vdots \\ x_n \end{pmatrix}$$

反过来,矩阵为对角形的二次型就只含有平方项.由上一节的讨论知道,经过可逆的线性变换,二次型的矩阵变到一个合同的矩阵,因此用矩阵的语言,定理 5.1 可以表述为

定理 5.2 对任意一个对称矩阵 A,存在着一个可逆矩阵 C,使矩阵 $C^T A C$ 为对角形(称这个矩阵为 A 的标准形),即任何一个对称矩阵都与一个对角矩阵合同.

证明 我们将利用矩阵的初等变换来证明这个定理.在第 2 章中,我们所定义的三种初等矩阵为 $I(i,j)$,$I(i(k))$,$I(ij(l))$.容易看出,

$$I(i,j)^T = I(i,j), \ I(i(k))^T = I(i(k)), \ I(ij(l))^T = I(ji(l)).$$

利用数学归纳法证明.

当 $n = 1$ 时,定理显然成立.

假设对于 $n - 1$ 阶对称矩阵来说,定理成立.

接下来,我们来证 n 阶对称矩阵的情形.

设 $A = (a_{ij})$ 是一个 n 阶对称矩阵,如果 $A = 0$,这时 A 本身就是对称矩阵,设 $A \neq 0$,我们分两种情况来考虑.

(1)设 A 的主对角线上元素不全为零,例如,$a_{ii} \neq 0$.如果 $i \neq 1$,那么交换 A 的第 1 列与第 i 列,再交换第 1 行与第 i 行,就可以把 a_{ii} 换到左上角.这样做相当于用初等矩阵 $I(1,i)$ 右乘 A,再用 $I(1,i)^T = I(1,i)$ 左乘 A.于是 $I(1,i)^T A I(1,i)$ 的左上角的元素 . 因此,我们不妨设 $a_{11} \neq 0$. 用 $-\dfrac{a_{1j}}{a_{11}}$ 乘 A 的第 1 列加到第 j 列,再用 $-\dfrac{a_{1j}}{a_{11}}$ 乘第 1 行加到第 j

行,就可以把第 1 行第 j 列和第 j 行第 1 列位置的元素变成 0. 这样做相当于用 $I(1j(-\dfrac{a_{1j}}{a_{11}}))$ 右乘 A ,用 $I(j1(-\dfrac{a_{1j}}{a_{11}})) = I(1j(-\dfrac{a_{1j}}{a_{11}}))^T$ 左乘 A .这样,总可以选取初等矩阵 E_1 , $E_2 , \cdots , E_s$,使得

$$E_s^T \cdots E_2^T E_1^T A E_1 E_2 \cdots E_s = \begin{pmatrix} a_{11} & 0 & \cdots & 0 \\ 0 & & & \\ \vdots & & A_1 & \\ 0 & & & \end{pmatrix},$$

这里 A_1 是一个 $n-1$ 阶对称矩阵,假设存在 $n-1$ 阶可逆矩阵 Q_1 使得

$$Q_1^T A_1 Q_1 = \begin{pmatrix} c_2 & & & 0 \\ & c_3 & & \\ & & \ddots & \\ 0 & & & c_n \end{pmatrix}.$$

取

$$Q = \begin{pmatrix} 1 & 0 & \cdots & 0 \\ 0 & & & \\ \vdots & & Q_1 & \\ 0 & & & \end{pmatrix},$$

$$C = E_1 E_2 \cdots E_s Q$$

那么

$$C^T A C = Q^T E_s^T \cdots E_2^T E_1^T A E_1 E_2 \cdots E_s Q$$

$$= Q^T \begin{pmatrix} a_{11} & 0 & \cdots & 0 \\ 0 & & & \\ \vdots & & A_1 & \\ 0 & & & \end{pmatrix} Q = \begin{pmatrix} a_{11} & 0 & \cdots & 0 \\ 0 & & & \\ \vdots & & Q_1^T A_1 Q_1 & \\ 0 & & & \end{pmatrix}$$

$$= \begin{pmatrix} c_1 & & & 0 \\ & c_2 & & \\ & & \ddots & \\ 0 & & & c_n \end{pmatrix},$$

这里 $c_1 = a_{11}$.

(2)如果 $a_{ii} = 0 , i = 1 , 2 , \cdots , n$. 由于 $A \neq 0$,所以一定有某一个元素 $a_{ij} \neq 0 , i \neq j$. 把 A 的第 j 列加到第 i 列,再把第 j 行加到第 i 行,这相当于用初等矩阵 $I(ji(1))$ 右乘 A ,再用 $I(ji(1)) = I(ji(1))^T$ 左乘 A ,而经过这样的变换后,所得的矩阵第 i 行第 i 列的元素是 $2a_{ij} \neq 0$,于是第 2 种情形就归结到了第 1 种情形,定理得证.

通过上述证明,我们可以具体求出一个可逆矩阵 C ,使得 $C^T A C$ 为对角矩阵.设 $C = P_1 P_2 \cdots P_s$,其中 $P_i (i = 1 , 2 , \cdots , n)$ 是初等矩阵,即 $C = I P_1 P_2 \cdots P_s$,所以可知, $C^T A C = P_s^T \cdots P_2^T P_1^T A P_1 P_2 \cdots P_s$ 是对角矩阵.可见,对 $2n \times n$ 矩阵, $\begin{pmatrix} A \\ I \end{pmatrix}$ 施以相应于右乘 P_1 , P_2 , $\cdots$,

P_s 的初等列变换,再对 A 施行 $P_1^T, P_2^T, \cdots, P_s^T$ 的初等行变换,矩阵 A 化为对角矩阵时,单位矩阵 I 就化为所要求的可逆矩阵 C.

【例3】 用可逆线性变换化二次型 $f(x_1, x_2, x_3) = 2x_1x_2 + 2x_1x_3 - 4x_2x_3$ 为标准形.

解 二次型的矩阵为

$$A = \begin{pmatrix} 0 & 1 & 1 \\ 1 & 0 & -2 \\ 1 & -2 & 0 \end{pmatrix}$$

$$\begin{pmatrix} A \\ I \end{pmatrix} = \begin{pmatrix} 0 & 1 & 1 \\ 1 & 0 & -2 \\ 1 & -2 & 0 \\ 1 & 0 & 0 \\ 0 & 1 & 0 \\ 0 & 0 & 1 \end{pmatrix} \xrightarrow{c_1 + c_2} \begin{pmatrix} 1 & 1 & 1 \\ 1 & 0 & -2 \\ -1 & -2 & 0 \\ 1 & 0 & 0 \\ 1 & 1 & 0 \\ 0 & 0 & 1 \end{pmatrix} \xrightarrow{r_1 + r_2} \begin{pmatrix} 2 & 1 & -1 \\ 1 & 0 & -2 \\ -1 & -2 & 0 \\ 1 & 0 & 0 \\ 1 & 1 & 0 \\ 0 & 0 & 1 \end{pmatrix} \xrightarrow[c_3 + \frac{1}{2}c_1]{c_2 - \frac{1}{2}c_1}$$

$$\begin{pmatrix} 2 & 0 & 0 \\ 1 & -\dfrac{1}{2} & -\dfrac{3}{2} \\ -1 & -\dfrac{3}{2} & -\dfrac{1}{2} \\ 1 & -\dfrac{1}{2} & \dfrac{1}{2} \\ 1 & \dfrac{1}{2} & \dfrac{1}{2} \\ 0 & 0 & 1 \end{pmatrix} \xrightarrow[r_3 + \frac{1}{2}r_1]{r_2 - \frac{1}{2}r_1} \begin{pmatrix} 2 & 0 & 0 \\ 0 & -\dfrac{1}{2} & -\dfrac{3}{2} \\ 0 & -\dfrac{3}{2} & -\dfrac{1}{2} \\ 1 & -\dfrac{1}{2} & \dfrac{1}{2} \\ 1 & \dfrac{1}{2} & \dfrac{1}{2} \\ 0 & 0 & 1 \end{pmatrix} \xrightarrow{c_3 - 3c_2}$$

$$\begin{pmatrix} 2 & 0 & 0 \\ 0 & -\dfrac{1}{2} & 0 \\ 0 & -\dfrac{3}{2} & 4 \\ 1 & -\dfrac{1}{2} & 2 \\ 1 & \dfrac{1}{2} & -1 \\ 0 & 0 & 1 \end{pmatrix} \xrightarrow{r_3 - 3r_2} \begin{pmatrix} 2 & 0 & 0 \\ 0 & -\dfrac{1}{2} & 0 \\ 0 & 0 & 4 \\ 1 & -\dfrac{1}{2} & 2 \\ 1 & \dfrac{1}{2} & -1 \\ 0 & 0 & 1 \end{pmatrix}$$

所以

$$C = \begin{pmatrix} 1 & -\dfrac{1}{2} & 2 \\ 1 & \dfrac{1}{2} & -1 \\ 0 & 0 & 1 \end{pmatrix}, \ |C| = 1 \neq 0$$

令

$$\begin{cases} x_1 = z_1 - \dfrac{1}{2}z_2 + 2z_3 \\ x_2 = z_1 + \dfrac{1}{2}z_2 - z_3 \\ x_3 = z_3 \end{cases}$$

代入原二次型可得二次型

$$f = 2z_1^2 - \frac{1}{2}z_2^2 + 4z_3^2$$

【例 4】 用初等变换化二次型 $f(x_1, x_2, x_3) = x_1^2 - x_3^2 + 2x_1x_2 + 2x_2x_3$ 为标准形.

解 二次型的矩阵为

$$A = \begin{pmatrix} 1 & 1 & 0 \\ 1 & 0 & 1 \\ 0 & 1 & -1 \end{pmatrix}$$

用初等变换把 A 化为对角形矩阵：

$$\begin{pmatrix} 1 & 1 & 0 \\ 1 & 0 & 1 \\ 0 & 1 & -1 \\ 1 & 0 & 0 \\ 0 & 1 & 0 \\ 0 & 0 & 1 \end{pmatrix} \xrightarrow{c_2 - c_1} \begin{pmatrix} 1 & 0 & 0 \\ 1 & -1 & 1 \\ 0 & 1 & -1 \\ 1 & -1 & 0 \\ 0 & 1 & 0 \\ 0 & 0 & 1 \end{pmatrix} \xrightarrow{r_2 - r_1} \begin{pmatrix} 1 & 0 & 0 \\ 0 & -1 & 1 \\ 0 & 1 & -1 \\ 1 & -1 & 0 \\ 0 & 1 & 0 \\ 0 & 0 & 1 \end{pmatrix}$$

$$\xrightarrow{c_3 + c_2} \begin{pmatrix} 1 & 0 & 0 \\ 0 & -1 & 0 \\ 0 & 1 & 0 \\ 1 & -1 & -1 \\ 0 & 1 & 1 \\ 0 & 0 & 1 \end{pmatrix} \xrightarrow{r_3 + r_2} \begin{pmatrix} 1 & 0 & 0 \\ 0 & -1 & 0 \\ 0 & 0 & 0 \\ 1 & -1 & -1 \\ 0 & 1 & 1 \\ 0 & 0 & 1 \end{pmatrix}$$

所以

$$C = \begin{pmatrix} 1 & -1 & -1 \\ 0 & 1 & 1 \\ 0 & 0 & 1 \end{pmatrix}, \; |C| = 1 \neq 0$$

因此可逆线性变换 $X = CY$，即

$$\begin{cases} x_1 = y_1 - y_2 - y_3 \\ x_2 = y_2 + y_3 \\ x_3 = y_3 \end{cases}$$

把 $f(x_1, x_2, x_3)$ 化为标准形

$$f = y_1^2 - y_2^2$$

三、用正交变换化二次型为标准形

由于二次型的矩阵是一个实对称矩阵，利用第 4 章的定理可以证明二次型一定可以

经过正交变换化为标准形.

定理 5.3 对于任意的二次型 $f(x) = X^T A X$, 一定存在正交矩阵 Q, 使得经过正交变换 $X = QY$ 后, 能够把它化为标准形

$$f = \lambda_1 y_1^2 + \lambda_2 y_2^2 + \cdots + \lambda_n y_n^2,$$

其中 $\lambda_1, \lambda_2, \cdots, \lambda_n$ 是二次型 $f(x)$ 的矩阵 A 的全部特征值.

证明 因为 A 是实对称矩阵, 由定理 4.14 可知, 一定存在正交矩阵 Q, 使得

$$Q^T A Q = \begin{pmatrix} \lambda_1 & 0 & \cdots & 0 \\ 0 & \lambda_2 & \cdots & 0 \\ \vdots & \vdots & & \vdots \\ 0 & 0 & \cdots & \lambda_n \end{pmatrix},$$

其中 $\lambda_1, \lambda_2, \cdots, \lambda_n$ 是矩阵 A 的全部特征值.

作正交变换

$$X = QY$$

所得到的新二次型的矩阵为 $Q^T A Q$, 因此新二次型为

$$f = y^T(Q^T A Q)y = \lambda_1 y_1^2 + \lambda_2 y_2^2 + \cdots + \lambda_n y_n^2$$

由上知, 用正交变换化二次型为标准形的基本步骤:

(1) 将二次型表示成矩阵形式 $f(x) = X^T A X$, 求出 A;

(2) 求出 A 的所有特征值 $\lambda_1, \lambda_2, \cdots, \lambda_n$;

(3) 求出与各特征值对应的线性无关的特征向量 $\xi_1, \xi_2, \cdots, \xi_n$;

(4) 将特征向量 $\xi_1, \xi_2, \cdots, \xi_n$ 正交化、单位化, 得 $\eta_1, \eta_2, \cdots, \eta_n$, 记

$$Q = (\eta_1, \eta_2, \cdots, \eta_n);$$

(5) 做正交变换 $X = QY$, 则得 f 的标准形

$$f = \lambda_1 y_1^2 + \lambda_2 y_2^2 + \cdots + \lambda_n y_n^2.$$

【例 5】 将二次型

$$f(x_1, x_2, x_3) = 17x_1^2 + 14x_2^2 + 14x_3^2 - 4x_1 x_2 - 4x_1 x_3 - 8x_2 x_3$$

化为标准形.

解 (1) 写出二次型的矩阵 $A = \begin{pmatrix} 17 & -2 & -2 \\ -2 & 14 & -4 \\ -2 & -4 & 14 \end{pmatrix}$.

(2) 求其特征值: 由

$$|\lambda I - A| = \begin{vmatrix} \lambda - 17 & 2 & 2 \\ 2 & \lambda - 14 & 4 \\ 2 & 4 & \lambda - 14 \end{vmatrix} = (\lambda - 18)^2 (\lambda - 9) = 0,$$

得 $\lambda_1 = 9, \lambda_2 = \lambda_3 = 18$.

(3) 求特征向量:

将 $\lambda_1 = 9$ 代入 $(\lambda I - A)x = 0$, 得基础解系 $\xi_1 = (\frac{1}{2}, 1, 1)^T$, 将 $\lambda_2 = \lambda_3 = 18$ 代入 $(\lambda I - A)x = 0$, 得基础解系 $\xi_2 = (-2, 1, 0)^T$, $\xi_3 = (-2, 0, 1)^T$.

(4) 将特征向量正交化:

取 $\alpha_1 = \xi_1, \alpha_2 = \xi_2, \alpha_3 = \xi_3 - \dfrac{<\alpha_2,\xi_3>}{<\alpha_2,\alpha_2>}\alpha_2$，得正交向量组：

$$\alpha_1 = \left(\frac{1}{2},1,1\right)^T, \alpha_2 = (-2,1,0)^T, \alpha_3 = \left(-\frac{2}{5},-\frac{4}{5},1\right)^T$$

将其单位化得

$$\eta_1 = \begin{pmatrix} \dfrac{1}{3} \\ \dfrac{2}{3} \\ \dfrac{2}{3} \end{pmatrix}, \eta_2 = \begin{pmatrix} -\dfrac{2}{\sqrt{5}} \\ \dfrac{1}{\sqrt{5}} \\ 0 \end{pmatrix}, \eta_2 = \begin{pmatrix} -\dfrac{2}{3\sqrt{5}} \\ -\dfrac{4}{3\sqrt{5}} \\ \dfrac{5}{3\sqrt{5}} \end{pmatrix}$$

做正交矩阵：

$$Q = \begin{pmatrix} \dfrac{1}{3} & -\dfrac{2}{\sqrt{5}} & -\dfrac{2}{3\sqrt{5}} \\ \dfrac{2}{3} & \dfrac{1}{\sqrt{5}} & -\dfrac{4}{3\sqrt{5}} \\ \dfrac{2}{3} & 0 & \dfrac{5}{3\sqrt{5}} \end{pmatrix}.$$

（5）故所求的正交变换为

$$\begin{pmatrix} x_1 \\ x_2 \\ x_3 \end{pmatrix} = \begin{pmatrix} \dfrac{1}{3} & -\dfrac{2}{\sqrt{5}} & -\dfrac{2}{3\sqrt{5}} \\ \dfrac{2}{3} & \dfrac{1}{\sqrt{5}} & -\dfrac{4}{3\sqrt{5}} \\ \dfrac{2}{3} & 0 & \dfrac{5}{3\sqrt{5}} \end{pmatrix} \begin{pmatrix} y_1 \\ y_2 \\ y_3 \end{pmatrix}$$

再次变换下原二次型化为标准形

$$f = 9y_1^2 + 18y_2^2 + 18y_3^2$$

【例6】 已知二次型

$$f(x_1,x_2,x_3) = 2x_1^2 + 3x_2^2 + 3x_3^2 + 2ax_2x_3 \quad (a > 0)$$

通过正交变换化为标准形 $f = y_1^2 + 2y_2^2 + 5y_3^2$. 求参数 a 的值及所用的正交变换矩阵.

解 二次型 $f(x_1,x_2,x_3) = 2x_1^2 + 3x_2^2 + 3x_3^2 + 2ax_2x_3$ 的矩阵为

$$A = \begin{pmatrix} 2 & 0 & 0 \\ 0 & 3 & a \\ 0 & a & 3 \end{pmatrix}$$

A 特征多项式

$$|\lambda I - A| = \begin{vmatrix} \lambda - 2 & 0 & 0 \\ 0 & \lambda - 3 & -a \\ 0 & -a & \lambda - 3 \end{vmatrix} = (\lambda - 2)(\lambda^2 - 6\lambda + 9 - a^2)$$

由于二次型通过正交变换化为标准形 $f = y_1^2 + 2y_2^2 + 5y_3^2$，所以 A 的特征值为 $\lambda_1 = 1$，$\lambda_2 = 2, \lambda_3 = 5$. 将 $\lambda_1 = 1$ 代入 A 特征多项式，应有

$$(1 - 2)(1^2 - 6 \times 1 + 9 - a^2) = 0$$

解得 $a = \pm 2$. 因为 $a > 0$，所以 $a = 2$.

对于 $\lambda_1 = 1$，解齐次线性方程组 $(I - A)x = 0$，的对应的特征向量 $\alpha_1 = (0, 1, -1)^T$.

对于 $\lambda_1 = 2$，解齐次线性方程组 $(2I - A)x = 0$，的对应的特征向量 $\alpha_1 = (1, 0, 0)^T$.

对于 $\lambda_1 = 3$，解齐次线性方程组 $(5I - A)x = 0$，的对应的特征向量 $\alpha_1 = (0, 1, 1)^T$.

$\alpha_1, \alpha_2, \alpha_3$ 已是正交向量组，只需单位化. 令

$$\beta_1 = \frac{1}{\| \alpha_1 \|} \alpha_1 = \left(0, \frac{1}{\sqrt{2}}, -\frac{1}{\sqrt{2}} \right)^T$$

$$\beta_2 = \frac{1}{\| \alpha_2 \|} \alpha_2 = (1, 0, 0)^T$$

$$\beta_3 = \frac{1}{\| \alpha_3 \|} \alpha_3 = \left(0, \frac{1}{\sqrt{2}}, \frac{1}{\sqrt{2}} \right)^T$$

记

$$Q = (\beta_1, \beta_2, \beta_3) = \begin{pmatrix} 0 & 1 & 0 \\ \dfrac{1}{\sqrt{2}} & 0 & \dfrac{1}{\sqrt{2}} \\ -\dfrac{1}{\sqrt{2}} & 0 & \dfrac{1}{\sqrt{2}} \end{pmatrix}$$

则 Q 为所用的正交变换 $X = QY$ 的矩阵.

用正交变换把二次型化为标准形的方法，在理论上和实际应用中都十分重要.

四、二次型与对称矩阵的规范形

本节的【例2】，二次型 $f(x_1, x_2, x_3) = 2x_1x_2 + 2x_1x_3 - 6x_2x_3$ 经过线性变换

$$\begin{pmatrix} x_1 \\ x_2 \\ x_3 \end{pmatrix} = \begin{pmatrix} 1 & -1 & -1 \\ 1 & 1 & 3 \\ 0 & 0 & 1 \end{pmatrix} \begin{pmatrix} y_1 \\ y_2 \\ y_3 \end{pmatrix}$$

得到标准形

$$2y_1^2 - 2y_2^2 + 6y_3^2$$

而经过线性变换

$$\begin{pmatrix} x_1 \\ x_2 \\ x_3 \end{pmatrix} = \begin{pmatrix} 1 & -\dfrac{1}{2} & 1 \\ 1 & \dfrac{1}{2} & -\dfrac{1}{3} \\ 0 & 0 & \dfrac{1}{3} \end{pmatrix} \begin{pmatrix} w_1 \\ w_2 \\ w_3 \end{pmatrix}$$

就得到另一个标准形

$$2w_1^2 - \frac{1}{2}w_2^2 + \frac{2}{3}w_3^2$$

这就说明,二次型的标准形不是唯一的,和所作的非奇异线性变换有关.标准形的矩阵是对角矩阵,对角矩阵的秩等于对角线上非零元素的个数.因此,同一个二次型的标准形虽然不是唯一的,但标准形中系数不等于零的平方项的项数却是相同的,等于二次型的秩.

将二次型化为平方项的代数和的形式后,如果有必要,可重新安排变量的次序(相当于做一次可逆线性变换),使这个标准型化为以下形状:
$$d_1 x_1^2 + \cdots + d_p x_p^2 - d_{p+1} x_{p+1}^2 - \cdots - d_r x_r^2$$

其中 $d_i > 0, (i = 1, 2, \cdots, r)$. r 是二次型的秩.因为在实数域中正数可以开平方,所以以可再作一次非奇异线性变换

$$\begin{cases} x_1 = \dfrac{1}{\sqrt{d_1}} y_1 \\ \cdots \\ x_r = \dfrac{1}{\sqrt{y_r}} y_r \\ x_{r+1} = y_{r+1} \\ \cdots \\ x_n = y_n \end{cases}$$

化为
$$y_1^2 + \cdots + y_p^2 - y_{p+1}^2 - \cdots - y_r^2$$

这种形式的二次型称为二次型(5.1)的规范形.因此有下面的定理.

定理 5.4 任意二次型都可以通过适当的可逆线性变换化为规范形,并且规范形是唯一的(由二次型本身决定的唯一形式,与所作的可逆线性变换无关).

证明 定理的前一半在上面已经证明,下面来证明唯一性.

设二次型 $f(x_1, x_2, \cdots, x_n)$ 经过非奇异线性变换
$$X = BY$$

化成规范形
$$f(x_1, x_2, \cdots, x_n) = y_1^2 + \cdots + y_p^2 - y_{p+1}^2 - \cdots - y_r^2$$

而经过非奇异线性变换
$$X = CZ$$

也化成规范形
$$f(x_1, x_2, \cdots, x_n) = z_1^2 + \cdots + z_p^2 - z_{p+1}^2 - \cdots - z_r^2$$

现在来证 $p = q$.

用反证法.设 $p > q$,由假设,得到
$$y_1^2 + \cdots + y_p^2 - y_{p+1}^2 - \cdots - y_r^2 = z_1^2 + \cdots + z_p^2 - z_{p+1}^2 - \cdots - z_r^2 \qquad ①$$

其中
$$Z = C^{-1}BY$$

令

$$C^{-1}B = G = \begin{pmatrix} g_{11} & g_{12} & \cdots & g_{1n} \\ g_{21} & g_{22} & \cdots & g_{2n} \\ \vdots & \vdots & \cdots & \vdots \\ g_{n1} & g_{n2} & \cdots & g_{nn} \end{pmatrix}$$

进一步可以写成

$$\begin{cases} z_1 = g_{11}y_1 + g_{12}y_2 + \cdots + g_{1n}y_n \\ z_2 = g_{21}y_1 + g_{22}y_2 + \cdots + g_{2n}y_n \\ \qquad\qquad\qquad\vdots \\ z_1 = g_{n1}y_1 + g_{n2}y_2 + \cdots + g_{nn}y_n \end{cases} ②$$

考虑齐次线性方程组

$$\begin{cases} g_{11}y_1 + g_{12}y_2 + \cdots + g_{1n}y_n = 0 \\ \qquad\qquad\qquad \cdots \\ g_{q1}y_1 + g_{q2}y_2 + \cdots + g_{qn}y_n = 0 \\ y_{p+1} = 0 \\ \qquad \cdots \\ y_n = 0 \end{cases}$$

上述方程组含有 n 个未知量,而含有 $q + (n-p) = n - (p-q) < n$ 个方程,由定理 3.1,上述方程组有非零解.令

$$(k_1, \cdots, k_p, k_{p+1}, \cdots, k_n)$$

是①的一个非零解.显然

$$k_{p+1} = \cdots = k_n$$

代入①的左端,得到的值为

$$k_1^2 + \cdots + k_p^2 > 0.$$

通过②把它代入①的右端,因为它们是齐次线性方程组的解,故有

$$z_1 = \cdots = z_q = 0$$

所以得到的值为

$$-z_{q+1}^2 - \cdots - z_r^2 \leqslant 0$$

这是一个矛盾,它说明假设 $p > q$ 是不对的,因此我们证明了 $p \leqslant q$.

同理可证 $q \leqslant p$,从而 $p = q$.这就证明了规范形的唯一性.

定义 5.4 在二次型 $f(x_1, x_2, \cdots, x_n)$ 的规范形中,正平方项的个数 p 称为 $f(x_1, x_2, \cdots, x_n)$ 的正惯性指数;负平方项的个数 $r - p$ 称为 $f(x_1, x_2, \cdots, x_n)$ 的负惯性指数;它们的差 $p - (r - p) = 2p - r$ 称为 $f(x_1, x_2, \cdots, x_n)$ 的符号差.

定理 5.5 任意一个对称矩阵 A 都合同于一个下述形式的对角矩阵:

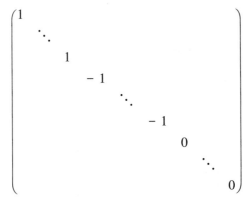

其中对角线上 1 的个数 p 及 -1 的个数 $r-p$（r 是 A 的秩）都是唯一确定的,分别称为 A 的正、负惯性指数,它们的差称为 A 的符号差.

习题 5-2

1. 用配方法将下列二次型化为标准形,并写出所作的可逆线性变换矩阵.

(1) $f(x_1, x_2, x_3) = x_1^2 + 2x_2^2 + 2x_1x_2 - 2x_1x_3$

(2) $f(x_1, x_2, x_3) = 4x_1^2 - 3x_2^2 + 4x_1x_2 - 4x_1x_3 + 8x_2x_3$

(3) $f(x_1, x_2, x_3) = 2x_1x_2 + 4x_1x_3$

2. 用初等变换法将下列二次型化为标准形,并写出所作的可逆线性变换矩阵.

(1) $f(x_1, x_2, x_3) = 4x_2^2 - 3x_3^2 + 4x_1x_2 - 4x_1x_3 + 8x_2x_3$

(2) $f(x_1, x_2, x_3) = 2x_1^2 + x_3^2 - 4x_1x_3 - 4x_2x_3$

(3) $f(x_1, x_2, x_3) = x_1x_2 + x_1x_3 - 3x_2x_3$

3. 用正交变换法将下列二次型化为标准形,并写出所作的可逆线性变换矩阵.

(1) $f(x_1, x_2, x_3) = x_1^2 + 2x_3^2 - 4x_1x_2 - 4x_1x_3$

(2) $f(x_1, x_2, x_3) = x_1^2 + 4x_2^2 + 4x_3^2 - 4x_1x_2 + 4x_1x_3 - 8x_2x_3$

(3) $f(x_1, x_2, x_3) = 2x_1x_2 - 2x_3x_4$

4. 已知二次型 $f(x_1, x_2, x_3) = 2x_1^2 + 3x_2^2 + 3x_3^2 + 2ax_2x_3 (a > 0)$,通过正交变换化为标准形 $f = y_1^2 + 2y_2^2 + 5y_3^2$,求参数 a 及所用的正交变换.

5. 已知二次曲面方程

$$x^2 + ay^2 + z^2 + 2bxy + 2xz + 2yz = 4$$

可以通过正交变换

$$\begin{pmatrix} x \\ y \\ z \end{pmatrix} = Q \begin{pmatrix} \xi \\ \eta \\ \zeta \end{pmatrix}$$

化为椭圆柱面方程 $\eta^2 + 4\zeta^2 = 4$,求 a, b 的值和正交矩阵 Q.

6. 求下列二次型的秩和符号差.

(1) $f(x_1, x_2, x_3) = x_1^2 + 3x_3^2 + 2x_1x_2 + 4x_1x_3 + 2x_2x_3$

(2) $f(x_1, x_2, x_3) = -4x_1x_2 + 2x_1x_3 + 2x_2x_3$

(3) $f(x_1, x_2, x_3, x_4) = x_1x_2 + x_2x_3 + x_3x_4$

第三节 正定二次型

一、二次型的有定性

定义 5.5 具有对称矩阵 A 的二次型
$$f(x) = X^T A X$$

（1）若对于任何 $X = (x_1, x_2, \cdots, x_n)^T \neq 0$，都有
$$X^T A X > 0 \quad (X^T A X < 0)$$

二次型与对称
矩阵的有定性

则称 $f(x) = X^T A X$ 为正定（负定）二次型，矩阵 A 称为正定矩阵（负定矩阵）.

（2）若对于任何 $X = (x_1, x_2, \cdots, x_n)^T \neq 0$，都有
$$X^T A X \geqslant 0 \quad (X^T A X \leqslant 0)$$
且有非零向量 X_0，使 $X_0^T A X_0 = 0$，则称 $f(x) = X^T A X$ 为半正定（半负定）二次型，矩阵 A 称为半正定矩阵（半负定矩阵）.

二次型的正定（负定）、半正定（半负定）统称为二次型及其矩阵的有定性. 不具备有定性的二次型及其矩阵称为不定的. 二次型的有定性与其矩阵的有定性之间具有一一对应关系. 因此，二次型的正定性判别可转化为对称矩阵的正定性判别.

【例1】 二次型 $f(x_1, x_2, \cdots, x_n) = x_1^2 + x_2^2 + \cdots + x_n^2$，当 $X = (x_1, x_2, \cdots, x_n)^T \neq 0$ 时，显然 $f(x_1, x_2, \cdots, x_n) > 0$，所以这个二次型是正定的. 这个二次型所对应的矩阵是单位矩阵，它是正定矩阵.

【例2】 二次型
$$f(x_1, x_2, x_3) = -x_1^2 - 2x_1 x_2 + 4x_1 x_3 - x_2^2 + 4x_2 x_3 - 4x_3^2$$
可以将其改成
$$f(x_1, x_2, x_3) = -(x_1 + x_2 - 2x_3)^2 \leqslant 0$$
当 $x_1 + x_2 - 2x_3 = 0$ 时，$f(x_1, x_2, x_3) = 0$，因此，$f(x_1, x_2, x_3)$ 是半负定的，其对应的矩阵
$$A = \begin{pmatrix} -1 & -1 & 2 \\ -1 & -1 & 2 \\ 2 & 2 & -4 \end{pmatrix}$$
是半负定矩阵.

【例3】 $f(x_1, x_2) = x_1^2 - 2x_2^2$ 是不定二次型，因其符号有时正有时负，如
$$f(1,1) = -1 < 0, f(2,1) = 2 > 0.$$

二、正定矩阵的判别法

定理 5.6 设 A 为正定矩阵，若 A 与 B 合同，则 B 也是正定矩阵.

证明 由于 A 与 B 合同，则存在可逆矩阵 C，使得 $C^T A C = B$，令 $X = CY$，$|C| \neq 0$，对任意非零向量 Y，均有 $X \neq 0$，故而
$$Y^T B Y = Y^T C^T A C Y = (CY)^T A (CY) = X^T A X > 0,$$

即 B 也是正定矩阵.

定理 5.7 对角矩阵 $D = \begin{pmatrix} d_1 & & & \\ & d_2 & & \\ & & \ddots & \\ & & & d_n \end{pmatrix}$ 正定的充分必要条件是:$d_i > 0 (i = 1, 2,$

$\cdots, n)$.

证明 充分性.

对于任意 $X = (x_1, x_2, \cdots, x_n)^T \neq 0$,至少有一个分量,不妨设 $x_k \neq 0$,因 $d_k > 0$,故 $d_k x_k^2 > 0$,所以

$$X^T D X = d_1 x_1^2 + d_2 x_2^2 + \cdots + d_k x_k^2 + \cdots + d_n x_n^2 > 0 ,$$

所以 D 是正定矩阵.

必要性.

设 D 为正定矩阵,即对于任意 $X = (x_1, x_2, \cdots, x_n)^T \neq 0$,都有

$$X^T D X = d_1 x_1^2 + d_2 x_2^2 + \cdots + d_k x_k^2 + \cdots + d_n x_n^2 > 0 ,$$

取 $X = (0, \cdots, 0, 1, 0, \cdots, 0)(i = 1, 2, \cdots, n)$. 则

$$\varepsilon_i^T D \varepsilon_i = d_i > 0 \quad (i = 1, 2, \cdots, n)$$

定理 5.8 对称矩阵 A 是正定的,当且仅当它与单位矩阵合同.

证明 充分性.

由定理 5.6 和定理 5.7 可得.

必要性.

由定理 5.5,可知 A 合同于

$$\begin{pmatrix} 1 & & & & & & & & \\ & \ddots & & & & & & & \\ & & 1 & & & & & & \\ & & & -1 & & & & & \\ & & & & \ddots & & & & \\ & & & & & -1 & & & \\ & & & & & & 0 & & \\ & & & & & & & \ddots & \\ & & & & & & & & 0 \end{pmatrix}$$

由定理 5.6 和定理 5.7 可得,若 A 为正定矩阵,则正惯性指标 $p = n$,即 A 与单位矩阵合同.

推论 1 对称矩阵 A 正定的充分必要条件是它的特征值全大于零.

推论 2 矩阵 A 为正定矩阵的充分必要条件是 A 的正惯性指数 $p = n$.

推论 3 矩阵 A 为正定矩阵的充分必要条件是存在可逆矩阵 C,使得 $A = C^T C$.

推论 4 正定矩阵的行列式大于零.

证明 由于 $A = C^T C$,两边取行列式,得

$$|A| = |C^T C| = |C|^2 > 0$$

有时我们需要直接从二次型的矩阵来判别这个二次型是不是正定的,而不希望通过

它的规范形.为了解决这个问题,引入

定义 5.6 设有 n 阶矩阵

$$A = \begin{pmatrix} a_{11} & a_{12} & \cdots & a_{1n} \\ a_{21} & a_{22} & \cdots & a_{2n} \\ \vdots & \vdots & \cdots & \vdots \\ a_{n1} & a_{n2} & \cdots & a_{nn} \end{pmatrix}$$

A 的子式

$$\begin{vmatrix} a_{i_1i_1} & a_{i_1i_2} & \cdots & a_{i_1i_k} \\ a_{i_2i_1} & a_{i_2i_2} & \cdots & a_{i_2i_k} \\ \vdots & \vdots & \cdots & \vdots \\ a_{i_ki_1} & a_{i_ki_2} & \cdots & a_{i_ki_k} \end{vmatrix} \qquad (1 \leqslant i_1 < i_2 < \cdots < i_k \leqslant n)$$

称为 A 的 k 阶主子式.而子式

$$|A_k| = \begin{vmatrix} a_{11} & a_{12} & \cdots & a_{1k} \\ a_{21} & a_{22} & \cdots & a_{2k} \\ \vdots & \vdots & \cdots & \vdots \\ a_{k1} & a_{k2} & \cdots & a_{kk} \end{vmatrix}$$

称为 A 的 k 阶顺序主子式.

例如,$A = \begin{vmatrix} 2 & 0 & 1 \\ 1 & 2 & 3 \\ 0 & 0 & 2 \end{vmatrix}$ 的顺序主子式为

$$|A_1| = 2, \ |A_2| = \begin{vmatrix} 2 & 0 \\ 1 & 2 \end{vmatrix} = 4, \ |A_3| = |A| = 8$$

定理 5.9 二次型

$$f(x_1, x_2, \cdots, x_n) = \sum_{i=1}^{n} \sum_{j=1}^{n} a_{ij} x_i x_j = X^T A X$$

是正定的充分必要条件为矩阵 A 的顺序主子式全大于零.

证明 必要性.

设二次型

$$f(x_1, x_2, \cdots, x_n) = \sum_{i=1}^{n} \sum_{j=1}^{n} a_{ij} x_i x_j$$

是正定的,对于每个 $k(1 \leqslant k \leqslant n)$,令

$$f_k(x_1, x_2, \cdots, x_k) = \sum_{i=1}^{k} \sum_{j=1}^{k} a_{ij} x_i x_j$$

我们来证 f_k 是一个 k 元的正定二次型.对于任意一组不全为零的数 $c_1, \cdots, c_k$,有

$$f_k(c_1, c_2, \cdots, c_k) = \sum_{i=1}^{k} \sum_{j=1}^{k} a_{ij} c_i c_j = f(c_1, c_2, \cdots, c_k, 0, \cdots, 0) > 0$$

因此 $f_k(x_1, x_2, \cdots, x_k)$ 是正定的.由正定矩阵的行列式大于零可得,f_k 的矩阵的行列式

$$\begin{vmatrix} a_{11} & a_{12} & \cdots & a_{1k} \\ a_{21} & a_{22} & \cdots & a_{2k} \\ \vdots & \vdots & \cdots & \vdots \\ a_{k1} & a_{k2} & \cdots & a_{kk} \end{vmatrix} > 0 (k = 1, \cdots, n)$$

这就证明了矩阵 A 的顺序主子式全大于零.

充分性. 对 n 用数学归纳法证明.

当 $n = 1$ 时,

$$f(x_1) = a_{11}x_1^2$$

由条件可知 $f(x_1)$ 是正定的.

假设对于 $n-1$ 元二次型已经成立, 现在来证 n 元的情形.

令

$$A_1 = \begin{pmatrix} a_{11} & a_{12} & \cdots & a_{1,n-1} \\ a_{21} & a_{22} & \cdots & a_{2,n-1} \\ \vdots & \vdots & \cdots & \vdots \\ a_{n-1,1} & a_{n-1,2} & \cdots & a_{n-1,n-1} \end{pmatrix} \quad \alpha = \begin{pmatrix} a_{1n} \\ a_{2n} \\ \vdots \\ a_{n-1,n} \end{pmatrix}$$

于是矩阵 A 可以写成分块矩阵

$$A = \begin{pmatrix} A_1 & \alpha \\ \alpha^T & a_{nn} \end{pmatrix}$$

既然 A 的顺序主子式全大于零, A_1 的顺序主子式肯定也全都大于零. 由归纳法假设, A_1 是正定矩阵, 换句话说, 有 $n-1$ 阶可逆矩阵 G, 使得

$$G^T A_1 G = I_{n-1}$$

令 $\quad C_1 = \begin{pmatrix} G & O \\ O & 1 \end{pmatrix}$, 于是

$$C_1^T A C_1 = \begin{pmatrix} G^T & O \\ O & 1 \end{pmatrix}\begin{pmatrix} A_1 & \alpha \\ \alpha^T & a_{nn} \end{pmatrix}\begin{pmatrix} G & O \\ O & 1 \end{pmatrix} = \begin{pmatrix} I_{n-1} & G^T\alpha \\ \alpha^T G & a_{nn} \end{pmatrix}$$

再令

$$C_2 = \begin{pmatrix} I_{n-1} & -G^T\alpha \\ O & 1 \end{pmatrix}$$

则有

$$C_2^T C_1^T A C_1 C_2 = \begin{pmatrix} I_{n-1} & 0 \\ -\alpha^T G & 1 \end{pmatrix}\begin{pmatrix} I_{n-1} & G^T\alpha \\ \alpha^T G & a_{nn} \end{pmatrix}\begin{pmatrix} I_{n-1} & -G^T\alpha \\ O & 1 \end{pmatrix} = \begin{pmatrix} I_{n-1} & O \\ O & a_{nn} - \alpha^T G G^T \alpha \end{pmatrix}$$

令

$$C = C_1 C_2$$
$$a_{nn} - \alpha^T G G^T \alpha = a$$

于是

$$C^T A C = \begin{pmatrix} 1 & & & \\ & \ddots & & \\ & & 1 & \\ & & & a \end{pmatrix}$$

两边取行列式,得

$$|C|^2|A| = a$$

由条件知 $|A| > 0$,因此 $a > 0$.显然

$$\begin{pmatrix} 1 & & & \\ & \ddots & & \\ & & 1 & \\ & & & a \end{pmatrix} = \begin{pmatrix} 1 & & & \\ & \ddots & & \\ & & 1 & \\ & & & \sqrt{a} \end{pmatrix} \begin{pmatrix} 1 & & & \\ & \ddots & & \\ & & 1 & \\ & & & 1 \end{pmatrix} \begin{pmatrix} 1 & & & \\ & \ddots & & \\ & & 1 & \\ & & & \sqrt{a} \end{pmatrix}$$

这就是说矩阵 A 与单位矩阵合同,因此,A 是正定矩阵,或者说,二次型 $f(x_1, x_2, \cdots, x_n)$ 是正定的.充分性得证.

注:如果 A 是负定矩阵,则 $-A$ 是正定矩阵.因此 $-A$ 为负定矩阵的充分必要条件是 $(-1)^k |A_k| > 0$ $(k = 1, 2, \cdots, n)$,其中,A_k 是 A 的 k 阶顺序主子式.

关于半正定性,有以下定理.

定理 5.10 对于二次型 $f(x_1, x_2, \cdots, x_n) = \sum_{i=1}^{n} \sum_{j=1}^{n} a_{ij} x_i x_j = X^T A X$,其中 A 是实对称矩阵,下列条件等价:

(1)A 是半正定矩阵;

(2)它的正惯性指数与秩相等;

(3)存在可逆矩阵 C,使得

$$C^T A C = \begin{pmatrix} d_1 & & & \\ & d_2 & & \\ & & \ddots & \\ & & & d_n \end{pmatrix}$$

其中 $d_i \geq 0$ $(i = 1, 2, \cdots, n)$;

(4)存在矩阵 C,使得

$$A = C^T C ;$$

(5)A 的所有主子式(行指标与列指标相同的子式)均大于或等于零.

证明略.

【例4】 判断二次型

$$f(x_1, x_2, x_3) = -5x_1^2 + 4x_1 x_2 + 4x_1 x_3 - 6x_2^2 - 4x_3^2$$

是否是正定的?

解 二次型的矩阵为

$$A = \begin{pmatrix} -5 & 2 & 2 \\ 2 & -6 & 0 \\ 2 & 0 & -4 \end{pmatrix},$$

A 的顺序主子式为

$$|A_1| = -5, \quad |A_2| = \begin{vmatrix} -5 & 2 \\ 2 & -6 \end{vmatrix} = 26, \quad |A_3| = |A| = -80 < 0,$$

所以这个二次型是负定的.

【例5】 当 λ 取何值时,二次型

$$f(x_1, x_2, x_3) = x_1^2 + 2x_1x_2 + 4x_1x_3 + 2x_2^2 + 6x_2x_3 + \lambda x_3^2$$

是正定的.

解 二次型的矩阵为

$$A = \begin{pmatrix} 1 & 1 & 2 \\ 1 & 2 & 3 \\ 2 & 3 & \lambda \end{pmatrix}$$

A 的顺序主子式为

$$|A_1| = 1, \quad |A_2| = \begin{vmatrix} -5 & 2 \\ 2 & -6 \end{vmatrix} = 1, \quad |A_3| = |A| = \lambda - 5 > 0$$

故当 $\lambda > 5$ 时,$f(x_1, x_2, x_3)$ 是正定的.

【例6】 证明:如果 A 是正定矩阵,那么 A^{-1} 也是正定矩阵.

证明 A 是正定矩阵,则 $A^T = A$,又因为

$$(A^{-1})^T = (A^T)^{-1} = A^{-1}$$

即 A^{-1} 也是对称矩阵.假设 A 的所有特征值为 $\lambda_i > 0 (i = 1, 2, \cdots, n)$,则 A^{-1} 的所有特征值为 $\dfrac{1}{\lambda_i} > 0 (i = 1, 2, \cdots, n)$,所以,$A^{-1}$ 为正定矩阵.

三、正定矩阵的应用

利用二次型的有定性,可以给出在多元微积分中关于多元函数极值的判定法的一个充分条件.

设 $X = (x_1, x_2, \cdots, x_n)$,$n$ 元函数 $f(X)$ 在 X_0 的某邻域内有连续的二阶偏导数,则由 $f(X)$ 的二阶偏导数构成的矩阵:

$$H(X) = \begin{pmatrix} f_{11}(X) & f_{12}(x) & \cdots & f_{1n}(X) \\ f_{21}(X) & f_{22}(X) & \cdots & f_{2n}(X) \\ \vdots & \vdots & & \vdots \\ f_{n1}(X) & f_{n2}(X) & \cdots & f_{nn}(X) \end{pmatrix}$$

称为黑塞矩阵(Hessian Matrix).

设 X_0 为 $f(X)$ 的驻点,由多元函数的泰勒(Taylor)公式,我们有如下判别法:

(1)若 $H(X_0)$ 为正定或半正定矩阵,则 $f(X_0)$ 为 $f(X)$ 的极小值;

(2)若 $H(X_0)$ 为负定或半负定矩阵,则 $f(X_0)$ 为 $f(X)$ 的极大值;

(3)若 $H(X_0)$ 为不定矩阵,则 $f(X_0)$ 不是极值.

【例7】 设某企业用一种原料生产两种产品的产量分别为 x, y 单位,原料消耗量为 $A(x^\alpha + y^\beta)$ 单位($A > 0, \alpha > 1, \beta > 1$).若原料及两种产品的价格分别为 r, P_1, P_2(万元/单位),在只考虑原料成本的情况下,求使企业利润最大的产量.

解 利润函数为

$$f(x,y) = xP_1 + yP_2 - rA(x^\alpha + y^\beta)$$

由

$$\begin{cases} \dfrac{\partial f}{\partial x} = P_1 - rA \cdot \alpha x^{\alpha-1} = 0 \\[3mm] \dfrac{\partial f}{\partial y} = P_2 - rA \cdot \beta x^{\beta-1} = 0 \end{cases}$$

得到驻点 $x_0 = \left(\dfrac{P_1}{\alpha Ar}\right)^{\frac{1}{\alpha-1}}, y_0 = \left(\dfrac{P_2}{\beta Ar}\right)^{\frac{1}{\beta-1}}$.

因为 $f(x,y)$ 在点 (x_0,y_0) 处的黑塞矩阵

$$H(x_0,y_0) = \begin{pmatrix} -rA\alpha(\alpha-1)x_0^{\alpha-2} & 0 \\ 0 & -rA\beta(\beta-1)y_0^{\beta-2} \end{pmatrix}$$

是负定矩阵,又因为 $f(x,y)$ 的驻点 (x_0,y_0) 唯一,所以使企业利润最大的两种产品的产量分别是 x_0, y_0 单位.

习题 5-3

1. 判定下列二次型是否为正定二次型.

(1) $f(x_1,x_2,x_3) = 2x_1^2 + 5x_2^2 + 5x_3^2 + 4x_1x_2 - 4x_1x_3 - 8x_2x_3$

(2) $f(x_1,x_2,x_3) = 3x_1^2 + 9x_2^2 + 2x_3^2 + 6x_1x_2 + 6x_1x_3 + 8x_2x_3$

(3) $f(x_1,x_2,x_3) = 3x_1^2 + x_2^2 + 8x_3^2 + 6x_1x_3 - 4x_2x_3$

2. 讨论 k 取何值时,下列各二次型是正定的.

(1) $f(x_1,x_2,x_3) = x_1^2 + 4x_2^2 + x_3^2 + 2kx_1x_2 + 10x_1x_3 + 6x_2x_3$

(2) $f(x_1,x_2,x_3) = kx_1^2 + kx_2^2 + kx_3^2 + 2x_1x_2 + 2x_1x_3 - 2x_2x_3$

(3) $f(x_1,x_2,x_3) = x_1^2 + 4x_2^2 + 4x_3^2 + + 2kx_1x_2 - 2x_1x_3 - 4x_2x_3$

3. 设 A 为三阶实对称矩阵,且满足 $A^2 + 2A = 0$,已知 A 的秩为 2.

(1) 求 A 的全部特征值;

(2) 当 k 为何值时,矩阵 $A + kI$ 为正定矩阵.

4. 设二次型

$$f(x_1,x_2,x_3) = -x_1^2 - x_2^2 - 5x_3^2 + 2tx_1x_2 - 2x_1x_3 + 4x_2x_3$$

是负定的,求 t 的取值范围.

5. 二次型 $f(x_1,x_2,x_3) = tx_1^2 + tx_2^2 + tx_3^2 + 2x_1x_2 + 2x_1x_3 - 2x_2x_3$.求

(1) t 满足什么条件,二次型 f 是正定的;

(2) t 满足什么条件,二次型 f 是负定的.

总习题五

1. 二次型 $f(x_1,x_2,x_3) = -4x_1x_2 + 2x_1x_3 + 2x_2x_3$ 的矩阵是_____,二次型的秩是_____.

2. 二次型 $f(x_1, x_2, x_3) = x_1^2 + 4x_2^2 + 2x_3^2 + 2tx_1x_2 + 2x_1x_3$ 为正定二次型,则 t 满足不等式_____.

3. 二次型 $f(x_1, x_2, x_3) = -x_1^2 + 4x_2^2 - 2x_3^2$ 的秩为_____,正惯性指数是_____,负惯性指数是_____,符号差是_____.

4. 设 A 是对称可逆矩阵,则将 $f = X^T A X$ 变为 $f = Y^T A^{-1} Y$ 的线性变换为_____.

5. 当 $f = 1$ 时,$f(x_1, x_2, x_3) = x_1^2 + tx_2^2 + 4x_3^2 - 4x_1x_2 + 4x_2x_3$ 是椭球面,则 $t =$_____.

6. A, B 均为 n 阶对称矩阵,则 A, B 合同的充要条件是(   )

    A. A, B 有相同的特征值

    B. A, B 有相同的秩

    C. A, B 有相同的行列式

    D. A, B 有相同的正负惯性指数

7. 与矩阵 $A = \begin{pmatrix} 1 & 0 & 0 \\ 0 & -1 & 2 \\ 0 & 2 & 2 \end{pmatrix}$ 合同的矩阵是(   )

    A. $\begin{pmatrix} 1 & 0 & 0 \\ 0 & -1 & 0 \\ 0 & 0 & 0 \end{pmatrix}$

    B. $\begin{pmatrix} 1 & 0 & 0 \\ 0 & 1 & 0 \\ 0 & 0 & -1 \end{pmatrix}$

    C. $\begin{pmatrix} 1 & 0 & 0 \\ 0 & -1 & 0 \\ 0 & 0 & -1 \end{pmatrix}$

    D. $\begin{pmatrix} -1 & 0 & 0 \\ 0 & -1 & 0 \\ 0 & 0 & -1 \end{pmatrix}$

8. 设 A, B 均为 n 阶正定矩阵,则(   )是正定矩阵.

    A. $A^* + B^*$ B. $A^* - B^*$

    C. $A^* B^*$ D. $k_1 A^* + k_2 B^*$

9. A 是三阶对称矩阵,若对任一三维向量 X,都有 $X^T A X = 0$,则(   ).

    A. $|A| = 0$ B. $|A| > 0$

    C. $|A| < 0$ D. 以上都不对

10. n 阶对称矩阵 A 正定的充要条件是(   ).

    A. 所有 k 阶子式为正值($k = 1, 2, \cdots, n$)

    B. A 的所有特征值非负

    C. A^{-1} 为正定矩阵

    D. A 的秩等于 n

11. $\alpha = (\alpha_1, \alpha_2, \cdots, \alpha_n)^T$ 是非零的 n 维列向量,且 $\alpha^T \alpha = 1$,证明 $A = I - 2\alpha\alpha^T$ 是对称矩

阵且是正交矩阵.

12. 设 A 为正交矩阵,证明 $B = \dfrac{1}{\sqrt{2}}\begin{pmatrix} A & A \\ -A & A \end{pmatrix}$ 是正交矩阵.

13. 已知三阶对称矩阵 A 满足 $A^3 - A - 6I = 0$,求矩阵 A.

14. 设矩阵 $A = \begin{pmatrix} 1 & 1 & a \\ 1 & a & 1 \\ a & 1 & 1 \end{pmatrix}, \beta = \begin{pmatrix} 1 \\ 1 \\ -2 \end{pmatrix}$,已知线性方程组 $AX = \beta$ 有解但不唯一.

(1)求 a;

(2)求正交矩阵 P,使 $P^T A P$ 为对角矩阵.

15. 设 A 是 n 阶对称矩阵,$A^3 - 3A^2 + 5A - 3I = 0$,证明 A 正定.

16. 设 A 是 n 阶正定矩阵,证明 $|I + A| > 1$.

17. 设 A 是 n 阶对称矩阵,$AB + B^T A$ 是正定矩阵,证明 A 可逆.

【人文数学】

数学家丘成桐简介

丘成桐于 1949 年出生于广东汕头,童年时随父母移居香港,1966 年考入香港中文大学数学系.他进入大学的第三年,就把所有的课程修完了,并且深得陈省身教授的器重和美籍教授萨拉夫的赏识.1969 年,丘成桐到美国加利福尼亚大学伯克利分校就读,成为陈省身教授的研究生,此后他在该校获得博士学位.丘成桐在加利福尼亚大学伯克利分校学习期间,相继证明了"卡拉比猜想""正质量猜想"这样的世界级的数学难题,并且开创了一个崭新的数学领域:几何分析.

丘成桐 28 岁的时候,加利福尼亚大学洛杉矶分校极力邀请他前去任教.当时,在讨论他的时候,系里的几位数学家引用了陈省身先生的一句话:"21 岁毕业时就注定要改变世界数学的面貌."也就在丘成桐 28 岁那年,丘成桐参加了世界数学家大会,在会议上做了一个小时的报告.在那一年,陈景润先生也被邀请去做了 45 分钟的报告.可以说,28 岁的丘成桐,已经站在了世界数学界的高峰.

数学的各种题型都是非常奇妙的,但也是非常艰难的.要想证明这些数学难题是非常困难的.加利福尼亚大学伯利克分校是世界微分几何的中心,当时这所学校云集了世界上最有名的年轻数学家和几何学家.陈省身教授当年授课的时候,由于数学实在是太深奥了,因此,听他讲课的学生越来越少,最后整个教室里,就只剩下丘成桐一个人.

丘成桐在伯克利分校仅仅学习了一年,就完成了他的博士学位论文.他在博士学位论文里,用非常巧妙的办法解决了著名的"沃尔夫猜想".

许多人都曾在年少时立下在数学领域建功立业的壮志,然而,能够坚持下来并且取得出色成果之人,可谓是寥若晨星,丘成桐就是为数不多的"晨星"中的一颗.1954 年,意大利著名数学家卡拉比提出了"封闭空间里,是否存在没有物质分布的引力场"这一数学难题,在提出后的数十年里,包括提问者卡拉比在内的数学家们都无法证实.

因此,几乎所有的数学家都断定,卡拉比的这个猜想是错误的.当时年轻气盛的丘成桐也当众宣布卡拉比的猜想并不成立.为了证实卡拉比的猜想错误,丘成桐夜以继日地对这一猜想进行证明,经过几十次失败证明后,丘成桐写信向卡拉比教授承认自己的愚蠢.

然而,这并不是说丘成桐已经向"卡拉比猜想"屈服,他反其道而行,又开始着手证明猜想是正确的.证实"卡拉比猜想"正确的过程十分漫长,整整 4 年的时间,丘成桐经历了多次失败,但他仍然坚持不懈地与好友、同事共同探索问题难点.1976 年年底,"卡拉比猜想"被丘成桐一举攻破.

毫无疑问,丘成桐的这一数学成就成为他生命中绚丽的篇章.正是因为证实了"卡拉比猜想",丘成桐的名字被刻在了美国波士顿科学博物馆的墙壁上.迄今为止,出现在该博物馆墙壁上的华人仅有三个,他们是华罗庚、陈省身、丘成桐.

1981 年,32 岁的丘成桐获得了美国数学学会的维布伦奖,这是世界微分几何界的最高奖项.1982 年,他又获得了菲尔兹奖,这是世界数学界的最高荣誉之一.1989 年,丘成桐担任世界微分几何协会的主席,成为世界微分几何的领导者和领军人物.此后,丘成桐的人生就一路开挂,获得了数不清的荣誉和奖励.

丘成桐虽然是美籍华人,但是他认识到自己的根在中国,所以他对中国的数学事业一直非常关心.改革开放以后,他就经常回到国内帮助推动中国数学的发展.

1984 年,丘成桐招收了十多名来自中国的博士研究生,对他们进行培养.他的学生田刚在 1996 年获得维布伦奖,成为世界最杰出的微分几何学家之一.

接着,丘成桐在香港大学、浙江大学、清华大学都建立了研究中心,另外,丘成桐还发起组织了国际华人数学大会,每三年举办一届.他要把世界上的华人数学家都联合起来,让他们一起为中国及世界的数学事业做贡献.

2003 年,丘成桐还设立了"丘成桐奖教奖学基金".2010 年,丘成桐发起了"丘成桐大学生数学竞赛".这是一个非常有名的数学竞赛,韦东奕就是在这个竞赛上获得了四个单项金奖和一个全能奖.2018 年,丘成桐又在清华大学开办了"丘成桐数学英才班".可以说丘成桐对中国的数学事业做出了杰出的贡献.

第六章

矩阵在数学模型中的应用

第一节 线性规划模型

本节介绍线性规划模型.这是一种用来帮助管理者制定决策和解决问题的数学模型.在生产和经营管理中,管理者经常提出如何合理安排,使人力、资金、设备等各种资源得到充分利用,获得最大收益的问题,这就是所谓的规划问题.在今天激烈的商业竞争中,有很多应用线性规划的例子,比如:生产厂商希望建立一个生产和库存计划表,在满足未来一段时间市场需求的前提下,使生产和库存的成本最低;投资者选择若干只股票、基金和债券的投资组合,在一定的风险水平下,使其所选择的投资组合回报最大;一家生产厂商的仓库分布于全国各地,现在有一些顾客订单,厂家希望确定每个仓库到每个顾客的发货量,使总的运输成本最低.虽然这些只是线性规划成功应用的一小部分,但足以看出线性规划应用的广泛性,而且线性规划问题有一个共同的特点,它主要解决在某些条件限制下的利益最大化问题或成本最小化问题.其中,某个量的最大化或最小化称为目标,限制条件称为约束条件,有约束条件是每个规划问题共有的一个特点.

一、一个简单的最大化问题

【例1】 某工厂要安排甲、乙两种产品的生产,已知生产甲、乙两种产品每吨所需的原材料 A、B、C 的数量如表 6-1 所示:

表 6-1 甲、乙两种产品的原材料表

	甲	乙	资源数量/吨
A	1	1	50
B	4	0	160
C	2	5	200

甲、乙两种产品每吨利润分别为 3 万元和 2 万元.试问如何安排生产可获得最大利润?

解　问题模型化是把实际问题转化为数学语言描述的过程.

描述目标　本题的目标是使工厂的利润最大.

描述约束条件　对于原材料来说,一共有 3 个约束条件,它们制约着甲、乙两种产品的生产.

约束条件 1:　用于生产甲、乙两种产品的原材料 A 的数量必须小于等于 A 的总数量.

约束条件 2:　用于生产甲、乙两种产品的原材料 B 的数量必须小于等于 B 的总数量.

约束条件 3:　用于生产甲、乙两种产品的原材料 C 的数量必须小于等于 C 的总数量.

定义决策变量　工厂可以控制的决策变量有两个:①甲产品的产量;②乙产品的产量.设生产甲、乙两种产品分别为 x,y 吨.

在线性规划模型中,x,y 叫做决策变量.

用决策变量写出目标　工厂的利润源自两个方面:①生产 x 吨甲产品所获得的利润 $3x$;②生产 y 吨乙产品所获得的利润 $2y$.因此,总利润 $= 3x + 2y$

因为工厂的目标是使总利润最大,总利润又是决策变量 x,y 的函数,所以我们称 $3x + 2y$ 为目标函数.使用 max 来表示函数最大化,则工厂的目标如下:

$$max3x + 2y$$

用决策变量写出目标约束条件

约束条件 1:生产甲、乙两种产品所用原材料 A 的数量 ≤ A 的总数量

因为生产每吨甲或乙产品都需要消耗 1 吨的原材料 A,所以生产 x 吨甲产品和 y 吨乙产品需消耗 $x + y$ 吨原材料 A.现有 50 吨原材料 A,所以以上的生产组合需要满足:

$$x + y \leq 50$$

约束条件 2:生产甲、乙两种产品所用原材料 B 的数量 ≤ B 的总数量

因为生产每吨甲产品都需要消耗 4 吨的原材料 B,生产乙产品不需要消耗原材料 B,所以生产 x 吨甲产品和 y 吨乙产品需消耗 $4x$ 吨原材料 B.现有 160 吨原材料 B,所以以上的生产组合需要满足:

$$4x \leq 160$$

约束条件 3:生产甲、乙两种产品所用原材料 C 的数量 ≤ C 的总数量

因为生产每吨甲需要消耗 2 吨的原材料 C,生产每吨乙产品需要消耗 5 吨的原材料 C,所以生产 x 吨甲产品和 y 吨乙产品需消耗 $2x + 5y$ 吨原材料 C.现有 200 吨原材料 C,所以以上的生产组合需要满足:

$$2x + 5y \leq 200$$

由于产量不能为负,为了防止决策变量取负值,必须要求 $x \geq 0, y \geq 0$. 这样的约束可以确保模型的解是非负值,因此称为非负约束.

该问题的数学描述已经完成,我们已经将问题的目标函数和约束条件用一组数学关系式——数学模型表示出来,完整的数学模型如下:

$$\max Z = 3x + 2y$$

$$s.t. \begin{cases} x + y \leqslant 50 \\ 4x \leqslant 160 \\ 2x + 5y \leqslant 200 \\ x, y \geqslant 0 \end{cases} \qquad (6.1)$$

接下来的工作就是找到合适的生产组合(即 x 和 y 的产量),既满足约束条件,又能使目标函数的值最大,若这样的值存在,我们就找到了问题的最优解.

我们称上述问题的数学模型为线性规划模型,该问题有目标函数和约束条件,这是所有线性规划问题共有的特点,之所以称其为线性规划,是因为它的目标函数和约束条件都是决策变量的线性函数.

二、线性规划模型的一般形式

线性规划模型的一般形式为:

$$\max(\min)Z = \sum_{j=1}^{n} c_j x_j$$

$$s.t. \begin{cases} \displaystyle\sum_{j=1}^{n} a_{ij} x_j \leqslant (=, \geqslant) b_i \quad (i = 1, 2, \cdots, m) \\ x_j \geqslant 0 \quad (j = 1, 2, \cdots, n) \end{cases} \qquad (6.2)$$

也可以表示为矩阵形式:

$$\max(\min)Z = CX$$

$$s.t. \begin{cases} AX \leqslant (=, \geqslant) b \\ X \geqslant 0 \end{cases} \qquad (6.3)$$

其中 $C = (c_1, c_2, \cdots, c_n)$ 称为目标函数的系数向量;$X = (x_1, x_2, \cdots, x_n)^T$ 称为决策变量;$b = (b_1, b_2, \cdots, b_m)^T$ 称为约束方程组的常数向量;$A = (a_{ij})_{m \times n}$ 称为约束方程组的系数矩阵.

三、线性规划实例及编程求解

线性规划模型的常用解法主要有如下几种:①图解法;②单纯形解法;③软件编程求解.下面通过一些例题来逐一说明这些方法的求解过程.

(一)图解法

对于线性规划问题【例1】,第一步,先在直角坐标系中作出可行解区域,即满足约束条件的点的集合(如图6-1所示),并求出顶点.

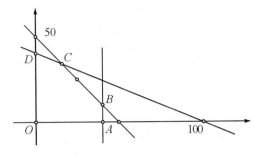

图 6-1　可行解区域

可行解区域为凸多边形 OABCD 包含的区域,顶点为 $O(0,0)$,$A(40,0)$,$B(40,10)$,$C(50/3,100/3)$,$D(0,40)$.

第二步,作出目标函数 $Z = 3x + 2y$ 的等值线.

最优解必须满足约束条件,并使目标函数达到最优值.因此最优解只能从凸多边形 OABCD 中去寻找.当代表目标函数的直线 $3x + 2y = Z$ 由 O 点开始向右移动时,目标函数值逐渐增大,一直移动到目标函数对应的直线与凸多边形相切时为止.那么,最优解一定是凸多边形的顶点或边上的点.因此,我们先作过凸多边形顶点的等值线.

$$l_1 : 3x + 2y = 0$$

$$l_2 : 3x + 2y = 120$$

$$l_3 : 3x + 2y = 140$$

$$l_4 : 3x + 2y = \frac{350}{3}$$

$$l_5 : 3x + 2y = 80$$

第三步,求出临界等值线,得最优解.最右上角的等值线称为临界等值线.等值线 l_3:$3x + 2y = 140$ 为临界等值线,临界等值线与可行解区域的交点 $B(40,10)$ 对应最优解:$x = 40$,$y = 10$,最大利润为 140(万元).

(二)单纯形解法

前面我们讨论了二元线性规划问题的图形解法,这种方法清楚、直观,容易操作.但对于三个或三个以上变量的线性规划问题,它的可行解区域就不那么好画了.那么这类线性规划问题,有没有一般的解法呢? 有,就是下面我们将介绍的——单纯形解法.

对于线性规划问题

$$\min = \sum_{j=1}^{n} c_j x_j$$

$$s.t. \begin{cases} \sum_{j=1}^{n} a_{ij} x_j \leqslant b_i & (i = 1,2,\cdots,m) \\ x_j \geqslant 0 & (j = 1,2,\cdots,n) \end{cases} \tag{6.4}$$

首先,通过增加松弛变量 x_{si},$(i = 1,2,\cdots,m)$ 把线性规划(6.4)模型转化为标准形式:

$$\min = \sum_{j=1}^{n} c_j x_j$$

$$s.t. \begin{cases} \sum_{j=1}^{n} a_{ij} x_j + x_{si} = b_i \quad (i = 1, 2, \cdots, m) \\ x_j \geqslant 0 \quad (j = 1, 2, \cdots, n) \end{cases} \tag{6.5}$$

也可以写成如下矩阵的形式:

$$\min Z = CX$$

$$s.t. \begin{cases} AX = b \\ X \geqslant 0 \end{cases} \tag{6.6}$$

设矩阵 A 的秩为 m,我们把矩阵 A 中任意 m 个线性无关的列向量组成的矩阵 B 作为线性规划问题的基矩阵,对应的变量 $x_{j1}, x_{j2}, \cdots, x_{jm}$ 称为基变量,其他的变量称为非基变量.

1. 选取基变量和非基变量——如取 $x_{n-m+1}, x_{n-m+2}, \cdots, x_n$ 为基变量,$x_1, x_2, \cdots, x_{n-m}$ 为非基变量,如表6-2所示:

表6-2　单纯形表

		c_1	c_2	$\cdots$	c_{n-m}	c_{n-m+1}	$\cdots$	c_n	常数
		x_1	x_2	$\cdots$	x_{n-m}	x_{n-m+1}	$\cdots$	x_n	b_j
c_{n-m+1}	x_{n-m+1}	a_{11}	a_{12}	$\cdots$	$a_{1,n-m}$	$a_{1,n-m+1}$	$\cdots$	a_{1n}	b_1
c_{n-m+2}	x_{n-m+2}	a_{21}	a_{22}	$\cdots$	$a_{2,n-m}$	$a_{2,n-m+1}$	$\cdots$	a_{2n}	b_2
$\vdots$	$\vdots$	$\vdots$	$\vdots$	$\vdots$	$\vdots$	$\vdots$	$\vdots$	$\vdots$	$\vdots$
c_n	x_n	a_{m1}	a_{m2}	$\cdots$	$a_{m,n-m}$	$a_{m,n-m+1}$	$\cdots$	a_{mn}	b_m
检验数 d_j		d_1	d_2	$\cdots$	d_{n-m}	d_{n-m+1}	$\cdots$	d_n	d_0

其中 $d_j = c_{n-m+1} a_{1j} + c_{n-m+2} a_{2j} + \cdots + c_n a_{mj} - c_j \quad (j = 1, 2, \cdots, n)$

$d_0 = c_{n-m+1} b_1 + c_{n-m+2} b_2 + \cdots + c_n b_m$

2. 选主元——确定把哪一个非基变量调入基变量,并把哪一个基变量调出.在检验数 d_j 中将最大者所在的列确定为基向量,再用常数列中的数 b_i 除以该列中的对应数 a_{ij} (必须为正数),商最小者对应的元确定为主元.

3. 进行初等行变换——把主元 a_{ij} 化为1,所在的行每个元均除以主元 a_{ij},并把主元所在的列的其他元利用行变换均化为0.

若检验数 d_j 行中仍有正数,重复上述2、3步,直至检验数全为负数或零,则常数列对应的数(基可行解)即为最优解,检验数 d_0 即为最优值.如果在单纯形表中,某一检验数大于0,所对应的列没有正数,则线性规划问题没有最优解.

【例2】 求解如下线性规划问题.

$$\min Z = -8x_1 - 12x_2$$

$$s.t. \begin{cases} 2x_1 + 4x_2 + x_3 = 440 \\ \dfrac{1}{2}x_1 + \dfrac{1}{4}x_2 + x_4 = 65 \\ 2x_1 + \dfrac{5}{2}x_2 + x_5 = 320 \\ x_1, x_2, x_3, x_4, x_5 \geqslant 0 \end{cases}$$

解 （1）选取 x_3, x_4, x_5 为基变量，x_1, x_2 为非基变量，列单纯形表（表6-3）：

表6-3　单纯形表

		-8	-12	0	0	0	b_i
		x_1	x_2	x_3	x_4	x_5	
0	x_3	2	4	1	0	0	440
0	x_4	$\dfrac{1}{2}$	$\dfrac{1}{4}$	0	1	0	65
0	x_5	2	$\dfrac{5}{2}$	0	0	1	320
检验数 d_j		8	12	0	0	0	0

（2）选主元

$$\because \max\{8, 12, 0, 0,\} = 12, \min\left\{\frac{440}{4}, 65 \times 4, 320 \times \frac{2}{5}\right\} = \frac{440}{4}$$

$\therefore$ 选取 4 为主元，x_2 与 x_3 对调.

（3）进行初等行变换

$$\begin{pmatrix} 2 & 4 & 1 & 0 & 0 & 440 \\ \dfrac{1}{2} & \dfrac{1}{4} & 0 & 1 & 0 & 65 \\ 2 & \dfrac{5}{2} & 0 & 0 & 1 & 320 \end{pmatrix} \Rightarrow \begin{pmatrix} \dfrac{1}{2} & 1 & \dfrac{1}{4} & 0 & 0 & 110 \\ \dfrac{1}{2} & \dfrac{1}{4} & 0 & 1 & 0 & 65 \\ 2 & \dfrac{5}{2} & 0 & 0 & 1 & 320 \end{pmatrix}$$

$$\Rightarrow \begin{pmatrix} \dfrac{1}{2} & 1 & \dfrac{1}{4} & 0 & 0 & 110 \\ \dfrac{3}{8} & 0 & -\dfrac{1}{16} & 1 & 0 & \dfrac{75}{2} \\ \dfrac{3}{4} & 0 & -\dfrac{5}{8} & 0 & 1 & 45 \end{pmatrix}$$

从而得单纯形表(表6-4):

表6-4 单纯形表

		-8	-12	0	0	0	b_i
		x_1	x_2	x_3	x_4	x_5	
-12	x_2	$\dfrac{1}{2}$	1	$\dfrac{1}{4}$	0	0	110
0	x_4	$\dfrac{3}{8}$	0	$-\dfrac{1}{16}$	1	0	$\dfrac{75}{2}$
0	x_5	$\dfrac{3}{4}$	0	$-\dfrac{5}{8}$	0	1	45
检验数 d_j		2	0	-3	0	0	$-1\,320$

(4)再选主元

$$\because \max\{2,0,-3,0,0\}=2,\min\left\{\frac{110}{\frac{1}{2}},\frac{75}{2}\times\frac{8}{3},45\times\frac{4}{3}\right\}=45\times\frac{4}{3}$$

$\therefore$ 取 $\dfrac{3}{4}$ 为主元,x_1 与 x_5 对调.

(5)进行初等行变换

$$\begin{pmatrix} \frac{1}{2} & 1 & \frac{1}{4} & 0 & 0 & 110 \\ \frac{3}{8} & 0 & -\frac{1}{16} & 1 & 0 & \frac{75}{2} \\ \frac{3}{4} & 0 & -\frac{5}{8} & 0 & 1 & 45 \end{pmatrix} \Rightarrow \begin{pmatrix} \frac{1}{2} & 1 & \frac{1}{4} & 0 & 0 & 110 \\ \frac{3}{8} & 0 & -\frac{1}{16} & 1 & 0 & \frac{75}{2} \\ 1 & 0 & -\frac{5}{6} & 0 & \frac{4}{3} & 60 \end{pmatrix}$$

$$\Rightarrow \begin{pmatrix} 0 & 1 & \frac{2}{3} & 0 & -\frac{2}{3} & 80 \\ 0 & 0 & \frac{1}{4} & 1 & -\frac{1}{2} & 15 \\ 1 & 0 & -\frac{5}{6} & 0 & \frac{4}{3} & 60 \end{pmatrix}$$

从而得单纯形表(表6-5):

表6-5 单纯形表

		-8	-12	0	0	0	b_i
		x_1	x_2	x_3	x_4	x_5	
-12	x_2	0	1	$\dfrac{2}{3}$	0	$-\dfrac{2}{3}$	80
0	x_4	0	0	$\dfrac{1}{4}$	1	$-\dfrac{1}{2}$	15
-8	x_1	1	0	$-\dfrac{5}{6}$	0	$\dfrac{4}{3}$	60
检验数 d_j		0	0	$-\dfrac{4}{3}$	0	$-\dfrac{8}{3}$	$-1\,440$

由于 d_j 均为非正数,所以对应的可行解 $x_1 = 80, x_2 = 15, x_3 = 60$ 即为最优解,此时 $\min Z = -1\ 440$.

(三)软件编程求解

MATLAB 和 LINGO 是常用的求解线性规划模型的软件,下面我们以 MATLAB 为例说明如何借助软件求解线性规划问题.MATLAB 求解线性规划问题的命令如下:$x = linprog$（c,A,b,Aeq,beq, VLB,VUB）.用于求解模型

$$\min Z = cX$$

$$s.t. \quad AX \leqslant b$$

$$Aeq \cdot X = beq$$

$$VLB \leqslant X \leqslant VUB$$

注意:若没有等式约束:$Aeq \cdot X = beq$ ，则令 $Aeq = [\ ]$,$beq = [\ ]$.

【例3】 求解如下线性规划问题.

$$\min Z = 9x_1 + 5x_2 + 4x_3$$

$$s.t. \begin{cases} x_1 + 3x_2 - 3x_3 \leqslant 80 \\ x_1 + x_2 + x_3 = 120 \\ x_1 \geqslant 35 \\ 0 \leqslant x_2 \leqslant 50 \\ x_3 \geqslant 25 \end{cases}$$

解 把原模型改写为矩阵形式

$$\min Z = (9 \quad 5 \quad 4)\begin{pmatrix} x_1 \\ x_2 \\ x_3 \end{pmatrix}$$

$$s.t. \begin{cases} \begin{pmatrix} 1 & 3 & -3 \\ 0 & 1 & 0 \end{pmatrix}\begin{pmatrix} x_1 \\ x_2 \\ x_3 \end{pmatrix} \leqslant \begin{pmatrix} 80 \\ 50 \end{pmatrix} \\ \\ (1 \quad 1 \quad 1)\begin{pmatrix} x_1 \\ x_2 \\ x_3 \end{pmatrix} = (120) \\ \\ \begin{pmatrix} 35 \\ 0 \\ 25 \end{pmatrix} \leqslant \begin{pmatrix} x_1 \\ x_2 \\ x_3 \end{pmatrix} \end{cases}$$

编写 M 文件 xxgh1. m 如下:

```
c=[9 5 4];
A=[1 3 -3;0 1 0];
b=[80;50];
Aeq=[1 1 1];
```

$$beq = [120];$$
$$vlb = [35 \ 0 \ 25];$$
$$vub = [\ ];$$
$$[x, fval] = linprog(c, A, b, Aeq, beq, vlb, vub)$$

结果:x =

   35. 0000

    0. 0000

   85. 0000

fval = 655. 0000

即最优解是 $x_1 = 35, x_2 = 0, x_3 = 85$,最优值是 655.

四、数据包络分析

数据包络分析(data envelopment analysis, DEA)是著名运筹学家 A. Charnes、W. W. Copper 和 Rhodes 等学者以"相对效率"概念为基础,根据多指标投入和多指标产出对相同类型的决策单元(decision making units, DMU)进行相对有效性或效益评价的一种新的系统分析方法.这里相同类型是指这类决策单元具有相同性质的投入和产出,如高等学校的投入是教师、教学设备、科研经费、校舍面积等,产出是教学成果、发表论文数量、专利数、各种奖项、在校生人数等.衡量一个单位的绩效,通常用投入产出比这个指标,当所有投入和产出指标均可折算成相同数量单位表示时,容易根据投入产出比大小对要评定的决策单元进行绩效排序,但大多数情况下做不到这一点.而 DEA 方法为具有多个投入和多个产出的同类型决策单元的绩效评定提供了工具方法,它应用数学规划模型计算比较决策单元之间的相对效率,对评价对象作出评价.

(一)相关概念

下面通过一个例子介绍数据包络分析中用到的几个概念.

【例4】 某餐饮公司有四个火锅店,每月均完成 10 万元的营业额,但其投入情况不同(见表6-6),试分析这四个火锅店的绩效.

表6-6 各火锅店完成 10 万营业额的投入

火锅店	A_1	A_2	A_3	A_4
职员数	4	3	5	6
营业面积(m^2)	80	100	85	70

解 为进行分析,以职员数为横坐标,营业面积为纵坐标,将四个火锅店的投入标记于图6-2中,见点 A_1, A_2, A_3, A_4. 连接 A_2A_1 和 A_1A_4 组成一条凸的折线,看到 A_3 点在这条折线的右上方. 通过 A_4 作水平线,通过 A_2 作一垂线. 称由虚线和 $A_2A_1A_4$ 折线右上方所有点组成的集合为生产可行集,即这些点对应的职员数和营业面积组成的火锅店均有能力完成每月 10 万元的营业额. 由虚线和 $A_2A_1A_4$ 形成的数据包络线称作生产前沿面. 在现有的决策单元中,不存在由这条包络线左下方点对应的职员数和营业面积组成的火锅店能完成每月 10 万元的营业额. 处于包络线上的决策单元称为 DEA 有效,即对 A_2, A_1, A_4 三个决策单元来说,为完成每月 10 万元的营业额,如果要减少职员,就必须增加营业面积,如

果要减少营业面积,就必须增加职员,不可能既减少职员又减少营业面积. 由于决策单元 A_3 位于包络线上方,因此同时减少 A_3 的职员和营业面积,达到 OA_3 与 A_1A_4 交点的水平,也能完成每月 10 万元的营业额,故 A_3 不是 DEA 有效的.

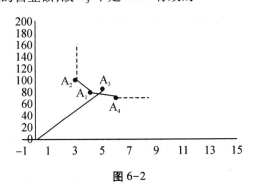

图 6-2

(二)评价决策单元 DEA 有效性的 C^2R 模型

该模型由 Charnes、Cooper 和 Rhodes 于 1978 年提出,故名 C^2R 模型. DEA 有效性的评价是对已有决策单元绩效的比较评价,属相对评价.

设某个 DMU 在一项生产活动中有 m 项投入,输入向量为 $x = (x_1, x_2, \cdots x_m)^T$,s 项产出,输出向量为 $y = (y_1, y_2, \cdots y_s)^T$.

现设有 n 个 $DMU_j(j = 1, 2, \cdots, n)$, DMU_j 对应的输入向量和输出向量分别为:

$$x_j = (x_{1j}, x_{2j}, \cdots, x_{mj})^T (j = 1, 2, \cdots, n)$$
$$y_j = (y_{1j}, y_{2j}, \cdots, y_{sj})^T (j = 1, 2, \cdots, n)$$

而且 $x_{ij} \geqslant 0, y_{rj} \geqslant 0, i = 1, 2, \cdots, m; r = 1, 2, \cdots, s$.

即每个决策单元有 m 种类型的投入以及 s 种类型的产出.

x_{ij} 为第 j 个决策单元对第 i 种类型投入的投入量;

y_{rj} 为第 j 个决策单元对第 r 种类型产出的产出量.

x_{ij} 和 y_{rj} 为已知的数据,是实际观测到的数据,可以根据历史资料得到.

要对 DMU 进行评价,须对它的投入和产出进行综合考虑,即把它们看作只有一个总体投入和一个总体产出的过程,具体如下:

$$
\text{投入} \begin{cases} 1 \to \\ 2 \to \\ \vdots \\ m \to \end{cases} \begin{pmatrix} x_{11} & x_{12} & \cdots & x_{1n} \\ x_{21} & x_{22} & \cdots & x_{2n} \\ \vdots & \vdots & & \vdots \\ x_{m1} & x_{m2} & \cdots & x_{mn} \end{pmatrix} \quad \begin{matrix} \text{决策单元} \\ 1 \quad 2 \quad \cdots \quad n \end{matrix}
$$

$$
\begin{pmatrix} y_{11} & y_{12} & \cdots & y_{1n} \\ y_{21} & y_{22} & \cdots & y_{2n} \\ \vdots & \vdots & & \vdots \\ y_{s1} & y_{s2} & \cdots & y_{sn} \end{pmatrix} \begin{matrix} \to 1 \\ \to 2 \\ \vdots \\ \to n \end{matrix} \Bigg\} \text{产出}
$$

若用 v_i 表示第 i 项投入的权值,u_r 表示第 r 项产出的权值,则第 j 个决策单元的投入

产出比 h_j 的表达式为:

$$h_j = \frac{\sum\limits_{r=1}^{s} u_r y_{rj}}{\sum\limits_{i=1}^{m} v_i x_{ij}} \quad (j = 1, \cdots, n) \tag{6.7}$$

通过选取适当的权值用 $v_i(i=1,2,\cdots,m)$ 和 $u_r(r=1,2,\cdots,s)$,使得 $h_j \leqslant 1,(j=1,2,\cdots,n)$,则对第 j_0 个决策单元的绩效评价可归结为如下优化模型:

$$\max h_{j_0} = \frac{\sum\limits_{r=1}^{s} u_r y_{rj_0}}{\sum\limits_{i=1}^{m} v_i x_{ij_0}} \tag{6.8a}$$

$$\text{s.t.} \begin{cases} \dfrac{\sum\limits_{r=1}^{s} u_r y_{rj}}{\sum\limits_{i=1}^{m} v_i x_{ij}} \leqslant 1 \quad (j=1,2,\cdots,n) \\ v_i \geqslant 0(i=1,2,\cdots,m), u_r \geqslant 0(r=1,2,\cdots,s) \end{cases} \tag{6.8b}$$

这是一个分式规划问题,可通过如下变换,转化为一个线性规划问题.

令

$$t = \frac{1}{\sum\limits_{i=1}^{m} v_i x_{ij_0}}, \omega_i = t v_i, \mu_r = t u_r \tag{6.9}$$

则模型(6.9)可写为

$$\max h_{j_0} = t \sum_{r=1}^{s} u_r y_{rj_0} = \sum_{r=1}^{s} \mu_r y_{rj_0} \tag{6.10a}$$

$$\text{s.t.} \begin{cases} \sum\limits_{i=1}^{m} \omega_i x_{ij} - \sum\limits_{r=1}^{s} \mu_r y_{rj} \geqslant 0(j=1,2,\cdots,n) \\ \sum\limits_{i=1}^{m} \omega_i x_{ij_0} = 1 \\ \omega_i \geqslant 0(i=1,2,\cdots,m), \mu_r \geqslant 0(r=1,2,\cdots,s) \end{cases} \tag{6.10b}$$

为了求解(6.10)式列出的模型,需要列出这个问题的对偶问题.关于如何列出对偶问题,大家可以参考文献[11]第三章. 这里先给出具体步骤以及所列出的对偶问题的经济意义.

若令模型(6.10)的对偶变量分别为 $-\lambda_j,\theta$,则原模型的对偶问题可写为

$$\min \theta$$

$$\text{s.t.} \begin{cases} \sum\limits_{j=1}^{n} \lambda_j x_{ij} \leqslant \theta x_{ij_0} \quad (i=1,2,\cdots,m) \\ \sum\limits_{j=1}^{n} \lambda_j y_{rj_0} \geqslant y_{rj_0} \quad (r=1,2,\cdots,s) \\ \lambda_j \geqslant 0 \quad (j=1,2,\cdots,n) \end{cases} \tag{6.11}$$

(6.11)式对偶问题的经济意义十分明显:为了评价决策单元 j_0 的绩效,可用一个假想的组合决策单元与其比较. 约束条件的左端项分别是这个组合决策单元的投入和产出. 因而对偶问题的含义是,如果 θ 的最优值小于 1,则表明可以找到这样一个假想的决策单元,它可以用比被评价决策单元更少的投入获得不少于被评价决策单元的产出,从而表明被评价的决策单元为非 DEA 有效. 只有 $\theta = 1$ 时,才表明找不到这样一个假想的决策单元,它可以用比被评价决策单元更少的投入获得不少于被评价决策单元的产出,从而表明被评价的决策单元 DEA 有效.

【例5】 我们把各个城市的可持续发展系统视作 DEA 中的不同的决策单元,它具有特定的投入和产出,在将投入转化成产出的过程中,努力实现系统的可持续发展目标. 利用 DEA 方法对表 6-7 中的四个城市某年的可持续发展进行评价. 在这里选取比较具有代表性的指标,作为投入变量和产出变量,见表 6-7.

表 6-7　各城市投入、产出指标值

城市	投入			产出	
	政府财政收入占 GDP 的比重/%	环保投资占 GDP 的比重/%	每千人科技人员数/人	人均 GDP/元	城市环境质量指数
A_1	14.17	1.76	32.40	56 311.67	0.37
A_2	13.40	1.75	28.80	73 603.33	0.58
A_3	12.83	1.61	29.23	70 236.00	0.51
A_4	14.00	1.84	29.10	75 841.00	0.78

试分别评价上述 4 个城市的可持续发展系统是否 DEA 有效.

解 先以城市 A_1 为例,确定其是否 DEA 有效. 按照模型(6.9)写出对 A_1 进行绩效评价的线性规划模型:

$$\min\theta$$

$$s.t. \begin{cases} 14.17\lambda_1 + 13.40\lambda_2 + 12.83\lambda_3 + 14.00\lambda_4 \leqslant 14.17\theta \\ 1.76\lambda_1 + 1.75\lambda_2 + 1.61\lambda_3 + 1.84\lambda_4 \leqslant 1.76\theta \\ 32.40\lambda_1 + 28.80\lambda_2 + 29.23\lambda_3 + 29.10\lambda_4 \leqslant 32.40\theta \\ 56\,311.67\lambda_1 + 73\,603.33\lambda_2 + 70\,236.00\lambda_3 + 75\,841.00\lambda_4 \geqslant 56\,311.67 \\ 0.37\lambda_1 + 0.58\lambda_2 + 0.51\lambda_3 + 0.78\lambda_4 \geqslant 0.37 \\ \lambda_j \geqslant 0 \quad (j = 1,2,3,4) \end{cases}$$

求解得 $\lambda_1 = 0, \lambda_2 = 0, \lambda_3, 0.801\,7, \lambda_4 = 0, \theta = 0.733\,4$,故 A_1 为非 DEA 有效.

类似地,对城市 A_2 有 $\lambda_2 = 1, \lambda_1 = \lambda_3 = \lambda_4 = 0, \theta = 1$,故 A_2 为 DEA 有效;对城市 A_3 有 $\lambda_3 = 1, \lambda_1 = \lambda_2 = \lambda_4 = 0, \theta = 1$,故 A_3 为 DEA 有效;对城市 A_4 有 $\lambda_4 = 1, \lambda_1 = \lambda_2 = \lambda_3 = 0, \theta = 1$. 故 A_4 为 DEA 有效.

第二节 层次分析法

综合评价是人类社会中一项经常性的、极为重要的认识活动.在我们的日常生活中经常遇到这样的评价问题:哪所大学的综合实力强? 哪个城市的发展质量高? 哪个学生的综合素质高? 等等.现实社会中,对一个事物的评价常常要涉及多个因素或指标,评价是在多因素相互作用下的一种综合判断.比如要判断哪所大学的综合实力强,就得从各个大学的在校学生规模、教学科研成果、科研成果转化率等方面进行综合比较;要判断哪个城市的发展质量高,就得从若干个城市的经济发展水平、共享水平、开放水平及生态水平等多方面进行比较;等等.可以这样说,几乎任何综合性活动都可以进行综合评价,评价的依据就是指标,由于影响评价事物的因素有很多且往往很复杂,如果仅用单一指标对被评价事物进行评价不尽合理,因此往往需要将反映被评价事物的多项指标的信息进行加工,得到一个综合指标,以此来反映被评价事物的整体情况,但这项工作就比只考虑单一指标困难多了.比如:在一个班级中要评选出跑得最快的同学比较容易办到,要评选出跳得最高的同学也能办到,但要评选一个跑得最快又跳得最高的同学就不容易了. 困难主要在于,有的指标是定性指标,会受到评价人的主观感受和经验的影响;不同的方案可能各有优缺点,方案越多,问题就越复杂,于是在这种背景下产生了层次分析法.

层次分析法(the analytie hierarchy process, AHP)是由美国运筹学家、匹兹堡大学教授 T. L. Saaty 于二十世纪七十年代初创立的一种决策分析方法.它以能将定性问题定量化为其显著特点.由于其实用性,AHP 已被广泛应用于包括社会经济系统决策、工程建设决策在内的大量决策问题之中.简单来说,AHP 是通过建立决策问题的递阶层次结构,构造递阶层次结构中每层元素对于上层元素重要性程度的比较判别矩阵,利用判别矩阵计算每层元素对于其上层支配元素的权重,最后进行层次总排序,从而得出决策问题的备选方案的优劣排序以供决策者进行决策.下面分步予以介绍.

一、建立决策问题的递阶层次结构

什么是决策问题的递阶层次结构? 我们先看一个大学生假期旅游选择旅游目的地的实例.

假期即将来临,某高校同一个宿舍的几位同学准备结伴旅游,通过对全国各个旅游城市的综合考察,经初步筛选,他们准备在如下三个城市中选择一个作为旅游目的地,分别是:首都北京,迷人的九寨沟及山水甲天下的桂林.哪个地方才是最理想的呢? 显然,这与"理想"的具体标准有关.假如这几位同学主要依据景色、费用、居住、饮食、旅途等因素选择去哪个地方(当然,上述几点在其心目中又有轻重之分).可见,为了比较出三个候选地的优劣,首先应将其判断的标准确定下来并加以细化,以便逐条比较各方案的优劣.经过一番思考,他们将自己的想法梳理成下面的决策思维层次结构图(见图 6-3):

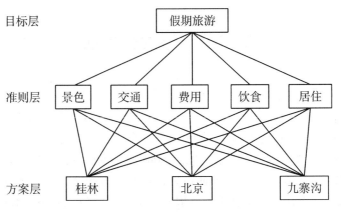

图 6-3　层次结构图

其中, A 为目标层,分别表示景色、交通、费用、居住、饮食、旅途. B_1, B_2, B_3 分别表示桂林、北京、九寨沟. AHP 将如图 6-3 这样的能够完全体现决策者思维模式的层次结构称为一个递阶层次结构.一个决策问题的递阶层次结构的建立是运用 AHP 进行决策的关键步骤.它反映了决策者(或决策分析者)的偏好,它的确立在很大程度上决定了最终的决策结果. 很多无结构决策问题在采用 AHP 进行决策时确立了自己的结构,故有的学者将其称为概念生成形决策.

怎样建立一个决策问题的递阶层次结构呢? 首先要确定决策目标.上述大学生决策问题的决策目标是"理想的旅游目的地". AHP 中称之为目标层. 其次是建立判断目标是否实现的标准,或对目标进行细化.上例目标层下面的准则层即刻画了理想旅游目的地的详细标准,形成递阶层次结构的第二层.如果需要,还可以建立更多的层次(图 6-4 就是一个典型的多层次结构).AHP 将这些层次统称为准则层. 最后,全部备选方案形成层次结构的最底层,AHP 中称之为方案层.上述总目标、准则、子准则和方案在递阶层次结构中统称元素.

关于递阶层次结构,我们再作如下几点说明:

(1)整个递阶层次结构至少由目标层、准则层和方案层三个层次构成,其中准则层又可细分为若干层次;

(2)目标层只有 1 个元素,并支配第二层的所有元素(层次结构中以元素间的连线表示这种支配与被支配关系);

(3)每层中的元素至少受其上层 1 个元素的支配,且至少支配下一层 1 个元素(至多支配下一层 9 个元素),同层元素之间不存在支配关系.

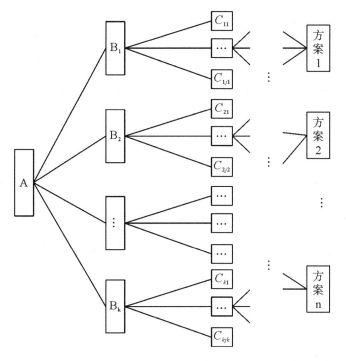

图 6-4　层次的目标结构体系

二、构造两两比较判断矩阵

一个实际决策问题的递阶层次结构建立之后,接下来就是要构造每层元素关于上层支配元素的重要性的两两比较判别矩阵,以便从判别矩阵导出这些元素从上层支配元素分配到的权重.

设某层元素 C 直接支配其下层元素 $u_1, u_2, \cdots, u_n$. 为了构造出元素 $u_1, u_2, \cdots, u_n$ 对于元素 C 的两两比较判别矩阵,须由决策者反复回答"相对于元素 C ,元素 u_i 与元素 u_j 哪个更重要,重要程度如何",并根据回答的结果参照 Saaty 给定的比例标度表(见表 6-8)写出元素 u_i 对元素 u_j 的比例标度 a_{ij} ,从而得到元素 $u_1, u_2, \cdots, u_n$ 对于元素 C 的两两比较判别矩阵 A .

表 6-8　比例标度值

标度 a_{ij}	含义
1	u_i 与 u_j 具有同样重要性
3	u_i 与 u_j 稍重要
5	u_i 与 u_j 明显重要
7	u_i 与 u_j 强烈重要
9	u_i 与 u_j 极端重要
2,4,6,8	表示上述相邻判断的中间值

表6-8(续)

标度 a_{ij}	含义
$1, \dfrac{1}{2}, \cdots, \dfrac{1}{9}$	若 u_i 与 u_j 重要性之比为 a_{ij}，则 u_j 与 u_i 之比为 $a_{ji} = 1/a_{ij}$

显然，判别矩阵中的元素应具有如下性质：

$$a_{ij} > 0 ; a_{ij} = \frac{1}{a_{ji}} ; a_{ii} = 1$$

通常称具有这些性质的 n 阶矩阵为正互反矩阵. 由正互反矩阵的性质可知，只要确定 A 的上（或下）三角的 $\dfrac{n(n-1)}{2}$ 个元素即可. 在特殊情况下，如果判别矩阵 A 的元素具有传递性，就满足 $a_{ik}a_{kj} = a_{ij}$ （$i, j, k = 1, 2, \cdots, n$），则称 A 为一致性矩阵.

一致性矩阵的性质：

(1) $a_{ij} = \dfrac{1}{a_{ji}}, a_{ii} = 1, i, j = 1, 2, \cdots, n$；

(2) A^T 也是一致性矩阵；

(3) A 的各行成比例，$rank(A) = 1$；

(4) A 的最大特征值为 $\lambda = n$，其余特征值全为 0；

(5) A 的任一行（列）都是对应于特征值 n 的特征向量.

传递性体现了决策者判断思维的一致性，它能保证决策者在判断指标重要性时，各判断之间协调一致，不出现相互矛盾的结果. 但是，由于事物的复杂性以及 AHP 对比例标度的特殊规定，在实际构造判别矩阵时一般难以使所有的元素都具有这种传递性，所以 AHP 并不要求判别矩阵严格满足这种传递性，但也不允许判别矩阵中出现严重的矛盾判断. 例如，$a_{13} = 3, a_{35} = 5, a_{15} = 1/3$ 就是一组明显的矛盾判断. 因为当元素 u_1 比 u_3 稍微重要，而元素 u_3 又比元素 u_5 明显重要时，元素 u_5 却又比元素 u_1 稍微重要就是违背常理的判断. 关于判断的一致性问题，下面还要专门讨论.

三、计算权向量与判别矩阵的一致性检验

设元素 $u_1, u_2, \cdots, u_n$ 对于元素 C 的两两比较判别矩阵为 A，元素 $u_1, u_2, \cdots, u_n$ 对于元素 C 的权重分别为 $\omega_1, \omega_2, \cdots, \omega_n$，权重之和等于 1. 称向量

$$W = (\omega_1, \omega_2, \cdots, \omega_n)^T$$

为元素 $u_1, u_2, \cdots, u_n$ 对于元素 C 的权重向量或排序向量. 向量 W 反映了元素 $u_1, u_2, \cdots, u_n$ 对于元素 C 的重要程度. 下面介绍由判断矩阵 A 计算排序向量 W 的方法.

（一）特征向量法

设想有 n 块石头，其重量分别为 $\omega_1, \omega_2, \cdots, \omega_n$，用它们的重量比衡量其相对重要程度，记第 i 块石头与第 j 块石头的相对重量比为 $a_{ij} = \dfrac{\omega_i}{\omega_j}(i, j = 1, 2, \cdots, n)$，于是得到比较矩阵

$$A = \begin{pmatrix} \dfrac{\omega_1}{\omega_1} & \dfrac{\omega_1}{\omega_2} & \cdots & \dfrac{\omega_1}{\omega_n} \\[2mm] \dfrac{\omega_2}{\omega_1} & \dfrac{\omega_2}{\omega_2} & \cdots & \dfrac{\omega_2}{\omega_n} \\[1mm] \vdots & \vdots & & \vdots \\[1mm] \dfrac{\omega_3}{\omega_1} & \dfrac{\omega_3}{\omega_2} & \cdots & \dfrac{\omega_3}{\omega_3} \end{pmatrix}$$

显然 A 为一致性正互反矩阵,记 $W = (\omega_1, \omega_2, \cdots, \omega_n)^T$,即为权重向量.且

$$A = W\left(\frac{1}{\omega_1}, \frac{1}{\omega_1}, \cdots, \frac{1}{\omega_n}\right)$$

则

$$AW = W\left(\frac{1}{\omega_1}, \frac{1}{\omega_2}, \cdots, \frac{1}{\omega_n}\right)W = nW$$

这表明 W 为矩阵 A 的特征向量,且 n 为特征根.

事实上,对一般的判别矩阵,计算满足 $Aw = \lambda w$ 的最大特征根 λ 及对应的特征向量 w,Saaty 等人建议用最大特征根对应的归一化特征向量作为权向量,即归一化向量 w' 的各分量为对应元素的相对重要性权重.在 MATLAB 中利用命令 $[\,V, D\,] = eig(x)$ 非常方便的求出最大特征根和相应的特征向量.

上述计算可由专门的计算软件完成.

(二)和法

1. 将 A 的列向量进行归一化,即用该向量全部分量之和去除每一分量,即

$$b_{ij} = \frac{a_{ij}}{\sum\limits_{i=1}^{n} a_{ij}}$$

2. 按行求和:$v_i = \sum\limits_{j=1}^{n} b_{ij}$;

3. 计算上述归一化后的各列的算术平均,所得向量即为排序向量 W,即

$$\omega_i = \frac{v_i}{\sum\limits_{i=1}^{n} v_i} \quad (i = 1, 2, \cdots, n)$$

(三)根法

1. 将 A 按行求 $v_i = \left(\prod\limits_{j=1}^{n} a_{ij}\right)^{\frac{1}{n}}$;

2. 归一化得到近似权向量:$\omega_i = \dfrac{v_i}{\sum\limits_{i=1}^{n} v_i} \quad (i = 1, 2, \cdots, n)$

此即排序向量 W 的第 i 个分量.

权重向量的上述计算虽然原理不同,算法各异,但对于具有满意一致性(下面即将论及)的判别矩阵会得到大体相同的结果.

(四)判断矩阵的一致性检验

如前所述,在用 AHP 进行决策分析时所构造出来的判断矩阵一般难以满足一致性要求.虽然 AHP 并不要求判别矩阵具有完全的一致性,但存在大量矛盾判断,从而偏离一致性要求,过大的判别矩阵也是难以作为决策依据的.因此有必要对判别矩阵进行一致性检验.

一致性检验可使我们在判别矩阵的取舍上有所依据.具体步骤如下:

第一步,计算判断矩阵 A 的一致性指标 CI:

$$CI = \frac{\lambda_{max} - n}{n - 1}$$

其中, λ_{max} 表示判别矩阵的最大特征值.

第二步,查找相应的平均随机一致性指标 RI(见表 6-9).

第三步,计算一致性比例 CR:

$$CR = \frac{CI}{RI}$$

表 6-9　平均随机一致性指标

矩阵阶数	2	3	4	5	6	7	8	9
RI	0	0.52	0.89	1.12	1.26	1.36	1.41	1.46

当判断矩阵 A 的 $CR < 0.1$ 时,即可认为 A 具有满意的一致性,是可以接受的,否则认为 A 不具有满意的一致性,应予以放弃或对其作适当修正.

【注】在对判断矩阵 A 作一致性检验时要用到 A 的最大特征根 λ_{max},其可以由以下公式近似给出:

$$\lambda_{max} = \frac{1}{n} \sum_{i=1}^{n} \frac{(AW)_i}{\omega_i}$$

其中 ω_i 为排序向量 W 的第 i 个分量.

四、计算各层元素对总目标的合成权重

由前面的计算我们已经得到各层元素对于上层支配元素的权重,而利用 AHP 进行决策分析最终是要得到方案层中每个备选方案对于总目标的权重,以便决定出方案的优劣排序.因此必须将前面得到的权重向量进行合成.这一过程称作层次总排序.

设第 $k-1$ 层的 n_{k-1} 个元素对总目标的排序向量为

$$W^{(k-1)} = (\omega_1^{(k-1)}, \omega_2^{(k-1)}, \cdots, \omega_{n_{k-1}}^{(k-1)})^T$$

第 k 层的第 i 个元素对于第 $k-1$ 层第 j 个元素的排序权值为 $p_{ij}^{(k)}$,若无连接则权值为 0,并记

$$P^{(k)} = \begin{pmatrix} p_{11}^{(k)} & p_{12}^{(k)} & \cdots & p_{1n_{k-1}}^{(k)} \\ p_{21}^{(k)} & p_{22}^{(k)} & \cdots & p_{2n_{k-1}}^{(k)} \\ \vdots & \vdots & \ddots & \vdots \\ p_{n_k1}^{(k)} & p_{n_k2}^{(k)} & \cdots & p_{nn_{k-1}}^{(k)} \end{pmatrix}$$

则第 k 层的 n_k 个元素对总目标的排序向量

$$W^{(k)} = (\omega_1^{(k)}, \omega_2^{(k)}, \cdots, \omega_{n_k}^{(k)})^T$$

有如下的递推公式

$$W^{(k)} = P^k W^{(k-1)} \quad (k = 2, 3, \cdots, n)$$

于是

$$W^{(k)} = P^k P^{k-1} W^{(k-2)} = \cdots = P^k P^{k-1} \cdots P^3 W^{(2)}$$

此即合成权重计算公式.

经过自上而下的层次总排序计算,最终可以得到最底层(即方案层)中每个元素对于总目标的排序向量. 该向量中各分量的大小即完全决定了它所对应的方案的优劣排序.

五、案例分析

【例1】 针对前文介绍的旅游目的地选择问题,利用层次分析法对三个旅游目的地桂林、北京、九寨沟(分别记为 y_1, y_2, y_3)进行综合评价,并根据评价结果做出最优的选择.

解 第一,建立层次结构,见图6-3.

第二,构造成对判别矩阵.

依据同学们的充分讨论,运用成对比较法对判别矩阵的元素 a_{ij} 进行赋值,得到成对判别矩阵 A:

$$A = \begin{pmatrix} 1 & 5 & \dfrac{1}{2} & 3 & 3 \\[2mm] \dfrac{1}{5} & 1 & \dfrac{1}{5} & 1 & 3 \\[2mm] 2 & 5 & 1 & 5 & 5 \\[2mm] \dfrac{1}{3} & 1 & \dfrac{1}{5} & 1 & 2 \\[2mm] \dfrac{1}{3} & \dfrac{1}{3} & \dfrac{1}{5} & \dfrac{1}{2} & 1 \end{pmatrix}$$

矩阵 A 中的元素 $a_{32} = 5$ 表示交通与费用的重要性之比为5,即同学们认为费用比交通明显重要;$a_{15} = 3$ 表示景色与居住的重要性之比为3,即同学们认为景色比居住稍微重要.

第三,做一致性检验.

利用 MATLAB 编写程序:

```
Z = [1 5 1/2 3 3;1/5 1 1/5 1 3;2 5 1 5 5;1/3 1 1/5 1 2;1/3 1/3 1/5 1/2 1];
[V,D] = eig(Z)
for k = 1:5
W = V(:,k)/sum(V(:,k))%归一化特征向量
end
lambda = max(eig(Z))
n = sum(eig(Z))
CI = (lambda-n)./(n-1)
```

RI = 1.12% 查表

CR = CI./RI

if CR >= 0.1

error(′Z 不通过一致性检验′);

else ′pass text′

end

运算结果:

lambda = 5.2383, W = (0.2882   0.1027   0.4476   0.0980   0.0634)

CI = 0.0596 , CR = 0.0532, ans = pass text

结果表示 A 不是一致阵, 但 A 具有满意的一致性, A 的不一致程度是可接受的. 由矩阵 A 的最大特征值所对应的经标准化之后的特征向量, 可得五个准则层的权重如下:

$$W = (0.288\ 2\quad 0.102\ 7\quad 0.447\ 6\quad 0.098\ 0\quad 0.063\ 4)^{\mathrm{T}}$$

类似地, 分别给出三个旅游地关于景色、交通、费用、饮食、居住的成对判别矩阵 B_1, B_2, B_3, B_4, B_5. 以 B_1 为例,

$$B_1 = \begin{pmatrix} 1 & 5 & \dfrac{1}{2} \\ \dfrac{1}{5} & 1 & \dfrac{1}{7} \\ 2 & 7 & 1 \end{pmatrix}$$

同样, 利用 MATLAB 软件可计算出 B_1 的权向量:

$$W_{x_1}(Y) = (0.333\ 2, 0.075\ 1, 0.591\ 7)^T, \lambda_{\max}(B_1) = 3.014\ 2,$$
$$CI = 0.007\ 1, CR = 0.013\ 6 < 0.52$$

用同样的方法给出判别矩阵 B_2, B_3, B_4, B_5:

$$B_2 = \begin{pmatrix} 1 & \dfrac{1}{3} & 2 \\ 3 & 1 & 5 \\ \dfrac{1}{2} & \dfrac{1}{5} & 1 \end{pmatrix}, \quad B_3 = \begin{pmatrix} 1 & 2 & 1 \\ \dfrac{1}{2} & 1 & \dfrac{1}{2} \\ 1 & 2 & 1 \end{pmatrix}$$

$$B_4 = \begin{pmatrix} 1 & 1 & 3 \\ 1 & 1 & 3 \\ \dfrac{1}{3} & \dfrac{1}{3} & 1 \end{pmatrix}, \quad B_5 = \begin{pmatrix} 1 & \dfrac{1}{3} & 2 \\ 3 & 1 & 5 \\ \dfrac{1}{2} & \dfrac{1}{5} & 1 \end{pmatrix}$$

通过计算得到相应的权向量:

$$W_{x_2} = (0.229\ 7, 0.648\ 3, 0.122\ 0)^T, \lambda_{\max}(B_2) = 3.003\ 7,$$
$$W_{x_3} = (0.400\ 0, 0.200\ 0, 0.400\ 0)^T, \lambda_{\max}(B_3) = 3.000\ 0,$$
$$W_{x_4} = (0.428\ 6, 0.428\ 6, 0.142\ 9)^T, \lambda_{\max}(B_4) = 3.000\ 0,$$
$$W_{x_5} = (0.229\ 7, 0.648\ 3, 0.122\ 0)^T, \lambda_{\max}(B_5) = 3.003\ 7,$$

它们可分别视为各个旅游目的地的景色分、交通分、费用分、饮食分和居住分. 经检验

可知 B_2, B_3, B_4, B_5 的不一致程度均可接受.

第四,可计算各旅游目的地的总得分,桂林的总得分为:

$$W_z(y_1) = \sum_{j=1}^{5} W(j) W_{x_j}(1) = 0.355\ 2$$

从计算公式可知, y_1 的总得分实际是各项得分的加权平均,同理可得

$$W_z(y_2) = \sum_{j=1}^{5} W(j) W_{x_j}(2) = 0.260\ 8$$

$$W_z(y_3) = \sum_{j=1}^{5} W(j) W_{x_j}(3) = 0.383\ 8$$

比较后可得:九寨沟是第一选择.

【例2】 物流中心选址问题.物流中心是处于枢纽或重要位置、具有完整的物流环节,并能将物流集散、信息和控制等功能实现一体化运作的物流节点,能够促进商品按照顾客的要求完成附加价值,克服在运输过程中所发生的时间和空间障碍. 在物流系统中,物流中心的选址是物流系统优化中一个十分困难又具有战略意义的问题. 在物流中心规划过程中,要考虑影响选址的诸多因素,这些因素可概括为经济效益和社会效益两个主要方面,这两个因素称为一级指标,它们又可进一步分解为二级、三级指标,从而构成一个三级评价模型(见表6-10).假设某区域有 8 个候选地址,而且已经通过其他评价方法得到了它们在各个三级指标上的得分(见表6-11),请结合这些得分利用层次分析法对 8 个候选地址进行评价,并做出最优的选择.

表 6-10　物流中心选址的三级评价模型

第一级指标	第二级指标	第三级指标
社会效益 A_1	对生态环境的影响 B_{11}	
	对周围企业的影响 B_{12}	
经济效益 A_2	建设工程量 B_{21}	
	靠近大型企业 B_{22}	
	地价因素 B_{23}	
	劳动力因素 B_{24}	
	靠近货运枢纽 B_{25}	
	公共设施 B_{26}	三供(供水、供电、供气) C_{61}
		废物处理 C_{62}
		通信 C_{63}
		道路设施 C_{64}

表 6-11　各个因素的评价结果

因素	y_1	y_2	y_3	y_4	y_5	y_6	y_7	y_8
对生态环境的影响	0.91	0.86	0.87	0.98	0.79	0.60	0.60	0.95
对周围企业的影响	0.92	0.82	0.94	0.88	0.60	0.60	0.94	0.86

表6-11(续)

因素	y_1	y_2	y_3	y_4	y_5	y_6	y_7	y_8
建设工程量	0.88	0.83	0.93	0.87	0.65	0.62	0.96	0.92
靠近大型企业	0.90	0.82	0.95	0.90	0.62	0.70	0.94	0.90
地价因素	0.90	0.91	0.89	0.95	0.61	0.92	0.96	0.95
劳动力因素	0.87	0.89	0.88	0.94	0.86	0.65	0.73	0.60
靠近货运枢纽	0.95	0.69	0.93	0.85	0.60	0.60	0.94	0.78
三供	0.75	0.82	0.88	0.85	0.90	0.94	0.78	0.83
废物处理	0.87	0.87	0.64	0.72	0.94	0.61	0.73	0.66
通信	0.90	0.93	0.90	0.61	0.66	0.94	0.95	0.88
道路设施	0.80	0.61	0.91	0.59	0.60	0.85	0.65	0.81

解 (1)物流中心选址受到两个一级指标的影响,对企业来说,相比社会效益,经济效益重要性稍强一些,故判别矩阵为

$$\begin{pmatrix} 1 & \dfrac{1}{3} \\ 3 & 1 \end{pmatrix}$$

特征向量 $W_Z = [0.25, 0.75]^T$,最大特征值 $\lambda_{max} = 2$.

类似地,分别建立如下判别矩阵,指标 B_{11}, B_{12} 关于社会效益 A_1 的判别矩阵 B_1,指标 $B_{21}, B_{22}, B_{23}, B_{24}, B_{25}, B_{26}$ 关于经济效益 A_2 的判别矩阵 B_2,指标 $C_{61}, C_{62}, C_{63}, C_{64}$ 关于公共设施 B_{26} 的判别矩阵 C_1.

$$B_1 = \begin{pmatrix} 1 & 3 \\ \dfrac{1}{3} & 1 \end{pmatrix}$$

$$B_2 = \begin{pmatrix} 1 & \dfrac{1}{3} & \dfrac{1}{5} & 5 & \dfrac{1}{3} & \dfrac{1}{7} \\ 3 & 1 & \dfrac{1}{3} & 6 & 1 & \dfrac{1}{3} \\ 5 & 3 & 1 & 6 & 2 & \dfrac{1}{2} \\ \dfrac{1}{5} & \dfrac{1}{6} & \dfrac{1}{6} & 1 & \dfrac{1}{5} & \dfrac{1}{7} \\ 3 & 1 & \dfrac{1}{2} & 5 & 1 & \dfrac{1}{2} \\ 7 & 3 & 2 & 7 & 2 & 1 \end{pmatrix}$$

$$C_1 = \begin{pmatrix} 1 & 3 & 5 & 9 \\ \dfrac{1}{3} & 1 & 3 & 5 \\ \dfrac{1}{5} & \dfrac{1}{3} & 1 & 3 \\ \dfrac{1}{9} & \dfrac{1}{5} & \dfrac{1}{3} & 1 \end{pmatrix}$$

同样,利用 MATLAB 软件可计算出 B_1,B_2,C_1 的权向量分别为:

$B_{A_1} = [0.75, 0.25]^T$,$B_{A_2} = [0.065\,5, 0.137\,3, 0.261\,7, 0.030\,1, 0.148\,8, 0.356\,7]^T$
$C_{B_6} = [0.580\,6, 0.255\,4, 0.114\,1, 0.049\,9]^T$

经检验可知 B_1,B_2,C_1 的不一致程度均可接受.

(2)计算各个指标的权重

指标 C_{61} 的权重为:$C_{B_6}(1) \times B_{A_2}(6) \times W_Z(2) = 0.580\,6 \times 0.356\,7 \times 0.75 = 0.013\,3$,其中 $C_{B_6}(1)$ 表示权向量 C_{B_6} 的第一个元素,$B_{A_2}(6)$ 表示权向量 B_{A_2} 的第 6 个元素,$W_Z(2)$ 表示权向量 W_Z 的第二个元素. 用类似的方法,可以计算出各个指标的权重,如表 6-12 所示.

表 6-12　各个指标的权重

指标	B_{11}	B_{12}	B_{21}	B_{22}	B_{23}	B_{24}	B_{25}	C_{61}	C_{62}	C_{63}	C_{64}
权重	0.187 5	0.062 5	0.049 1	0.103 0	0.196 3	0.022 6	0.111 6	0.155 3	0.068 3	0.030 5	0.013 3

(3)计算 8 个候选地址的综合得分

第一个候选地址的综合得分为:

$W(y_1) = 0.91 \times 0.187\,5 + 0.92 \times 0.062\,5 + 0.88 \times 0.049\,1 + 0.9 \times 0.103\,0 + 0.9 \times$ $0.196\,3 + 0.87 \times 0.022\,6 + 0.95 \times 0.111\,6 + 0.75 \times 0.155\,3 + 0.87 \times 0.068\,3 + 0.9 \times$ $0.030\,5 + 0.8 \times 0.013\,3 = 0.711\,4$

从计算公式可知,y_1 的综合得分实际是各项得分的加权平均,同理可得其他候选地址的得分,如表 6-13 所示.

表 6-13　各个候选地址的综合得分

候选地址	y_1	y_2	y_3	y_4	y_5	y_6	y_7	y_8
综合得分	0.711 4	0.657 5	0.709 3	0.709 7	0.524 6	0.560 8	0.668 7	0.700 3

比较后可得:候选地址 y_1 是第一选择.

综合评价是一个十分复杂的问题,它涉及评价指标集、评价方法集、评价人集等方面,评价结果是以上诸多因素综合影响的结果. 对一个复杂对象的评价是否准确,不但受评价专家群及描述被评价对象特征的指标体系的影响,还受我们所用评价方法的影响,而不同的评价方法都有其特殊的背景和意义,因而也有其适合的应用范围. 为此,一些学者提出组合的思想,即通过将具有同种性质的综合评价方法组合在一起,就能够使各种方法的缺点得到弥补,同时兼有各种方法的优点. 如前例,我们用层次分析法确定指标权重,用其他方法得到评价对象在各个指标上的得分,进一步得到评价对象的综合得分.

第三节　主成分分析法

　　在实际生活中,我们常常需要面对一些选择的问题,如大家都很关心的大学排名问题.那么我们国内的这么多所学校,如何去给出一个客观的、能够被大家认可或接受的一个标准呢? 我们可以综合考虑很多的指标,如学校在校博士生人数、教授人数、学生数或者学校科研经费额等.然后,我们就要根据这些信息去设计一个评价标准,这个评价标准不应具有个人主观的色彩,应该是大家公认的、可接受的一个标准.但由于各指标均是对同一事物的一个反映,不可避免的就造成了信息的大量重叠,这种信息的重叠有时甚至会抹杀事物的真正的特征和内在的一个规律.基于上述问题,我们就希望在定量研究中能够使设计的变量尽量的少,同时又要尽量多得保有原来的信息. 而主成分分析法就是设法将原来众多具有一定相关性的指标重新组合成几个新的无相关性的综合指标,并且尽可能多地反映原来指标的信息.它是数学上的一种降维方法.例如,在商业经济中,可以把复杂的数据综合成几个商业指数,如物价指数、消费指数等.

　　数学上的处理就是将原来 P 个指标作线性组合,使之成为新的综合指标,但是这种线性组合,如果不加限制,则可以有很多,我们应该如何去选取呢? 为了让这种综合指标反映足够多原来的信息,要求综合指标的方差要尽可能的大,即若某个线性组合 F_1 的方差 $Var(F_1)$ 越大,表示 F_1 包含的信息越多,因此在所有线性组合中所选取的 F_1 应该是方差最大的,故称 F_1 为第一主成分.如果第一主成分不足以代表原来 P 个指标的信息,再考虑选取第二个线性组合 F_2 , F_2 称为第二主成分.为了有效地反映原来的信息, F_1 中已有的信息就不需要出现在 F_2 中,数学表达就是要求 $Cov(F_1, F_2) = 0$. 依次类推,可以构造出第三,第四,……,第 p 个主成分.这些主成分之间不仅不相关,而且它们的方差是依次递减的.在实际工作中,通常挑选前几个最大主成分,虽然可能会失去一小部分信息,但抓住了主要矛盾.

一、主成分的几何意义

　　为了方便,我们在二维空间中讨论主成分的几何意义.设有 n 个个体,每个个体有两个观测变量 x_1 和 x_2 ,在由变量 x_1 和 x_2 所确定的二维平面中,我们画出 n 个样本点对应的散点图(图 6-5),由图可以看出这 n 个样本点无论是沿着 X_1 轴的方向还是沿着 X_2 轴的方向都有较大的离散型,其离散程度可以分别用观测变量 x_1 和 x_2 的方差来表示.显然,如果只选取变量 x_1 和 x_2 中的一个,那么包含在原有数据中的信息会有较大的损失.

　　由图 6-5 可以看出,n 个样本点所散布的情况近似椭圆形,我们以椭圆长轴和短轴所在的射线为坐标轴建立一个新的坐标系,坐标轴分别记为 F_1 , F_2. 然后,我们将 X_1 轴和 X_2 轴先平移,再同时按逆时针方向旋转 θ 角度,让 X_1 轴与 F_1 轴重合, X_2 轴与 F_2 轴重合,即做如下的坐标变换:

$$\begin{cases} F_1 = x_1\cos\theta + x_2\sin\theta \\ F_2 = -x_1\sin\theta + x_2\cos\theta \end{cases}$$

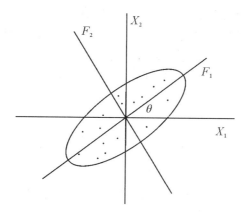

图 6-5　主成分的几何意义

即

$$\begin{bmatrix} F_1 \\ F_2 \end{bmatrix} = \begin{bmatrix} \cos\theta & \sin\theta \\ -\sin\theta & \cos\theta \end{bmatrix} = UX$$

且 $UU^T = I$,即 U 是正交矩阵.旋转变换的目的是让 n 个样本点在 F_1 轴方向上的离散程度最大,即 F_1 的方差最大.变量 F_1 代表了原始数据的绝大多数信息,在实际研究中,即使不考虑变量 F_2 也没有太大的影响.

考虑两种极端的情形:一种是椭圆的长轴与短轴的长度相等,即椭圆变成圆,第一主成分只含有二维空间点的约一半信息,若仅用这一个综合变量,则将损失约50%的信息,这显然是不可取的.造成它的原因是,原始变量 x_1 和 x_2 的相关程度几乎为零,也就是说,它们所包含的信息几乎不重迭,因此无法用一个一维的综合变量来代替.另一种是椭圆扁平到了极限,变成 F_1 轴上的一条线,第一主成分包含有二维空间点的全部信息,仅用这一个综合变量代替原始数据不会有任何的信息损失,此时主成分分析法的效果是非常理想的,其原因是第二主成分不包含任何信息,舍弃它没有信息损失.

二、主成分模型

设在某实际问题中,有 n 个样品,对每个样品观测 p 项指标 $X_1, X_2, \cdots X_p$,用 x_{ij} 表示第 i 个样品的第 j 个指标的观测值,从而得到原始数据资料矩阵:

$$X = \begin{pmatrix} x_{11} & x_{12} & \cdots & x_{1p} \\ x_{21} & x_{22} & \cdots & x_{2p} \\ \vdots & \vdots & \ddots & \vdots \\ x_{n1} & x_{n2} & \cdots & x_{np} \end{pmatrix} = \begin{pmatrix} X_1 & X_2 & \cdots & X_p \end{pmatrix}$$

其中

$$X_i = \begin{pmatrix} x_{1i} \\ x_{2i} \\ \vdots \\ x_{3i} \end{pmatrix} \quad (i = 1, 2, \cdots, n)$$

主成分分析法就是要把研究这 p 个指标的问题转变成讨论这 p 个指标的线性组合的

问题,从它们的线性组合中选取 k 个线性无关的组合 $F_1, F_2, \cdots F_k(k < p)$ 作为新指标,要求新指标保留尽可能多的信息量.这种由多个指标降为少数几个综合指标的过程在数学上叫作降维.主成分分析通常的做法是对 X 作正交变换,寻求元指标的线性组合 F_i.

$$\begin{cases} F_1 = a_{11}X_1 + a_{21}X_2 + \cdots + a_{p1}X_p \\ F_2 = a_{12}X_1 + a_{22}X_2 + \cdots + a_{p2}X_p \\ \qquad\qquad\qquad \cdots \\ F_p = a_{1p}X_1 + a_{2p}X_2 + \cdots + a_{pp}X_p \end{cases}$$

为了不使 F_i 的方差为无穷大,对上述方程组的系数要求系数的平方和等于 1,即 $a_{1i}^2 + a_{2i}^2 + \cdots + a_{pi}^2 = 1 \quad (i = 1,2,\cdots,p)$,且系数 a_{ij} 由下列原则决定:

(1) F_i 与 $F_j(i \neq j)$ 线性无关;

(2) F_1 是 $X_1, X_2, \cdots X_p$ 的一切线性组合(系数满足上述方程组)中方差最大的, F_2 是与 F_1 不相关的 $X_1, X_2, \cdots X_p$ 一切线性组合中方差最大的, $\cdots$, F_p 是与 $F_1, F_2, \cdots F_{p-1}$,都不相关的 $X_1, X_2, \cdots X_p$ 的一切线性组合中方差最大的.

基于以上条件确定的综合变量 $F_1, F_2, \cdots F_p$ 分别称为原来变量的第一、第二、…… 第 p 个主成分.而且,各综合变量在总方差中所占的比重依次递减,在实际研究中,通常挑选前几个方差最大的主成分以达到化简的目的.

定理 6.1 在上述条件下,则 $a_{1i}, a_{2i}, \cdots a_{pi}(i = 1, 2, \cdots, p)$ 是 X 的协方差阵的特征值对应的特征向量(证明略).

该定理表明 $X_1, X_2, \cdots X_p$ 的主成分是以 X 的协方差阵的特征向量为系数的线性组合,它们互不相关且其方差为协方差阵的特征根,设 X 的协方差阵的特征根为 $\lambda_1 \geq \lambda_2 \geq \cdots \geq \lambda_p > 0$,由这些特征根对应的特征向量的系数构造的主成分分别记为 $F_1, F_2, \cdots F_p$,那么 $Var(F_1) \geq Var(F_2) \geq \cdots \geq Var(F_p) > 0$.

在实际应用中,为了达到降维的目的,一般不需要使用全部的主成分,而是根据累计贡献率取前几个就可以了.

定义 6.1 称 $\dfrac{\lambda_1}{\sum\limits_{i=1}^{p} \lambda_i}$ 为第 i 个主成分 λ_i 的贡献率,称 $\dfrac{\sum\limits_{i=1}^{k} \lambda_k}{\sum\limits_{i=1}^{p} \lambda_i}$ 为前 k 个主成分的累计贡献率.

显然,贡献率越大,表明该成分综合的信息越多.

通过上述主成分分析法的基本原理,我们可以得到主成分分析法计算的一般步骤:

1. 对原来的 p 个指标进行标准化,以消除变量在水平和量纲上的影响;

2. 根据标准化后的数据矩阵求出相关系数矩阵 R;

3. 求出相关系数矩阵的特征根和对应的特征向量;

4. 计算主成分贡献率及累计贡献率;一般取累计贡献率达 85% ~ 95% 的特征值所对应的 k 个主成分;

5. 计算主成分荷载;

6. 对主成分载荷归一化;

7. 写出主成分的表达式;

三、案例分析

根据主成分分析法的定义及性质,我们可以看出主成分分析法在以下两个方面有着重要的应用:(1)主成分分析法能有效降低所研究问题的数据维数.即用新的 n 维空间代替原来 P 维空间($n < p$),而且低维的新空间代替原来的高维空间也只损失很小的信息量.(2)可以进行综合评价,以累计贡献率 85% 为界限筛选出少数几个主成分,利用主成分得分进行综合评价.(3)可以用主成分分析法筛选回归变量.建立多元回归模型时,为了降低多重共线性的影响,使模型本身易于做结构分析、控制和预报,需要从原始变量所构成的组合中选择最佳变量,构成最佳变量组合.用主成分分析法筛选变量,可以用较少的计算量来选择线性无关的变量,获得最佳的变量组合.

【例1】 随着社会的高速发展,人民的生活发生巨大的变化,居民的消费水平备受关注,它是反映一个国家(或地区)的经济发展水平和人民物质文化生活水平的综合指标.改革开放以来,我国居民的消费水平发生了很大的变化,从而也促进了我国经济的发展,在政府的带领下,居民的消费水平不断提高,生活质量越来越好.按照我国常用的消费支出分类法,居民的消费水平分为食品、衣着、家庭设备用品及服务、医疗保健、交通通信、文教娱乐及服务、居住和杂项商品与服务 8 个部分,这 8 个部分代表了居民消费的各个领域.为了更好地衡量各地区的城镇居民消费水平,以国家统计局研究公布的 2020 年中国除台湾、香港和澳门的 31 个省(自治区、直辖市)2020 年城镇居民和农村居民人均消费数据为样本(见表6-14,表6-15),分别对我国城镇居民和农村居民消费基本情况指标进行主成分分析.

表 6-14 　2020 年中国 31 个省(自治区、直辖市)城镇居民家庭平均每人全年消费性支出

省份	食品	衣着	设备	医疗	交通	教育	居住	杂项
北京	8 751.4	1 924	17 163.1	2 306.7	3 925.2	3 020.7	3 755	880
天津	9 122.2	1 860.4	7 770	1 804.1	4 045.7	2 530.6	2 811	950.7
河北	6 234.6	1 667.4	5 996	1 540.6	2 798.3	2 412.2	1 988.8	529.6
山西	5 304.4	1 671	4 452.3	1 149.0	2 687.2	2 150.2	2 421.2	496.3
内蒙古	6 690.6	2 123.5	5 149.3	1 472.9	3 724.4	2 099.5	2 039.8	587.7
辽宁	7 334	1 717.8	5 503.6	1 372.7	3 016.5	2 371.4	2 595.2	937.9
吉林	6 040.8	1 749.7	4 597.2	1 236.6	2 770.2	2 187.7	2 396.4	644.7
黑龙江	6 029.5	1 615	4 449.4	1 142.1	2 436.1	1 891.6	2 350.6	483.6
上海	11 515.1	1 763.5	16 465.1	2 177.5	4 677.1	3 962.6	3 188.7	1 089.9
江苏	8 297.1	1 768	9 388.4	1 809	3 994.6	2 728.2	2 173.7	728.6
浙江	9 913.7	2 035.5	10 664.7	2 073.1	4 987.6	3 449.7	2 162.1	910.5
安徽	7 400.8	1 548.9	5 348.9	1 358.6	2 674.1	2 283.1	1 637.6	430.6
福建	9 673	1 443.5	9 355.8	1 519.3	3 755.2	2 300.9	1 773.8	665

表6-14(续)

省份	食品	衣着	设备	医疗	交通	教育	居住	杂项
江西	6 949.1	1 354.5	5 315.6	1 233.9	2 856.8	2 262.3	1 724.3	437.9
山东	7 318.6	2 012.5	5 972.9	2 148.7	3 688.4	3 204.5	2 298.1	647.4
河南	5 584.3	1 620	4 992.8	1 413.8	2 391.8	2 141.9	1 899.3	600.9
湖北	7 112.4	1 472.3	5 774.3	1 316	2 852.5	2 040.8	1 922.3	394.8
湖南	7 807.1	1 778.4	5 465.5	1 708.7	3 722.5	3 360.8	2 350.5	602.8
广东	10 794.7	1 282.1	9 457.9	1 895.3	4 626.3	2 958.7	1 748.6	747.7
广西	7 091.9	874.1	4 645.1	1 232.9	2 601.8	2 181.1	1 903.4	376.2
海南	8 896.1	896.8	5 463.9	1 140	2 677.5	2 383.2	1 668.3	434.1
重庆	8 618.8	1 918	4 970.8	1 897.3	3 290.8	2 648.3	2 445.3	675.1
四川	8 741.1	1 674.5	4 951.4	1 599.6	3 052.2	2 253	2 193.4	668.1
贵州	6 568.4	1 436	3 929.1	1 319.7	3 168.4	2 001.3	1 706.6	457.5
云南	6 851.9	1 434.4	5 310.2	1 486.7	4 092.4	2 531.1	2 317.7	544.9
西藏	8 637.7	2 303.1	5 855.3	1 827.7	3 621.1	1 015.1	1 098.9	568.4
陕西	6 295.8	1 649.8	4 887.6	1 622.3	2 855.2	2 387.2	2 608.4	560.2
甘肃	7 068.2	1 859.4	5 786.6	1 662	3 081.4	2 426.7	2 090.8	639.8
青海	6 754.1	1 770.5	5 053.7	1 509.6	4 076.4	2 043.1	2 524.6	583.1
宁夏	6 068.3	1 776.3	4 319.2	1 383.5	3 680.3	2 250.3	2 267.3	634
新疆	7 194.3	1 616.8	4 483.1	1 500.8	3 413.5	1 778.2	2 349.1	615.9

表 6-15　2020 年中国 31 个省(自治区、直辖市)农村平均每人全年消费性支出

省份	食品	衣着	设备	医疗	交通	教育	居住	杂项
北京	5 968.1	1 035.6	6 453.1	1 120.6	2 924.4	1 142.7	1 972.8	295.4
天津	5 621.7	1 002.2	3 527.9	1 026.1	2 504.3	931.6	1 858.2	372.1
河北	3 686.8	810.6	2 711.1	782.9	1 892.8	1 154.6	1 380.1	225.3
山西	3 247.6	720.9	2 286.6	526	1 145	967.4	1 182.8	213.8
内蒙古	4 164.3	727.1	2 632.6	583.5	2 152.1	1 436.5	1 667	230.8
辽宁	3 660.3	698.6	2 412.5	529.6	1 946.4	1 109.1	1 718.7	236.1
吉林	3 730.5	716.4	1 992.7	488.9	1 899.2	1 177.4	1 568.5	289.8
黑龙江	4 234.7	858.6	2 046.8	548.6	1 680.9	1 197.7	1 562.9	220.8
上海	8 647.8	1 077.5	4 439.3	1 325.2	3 495.5	1 003.1	1 655.3	451.8
江苏	5 216.3	823	3 785.6	957.7	2 786.9	1 448.4	1 712.2	291.6
浙江	6 952.1	1 043.1	5 719.9	1 225.5	2 937.5	1 776.3	1 546.2	354.9
安徽	5 145.8	867.5	3 390.5	855	1 663.7	1 422	1 457.4	221.7

表6-15(续)

省份	食品	衣着	设备	医疗	交通	教育	居住	杂项
福建	6 273.9	754.5	3 943	874	1 688.3	1 232	1 270.9	302.1
江西	4 557.1	602.6	3 553.8	686.6	1 402.6	1 477.6	1 136.7	162.4
山东	3 721.9	689	2 434.7	817.9	2 112	1 290.8	1 413.4	180.7
河南	3 396.7	873.1	2 770.1	783.2	1 501.8	1 285.6	1 379.1	211.4
湖北	4 304.5	780.4	3 197.6	790.9	2 175.3	1 382.3	1 558.5	283
湖南	4 635.9	674.4	3 367	853	1 730.5	1 783.8	1 706.6	222.6
广东	6 991.8	506.9	3 829.2	803.2	1 958.1	1 275.5	1 517.9	249.8
广西	4 296.9	354.2	2 659.2	667	1 681.8	1 408.2	1 227.8	136.1
海南	5 766.2	362.1	2 529.2	573.8	1 412.4	1 244.9	1 077.3	203.5
重庆	5 183.1	736.3	2 630.9	919.1	1 951.5	1 290.3	1 560.1	228.3
四川	5 478.1	753.3	2 866.4	905.4	1 935	1 106.5	1 650.3	257.6
贵州	3 214.3	595.7	2 337.3	603.9	1 543.2	1 377.8	959.4	185.9
云南	3 797.1	451.7	2 115.4	569.9	1 691.7	1 324.2	980.6	138.8
西藏	3 369	708	1 908.6	474.6	1 386.2	380.1	402.5	288.2
陕西	3 182.6	609.6	2 715.4	688.1	1 460.9	1 057.4	1 490.7	170.9
甘肃	3 065.4	608.1	1 905.8	588.8	1 234.4	1 211.4	1 140.4	168.6
青海	3 664.7	823	2 154.9	628.5	2 146.7	989.2	1 416	311.2
宁夏	3 331.1	656	2 197.5	626.4	2 022.4	1 179.6	1 478	233.3
新疆	3 473.3	713.3	2 255.4	612.6	1 344.2	1 230.4	955	193.9

解 我们用 X_1 表示人均食品烟酒消费; X_2 表示人均衣着消费; X_3 表示居民人均消费; X_4 表示生活用品及服务人均消费; X_5 表示交通和通信人均消费; X_6 表示教育文化娱乐服务人均消费; X_7 表示医疗保健的人均消费; X_8 杂项商品和服务; Y 表示地区.

(1)对于城镇居民的消费情况,运行如下 MATLAB 程序:

MATLAB 程序为

```
clc,clear
X=[8751.4 1924 17163.1 2306.7 3925.2 3020.7 3755 880;
  9122.2    1860.4   7770      1804.1   4045.7   2530.6   2811      950.7;
  6234.6    1667.4   5996      1540.6   2798.3   2412.2   1988.8    529.6;
  5304.4    1671     4452.3    1149.4   2687.2   2150.2   2421.2    496.3;
  6690.6    2123.5   5149.3    1472.9   3724.4   2099.5   2039.8    587.7;
  7334      1717.8   5503.6    1372.7   3016.5   2371.4   2595.2    937.9;
  6040.8    1749.7   4597.2    1236.5   2770.2   2187.7   2396.4    644.7;
  6029.5    1615     4449.4    1142.1   2436.1   1891.1   2350.7    483.6;
  11515.1   1763.5   16465.1   2177.5   4677.1   3962.6   3188.7    1089.9;
```

```
8297. 1    1768     9388. 4    1809      3994. 6    2728. 2    2173. 7    728. 6;
9913. 7    2035. 5   10664. 7   2073. 1   4987. 6    3449. 7    2162. 1    910. 5;
7400. 8    1548. 9   5348. 9    1358. 6   2674. 1    2283. 1    1637. 6    430. 6;
9673       1443. 5   9355. 8    1519. 3   3755. 2    2300. 9    1773. 8    665;
6949. 1    1354. 5   5315. 6    1233. 9   2856. 8    2262. 3    1724. 3    437. 9;
7318. 6    2012. 5   5972. 9    2148. 7   3688. 4    3204. 5    2298. 1    647. 4;
5584. 3    1620      4992. 8    1413. 8   2391. 8    2141. 9    1899. 3    600. 9;
7112. 4    1472. 3   5774. 3    1316      2852. 5    2040. 8    1922. 3    394. 8;
7807. 1    1778. 4   5465. 5    1708. 7   3722. 5    3360. 8    2350. 5    602. 8;
10794. 7   1282. 1   9457. 9    1895. 3   4626. 3    2958. 7    1748. 6    747. 7;
7091. 9    874. 1    4645. 1    1232. 9   2601. 8    2181. 1    1903. 4    376. 2;
8896. 1    896. 8    5463. 9    1140      2677. 5    2383. 2    1668. 3    434. 1;
8618. 8    1918      4970. 8    1897. 3   3290. 8    2648. 3    2445. 3    675. 1;
8741. 1    1674. 5   4951. 4    1599. 6   3052. 2    2253       2193. 4    668. 1;
6568. 4    1436      3929. 1    1319. 7   3168. 4    2001. 3    1706. 6    457. 5;
6851. 9    1434. 4   5310. 2    1486. 7   4092. 4    2531. 1    2317. 7    544. 9;
8637. 7    2303. 1   5855. 3    1827. 7   3621. 1    1015. 1    1098. 9    568. 4;
6295. 8    1649. 8   4887. 6    1622. 3   2855. 2    2387. 2    2608. 4    560. 2;
7068. 2    1859. 4   5786. 6    1662      3081. 4    2426. 7    2090. 8    639. 8;
6754. 1    1770. 5   5053. 7    1509. 6   4076. 4    2043. 1    2524. 6    583. 1;
6068. 3    1776. 3   4319. 2    1383. 5   3680. 3    2250. 3    2267. 3    634;
7194. 3    1616. 8   4483. 1    1500. 8   3413. 5    1778. 2    2349. 1    615. 9];
x = zscore(X);%数据标准化
std = corrcoef(x);%计算相关系数矩阵
[vec,val] = eig(std);%求特征值(val)及特征向量(vec)
newval = diag(val);%将特征值作成一个新向量
[y,i] = sort(newval);%对特征根进行排序,y 为排序结果,i 为索引
rate = y/sum(y)%计算贡献率
sumrate = 0;
newi = [];
for k = length(y): -1:1
    sumrate = sumrate+rate(k);
    newi(length(y)+1-k) = i(k);
if sumrate>0. 85 break;
end
end               %记下累积贡献率大 85%的特征值的序号放入 newi 中
fprintf('主成分数:%g\n\n',length(newi));
for i = 1:1:length(newi)     %计算载荷 aa
for j = 1:1:length(y)
```

$$aa(i,j) = sqrt(newval(newi(i))) * vec(j, newi(i));$$

end

end

aaa = aa. * aa;%主成分载荷归一化 zcfhz

for i = 1:1:length(newi)

for j = 1:1:length(y)

$$zcfhz(i,j) = aa(i,j) / sqrt(sum(aaa(i, :)));$$

end

end

fprintf('主成分载荷:\n'), zcfhz   %输出主成分载荷 zcfhz

结果:

rate =

    0.0089

    0.0174

    0.0300

    0.0381

    0.0491

    0.1175

    0.1454

    0.5935

主成分数:3

主成分载荷:

zcfhz =

   0.3460   0.2003   0.3979   0.4122   0.3786   0.3548   0.2777

0.4070

    -0.4684   0.7475   -0.1823   0.1169   -0.0741   -0.2249   0.3149

0.1402

    -0.3025   -0.3686   0.1302   -0.2002   -0.3366   0.3272   0.7008

0.0637

运行后可知结果,先对数据进行标准化处理,接着进行主成分分析,可以得到表6-16中的结果:

主成分	特征值	方差贡献率	累计贡献率
1	4.748 4	0.593 5	0.593 5
2	1.163 4	0.145 4	0.738 9
3	0.940 1	0.117 5	0.856 4
4	0.392 5	0.049 1	0.905 5

表6-16(续)

主成分	特征值	方差贡献率	累计贡献率
5	0.304 8	0.038 1	0.943 6
6	0.240 2	0.03	0.973 6
7	0.138 9	0.017 4	0.991
8	0.071 6	0.008 9	1

从表6-16中可以看到,前三个特征值的累积贡献率已经达到85.64%,说明前3个主成分基本包含了全部指标具有的信息,我们取前3个特征值所对应的特征向量,见表6-17:

表6-17 第一、第二、第三特征向量

主成分	第一特征向量	第一特征向量	第一特征向量
x_1	0.346 0	-0.468 4	-0.302 5
x_2	0.200 3	0.747 5	-0.368 6
x_3	0.397 9	-0.182 3	0.130 2
x_4	0.412 2	0.116 9	-0.200 2
x_5	0.378 6	-0.074 1	-0.336 5
x_6	0.354 8	-0.224 9	0.327 2
x_7	0.277 7	0.314 9	0.700 8
x_8	0.407 0	0.140 2	0.063 7

因此,我国城镇居民消费水平的第一、二、三主成分为

第一主成分: $F_1 = 0.346\ 0X_1 + 0.200\ 3X_2 + 0.397\ 9X_3 + 0.412\ 2X_4 + 0.378\ 6X_5 + 0.354\ 8X_6 + 0.277\ 7X_7 + 0.407\ 0X_8$

第二主成分: $F_2 = -0.468\ 4X_1 + 0.747\ 5X_2 - 0.182\ 3X_3 + 0.116\ 9X_4 - 0.074\ 1X_5 - 0.224\ 9X_6 + 0.314\ 9X_7 + 0.140\ 2X_8$

第三主成分: $F_3 = -0.302\ 5X_1 - 0.368\ 6X_2 + 0.130\ 2X_3 - 0.200\ 2X_4 - 0.336\ 5X_5 + 0.327\ 2X_6 + 0.700\ 8X_7 + 0.063\ 7X_8$

在第一主成分的表达式中,我们可以看出第一项、三项、四项、五项、六项、八项的系数比较大,这6项指标对城镇居民消费水平的影响较大,说明居民现在很注重饮食、健康和教育.

在第二主成分表达式中,只有第二项的系数比较大,远远超过其他指标的系数,因此可以单独看作是衣着的影响,说明人们的衣着在消费水平中也占据了很高的比例.

在第三主成分表达式中,只有第7项的系数比较大,远远超过其他指标的系数,因此可以单独看作是居住的影响,说明购房支出或房贷在人们的消费水平中也占据了很高的比例.

(2)对于农村居民的消费情况,同样使用MATLAB程序,可得到如表6-18的结论:

表 6-18 特征值和特征向量

主成分	特征值	方差贡献率	累计贡献率
1	4.837 6	0.604 7	0.604 7
2	1.367	0.170 9	0.775 6
3	0.731 5	0.091 4	0.867
4	0.409 2	0.051 1	0.918 1
5	0.264	0.033	0.951 1
6	0.191 8	0.024	0.975 1
7	0.147 2	0.018 4	0.993 5
8	0.051 8	0.006 5	1

从表 6-18 中看到,前三个特征值的累积贡献率已经达到 86.7%,说明前 3 个主成分基本包含了全部指标具有的信息,我们取前 3 个特征值,它们对应的特征向量,见表 6-19:

表 6-19 第一、第二、第三特征向量

主成分	第一特征向量	第一特征向量	第一特征向量
x_1	0.371 3	−0.082 0	0.548 3
x_2	0.349 8	0.305 8	−0.374 6
x_3	0.387 4	−0.202 7	0.262 0
x_4	0.420 0	−0.102 3	0.169 8
x_5	0.412 2	0.055 2	−0.106 8
x_6	0.084 0	−0.794 3	−0.103 7
x_7	0.316 8	−0.203 4	−0.661 3
x_8	0.368 8	0.415 9	0.045 8

因此,我国城镇居民消费水平的第一、二、三主成分为

第一主成分:$F_1 = 0.371\ 3X_1 + 0.349\ 8X_2 + 0.387\ 4X_3 + 0.420\ 0X_4 + 0.412\ 2X_5 + 0.084\ 0X_6 + 0.316\ 8X_7 + 0.368\ 8X_8$

第二主成分:$F_2 = -0.082\ 0X_1 + 0.305\ 8X_2 - 0.202\ 7X_3 - 0.102\ 3X_4 + 0.055\ 2X_5 - 0.794\ 3X_6 - 0.203\ 4X_7 + 0.415\ 9X_8$

第三主成分:$F_3 = 0.548\ 3X_1 - 0.374\ 6X_2 + 0.262\ 0X_3 + 0.169\ 8X_4 - 0.106\ 8X_5 - 0.103\ 7X_6 - 0.661\ 3X_7 + 0.045\ 8X_8$

在第一主成分的表达式中,我们可以看出第一项、三项、四项、五项的系数比较大,这 4 项指标对农村居民消费水平的影响较大,说明饮食、医疗和交通在农村居民的消费中占据比较重要的位置.

在第二主成分表达式中,只有第八项的系数比较大,远远超过其他指标的系数,因此

可以单独看作是杂项支出的影响,说明农村居民的杂项商品与服务在消费中也占据了很高的比例.

在第三主成分表达式中,只有第一项的系数比较大,远远超过其他指标的系数,因此可以单独看作是食品的影响,说明食品在农村居民的消费中也占据了较高的比例.

参考文献

[1]吴赣昌.线性代数[M].5版.北京:中国人民大学出版社,2017.

[2]周勇,朱砾.线性代数[M].上海:复旦大学出版社,2012.

[3]王萼芳.高等代数[M].北京:高等教育出版社,2009.

[4]张禾瑞,郝鈵新.高等代数[M].5版.北京:高等教育出版社,2007.

[5]北京大学数学系前代数小组.高等代数[M].5版.北京:高等教育出版社,2019.

[6]赵树嫄.线性代数[M].5版.北京:中国人民大学出版社,2017.

[7]赵静,但琦.数学建模与数学实验[M].5版.北京:高等教育出版社,2020.

[8]李卫东.应用多元统计分析[M].2版.北京:北京大学出版社,2015.

[9]韩中庚.数学建模方法及其应用[M].2版.北京:高等教育出版社,2009.

[10]杜栋,庞庆华.现代综合评价方法与案例精选[M].4版.北京:清华大学出版社,2021.

[11]胡运权.运筹学基础及应用[M].6版.北京:高等教育出版社,2014.